Auslegung wirtschaftlich-technologisch optimierter Fertigungsprozessfolgen mittels prozessübergreifender Modellierung

Design of Economically and Technologically Optimized Manufacturing Process Sequences Using Cross-process Modeling

Von der Fakultät für Maschinenwesen
der Rheinisch-Westfälischen Technischen Hochschule Aachen
zur Erlangung des akademischen Grades eines
Doktors der Ingenieurwissenschaften
genehmigte Dissertation

vorgelegt von

Alexander Beckers

Berichter/in:

Univ.-Prof. Dr.-Ing. Thomas Bergs
apl. Prof. Dr.-Ing. Wolfgang Boos

Tag der mündlichen Prüfung: 09. März 2023

ERGEBNISSE AUS DER PRODUKTIONSTECHNIK

Alexander Beckers

Auslegung wirtschaftlich-technologisch optimierter Fertigungsprozessfolgen mittels prozessübergreifender Modellierung

Herausgeber:
Prof. Dr.-Ing. T. Bergs
Prof. Dr.-Ing. Dipl.-Wirt. Ing. G. Schuh
Prof. Dr.-Ing. C. Brecher
Prof. Dr.-Ing. R. H. Schmitt

Band 14/2023

WZL | RWTH AACHEN UNIVERSITY

Fraunhofer IPT

Bibliografische Information der Deutschen Nationalbibliothek
Die Deutsche Nationalbibliothek verzeichnet diese Publikation in der Deutschen Nationalbibliografie; detaillierte bibliografische Daten sind im Internet über https://portal.dnb.de abrufbar.

Alexander Beckers:

Auslegung wirtschaftlich-technologisch optimierter Fertigungsprozessfolgen mittels prozessübergreifender Modellierung

1. Auflage, 2023

Gedruckt auf holz- und säurefreiem Papier, 100% chlorfrei gebleicht.

Wissenschaftsverlag des Instituts für Industriekommunikation und Fachmedien an der RWTH Aachen
Steinbachstr. 25, 52074 Aachen
Internet: www.apprimus-verlag.de, E-Mail: info@apprimus-verlag.de

Druck: CPI Druckdienstleistungen GmbH
Ferdinand-Jühlke-Straße 7 | 99095 Erfurt

ISBN 978-3-98555-154-5

D 82 (Diss. RWTH Aachen University, 2023)

Vorwort und Danksagung

Preamble and Acknowledgement

Die vorliegende Arbeit entstand während meiner Zeit als wissenschaftlicher Mitarbeiter am Lehrstuhl für Technologie der Fertigungsverfahren des Werkzeugmaschinenlabors WZL der Rheinisch-Westfälischen Technischen Hochschule Aachen.

Herrn Prof. Dr.-Ing. Thomas Bergs danke ich herzlichst für die stetige Unterstützung meiner Tätigkeit sowie seine motivierende und wohlwollende Führung. Ich danke Herrn Prof. Dr.-Ing. Wolfgang Boos herzlich für die eingehende Durchsicht meines Manuskriptes und die Übernahme des Koreferats. Darüber hinaus gilt mein Dank Frau Prof. Dr.-Ing. Kirsten Bobzin für die Übernahme des Prüfungsvorsitzes sowie Herrn Prof. Dr.-Ing. Achim Kampker für den Beisitz der Prüfungskommission.

Ich bedanke mich bei der Deutschen Forschungsgemeinschaft (DFG) für die Förderung des Forschungsprojektes „Methodik zur Generierung technologieübergreifender Metamodelle (IKTINO)“ (Projektnummer: 441745638) sowie des Exzellenzclusters „Internet of Production“ (Projektnummer 390621612), da ein großer Teil der für die vorliegende Arbeit zugrundeliegenden Forschungstätigkeiten durch diese Projekte unterstützt wurde. Des Weiteren bedanke ich mich herzlich bei den Arbeitskreisen Werkzeugtechnik und Feinschneiden sowie bei Dr.-Ing. Lennard Hermann, Dr.-Ing. Herman Voigts, Marc Bredthauer und Dr.-Ing. Marius Ohlert für die Unterstützung bei der Definition von Fallbeispielen zur Validierung meiner Entwicklungen.

Ein besonderer Dank geht an Dr.-Ing. Daniel Trauth, Dr.-Ing. Sebastian Barth sowie Dr.-Ing. Patrick Mattfeld, die mich als Oberingenieure stets gefördert und einen großen Beitrag an meiner persönlichen Entwicklung haben. Bedanken möchte ich mich auch bei allen Kolleginnen und Kollegen, die fachlich, insbesondere aber auch menschlich für eine unvergessliche Zeit am WZL gesorgt haben: vielen Dank an Peter Breuer, Tammo Dannen, Alexander Dehmer, Hakim El Kadaoui, Gonsalves Grünert, Anna Koch, Dr.-Ing. Timm Grünebaum, Christian Lürken, Dr.-Ing. Johannes Müller, Ulrich Müller, Sebastian Prinz, Dr.-Ing. Jan Rey, Jannik Röttger, Frank Schweinshaupt, Dr.-Ing. Jens Stauder, Sebastian Weber und Fan Yang.

Meinen studentischen Mitarbeitenden sowie Bachelor- und Masterarbeitenden danke ich für ihr Engagement und ihren Anteil an der Erstellung dieser Arbeit. Dabei möchte ich mich besonders bei Jan Mausberg, Eike Reuter und He Wei Zhu bedanken.

Ich bedanke mich herzlichst für die intensive Durchsicht des Manuskripts, wertvolle Anmerkungen sowie für die großartige Zusammenarbeit bei Tim Hommen und Lars Stauder. Besonderer Dank gilt meinem langjährigen Studienfreund und Bürokollegen Sebastian Apelt für zahlreiche, intensive Diskussionen zu Forschungs- und weiteren Projekten, insbesondere aber für eine unvergessliche Zeit in Aachen.

Ich habe die Zeit am WZL als großartig empfunden und denke gerne an viele schöne Momente zurück. Vielen Dank Euch allen!

Neben den großartigen Freundschaften, die am WZL entstanden sind, waren auch meine ältesten und engsten Freunde aus meiner Heimat Mönchengladbach stets eine große Stütze in den letzten Jahren. Vielen Dank dafür an Tobias Karrich, Lukas Wohkittel und Benedikt Bentler.

Tiefste Dankbarkeit gilt meiner ganzen Familie, auf deren Unterstützung und Rückhalt ich mich immer verlassen konnte. Insbesondere möchte ich meinen Eltern Hiltrud und Detlef danken, welche die Grundlage für meinen Lebensweg gelegt und mich in allen Lebenslagen unterstützt haben. Ohne Euch wäre diese Promotion nicht möglich gewesen. Weiter danke ich meinem Bruder Michael herzlich für eine unvergessliche gemeinsame Zeit, die immer ein notwendiger Ausgleich von Schule und Studium gewesen ist. Besonderer Dank gilt auch meinen Großeltern Maria und Heinz, die mich stets unterstützt haben und insbesondere während meiner Kindheit ein zweites Zuhause für mich gewesen sind. Ein großer Dank gilt auch meiner Schwiegermutter Kornelia für ihren fortwährenden Zuspruch und dafür, dass sie dazu beigetragen hat, meine Frau zu der werden zu lassen, die sie heute ist. Denn Dir, Julia, gebührt mein tiefster Dank für Dein Verständnis für viele lange Arbeitstage und kurze Wochenenden, die auch Dir einiges abverlangt haben, für Deine bedingungslose Unterstützung und den liebevollen Rückhalt in allen Lebensphasen sowie für Deine unbeschreibliche Liebe.

Aachen, März 2023

Alexander Beckers

Kurzzusammenfassung

Fertigungsprozesse so zu planen und auszulegen, dass die geforderten Bauteileigenschaften verlässlich und zugleich wirtschaftlich optimiert erzeugt werden, ist wesentlicher Erfolgsfaktor produzierender Unternehmen. Derzeit werden Fertigungsprozesse einer Prozessfolge i. d. R. separiert voneinander ausgelegt und auf höheren Planungsebenen im späteren Planungsprozess zusammengeführt. Bauteilzwischenzustände in Fertigungsprozessfolgen als Zielvorgaben für die einzelnen Prozesse werden vielfach erfahrungsbasiert und unsystematisch in der Prozessauslegung vorgelagerten Planungsphasen definiert. Durch diese separierte Prozessauslegung sowie die erfahrungsbasierte Definition von Bauteilzwischenzuständen werden technologische und wirtschaftliche Abhängigkeiten zwischen den einzelnen Fertigungsprozessen unzureichend berücksichtigt. Dabei bietet die prozessübergreifende Betrachtung von Fertigungsprozessfolgen ein hohes, wirtschaftliches Optimierungspotenzial für die Fertigung, da hiermit die einzelnen Prozesse zielführend aufeinander abgestimmt und bzgl. der Wirtschaftlichkeit der gesamten Prozessfolge optimiert werden. Eine methodische Unterstützung zur Auslegung von Fertigungsprozessfolgen unter Berücksichtigung der technologischen und wirtschaftlichen Abhängigkeiten zwischen den einzelnen Prozessen existierte bislang nicht.

Im Rahmen dieser Dissertation wurde eine Methodik entwickelt, die Anwendende bei der Auslegung von wirtschaftlich-technologisch optimierten Fertigungsprozessfolgen unterstützt. Hierfür wurde untersucht, wie Modelle einzelner Prozesse zu verknüpfen sind, um prozessübergreifende Modelle zur Prognose von Bauteileigenschaften zu generieren. In diesem Zusammenhang wurde analysiert, wie die Unsicherheiten dieser Modelle einzelner Prozesse hinsichtlich ihrer Auswirkungen auf die Unsicherheit prozessübergreifender Modelle bewertet werden können. Auf Basis der Erkenntnisse aus diesen Untersuchungen wurde ein Vorgehen entwickelt, welches Anwendende bei der Modellierung von Fertigungsprozessfolgen mit dem Fokus auf der Prognose der Eigenschaften des finalen Bauteils unterstützt. Des Weiteren wurden ein Modell sowie ein Vorgehen entwickelt, welches die Bewertung der Wirtschaftlichkeit von Fertigungsprozessfolgen in Abhängigkeit alternativer Prozessparameterkombinationen und somit für unterschiedliche Prozessauslegungen ermöglicht. Anschließend wurde ein Vorgehen entwickelt, welches die prognostizierten Bauteileigenschaften sowie das wirtschaftliche Ergebnis der Prozessfolge integriert bewertet, um wirtschaftlich-technologisch optimierte und die fertigungstechnologischen Anforderungen erfüllende Prozessparameterkombination zu ermitteln.

Abstract

Planning and designing manufacturing processes in such a way that the required component characteristics are reliably produced with the optimized economic result is a key success factor of manufacturing companies. Currently, manufacturing processes in a process sequence are usually designed separately from one another and then combined at higher planning levels in the subsequent planning process. Intermediate component states in manufacturing process sequences as targets for the individual processes are often defined on the basis of experience and unsystematically in planning phases preceding the process design. This separate process design and the experience-based definition of intermediate component states do not take sufficient account of the technological and economic dependencies between the individual manufacturing processes. The cross-process consideration of manufacturing process sequences offers a high economic optimization potential for the manufacturing companies, since the individual processes are coordinated in a target-oriented way and optimized with regard to the economic efficiency of the entire process sequence. A methodical support for the design of manufacturing process sequences considering the technological and economic dependencies between the individual processes did not exist so far.

Within the scope of this dissertation, a methodology was developed which supports practitioners in the design of economically and technologically optimized manufacturing process sequences. For this purpose, it was investigated how models of individual processes can be combined in order to generate cross-process models for the prognosis of component characteristics. In this context, it was analyzed how uncertainties regarding the models of individual processes can be evaluated with regard to their effects on the uncertainty of cross-process models. Based on the findings of these investigations, a procedure was developed that supports practitioners in the modeling of manufacturing process sequences with a focus on the prediction of the characteristics of the final component. Furthermore, a model as well as a procedure were developed which allow the evaluation of the economic efficiency of manufacturing process sequences depending on alternative process parameter combinations and thus for different process designs. Subsequently, a procedure was developed which evaluates the predicted component characteristics and the economic result of the process sequence in an integrated manner in order to determine the economically and technologically optimized process parameter combination which meets the manufacturing technology requirements.

Inhaltsverzeichnis

Content

Formelzeichen und Abkürzungsverzeichnis

Formula Symbols and Abbreviations

a	-	Anzahl gefertigter Bauteile
a_a	-	Anzahl gefertigter alternativer Bauteile
a_{BP}	-	Anzahl parallel bearbeiteter Bauteile
a_{BS}	-	Anzahl an Hilfs- und Betriebsstoffen
ACO		Ameisenalgorithmus (Ant colony optimization)
a_L	Bauteile	Losgröße
$a_{L,a}$	Bauteile	Losgröße der Alternativbauteile
a_M	-	Anzahl an Maschinen für einen Prozess
a_P	-	Anzahl der Prozesse
a_{PP}	-	Anzahl Prozessparameter
a_S	-	Reduzierungsfaktor für Schätzung
a_W	-	Anzahl Werkzeuge
a_{WB}	-	Anzahl der Wechsel von Bauteilen
a_{Wp}	-	Anzahl prognostizierter Werte
a_{WS}	-	Anzahl geschätzter Werte
BA		Bergsteigeralgorithmus
BV	-	Bedienverhältnis
β	-	Regressionskoeffizient
e	-	Fehler zwischen Prognose und Realität
E	-	Quadratfehler
E_{erw}	-	Erweiterter Quadratfehler
E_{RM}	€	Ertrag durch recyceltes Material
e_s	-	Fehler zwischen Schätzung und Realität
G	€	Gewinn
G'	€	Angepasster Gewinn
GA		Genetischer Algorithmus
HH		Hyperheuristik
K_a	€	Kosten für Alternativbauteil
K_{BW}	€	Beschaffungskosten für ein Werkzeug

K_{BSF}	€	Kosten für Hilfs- und Betriebsstoffe
$K_{BW,k}$	€	Kosten für die Beschaffung von Werkzeug k
K_{CO2}	€	Kosten für CO_2-Emissionen
K_{ein}	€	Einzelkosten
K_F	€	Fertigungskosten
K_{gem}	€	Gemeinkosten
K_L	€	Lohnkosten
K_{LH}	€/s	Lohnkosten je Zeit
K_M	€	Maschinenkosten
K_{MA}	€	Abschreibungskosten
K_{ME}	€	Energiekosten der Maschine
K_{MH}	€/h	Maschinenstundensatz
K_{MI}	€	Instandhaltungskosten
K_{MR}	€	Raumkosten
K_{MZ}	€	Zinskosten
KR	mm	Kantenradius
K_{RH}	€	Kosten für Rohmaterial und Halbzeuge
KS	µm	Kantenschartigkeit
K_{SE}	€	Sonstige Einzelkosten
K_{SF}	€	Sonstige Fertigungskosten
$K_{SF,ant}$	€	Sonstige Fertigungskosten anteilig
$K_{S,gem}$	€	Sonstige Gemeinkosten
K_W	€	Werkzeugkosten
K_{WB}	€	Zusätzliche Kosten für Bauteilwechsel
K_{WM}	€	Kosten für wartende Mitarbeitende
M_{BS}	Kg	Menge an Hilfs- und Betriebsstoffen
M_{RH}	Kg	Menge an Rohmaterial und Halbzeugen
M_{RM}	Kg	Menge zu recycelndes Material
MSE		Mean Squared Error
P_a	€	Anteiliger, reduzierter Preis für Alternativbauteil
P	€	Preis eines hergestellter Bauteils

P_{BS}	€	Preis für Hilfs-/Betriebsstoffe
P_{RH}	€	Preis für Rohmaterial oder Halbzeug
P_{RM}	€	Preis zu recycelndes Material
R	µm	Rauheit
RMSE		Root Mean Squared Error
SA		Simuliertes Abkühlen
SSE	-	Fehlerquadratsumme
SSR	-	Residuenquadratsumme
SST	-	Totale Quadratsumme
σ_E	-	Standardabweichung der Residuen (Fehler)
σ_R	-	Erklärbare Standardabweichung
σ_T	-	Gesamte Standardabweichung
T_{BZ}	a	Betrachtungszeitraum/Bezugszeitraum
t_E	s	Zeit je Bauteil im Prozess
t_{ER}	s	Erholzeit
t_G	s	Grundzeit
$T_{ges,a}$	h	Zeit für die Fertigung von Alternativbauteilen
T_{LJ}	h	Jährliche Laufzeit einer Maschine
T_{MU}	h	Maximale Unterbrechung
t_P	s	Prozesszeit
t_{PA}	s	Zeit, die ein Werkzeug im Eingriff ist
t_R	h	Rüstzeit
T_{SZ}	h	Standzeit [h] oder Standmenge [Bauteile]
t_V	s	Verteilzeit
t_W	s	Wartezeit
t_{WWS}	s	Werkstückwechselzeit
t_{WWZ}	s	Werkzeugwechselzeit
W	-	Wirtschaftlichkeit
x	-	Beliebige Variable
y	-	Beliebige Variable
z	-	Beliebige Variable

1 Einleitung

Für die Herstellung von Produkten bzw. deren Bauteilen sind grundsätzlich verschiedene Fertigungsprozesse erforderlich, mittels welcher das Rohmaterial in den fertigen Zustand überführt wird. Anforderungen hinsichtlich dieses finalen Bauteilzustandes resultieren aus der vorgesehenen Bauteilfunktion, die maßgeblich durch die erzeugten Bauteileigenschaften bestimmt wird. [KLOC05] Innerhalb des gesamten Herstellungsprozesses wird dieser Bauteilzustand durch jeden Fertigungsprozess verändert [WUES14]. Hierbei beeinflussen alle Fertigungsprozesse einer Prozessfolge den Zustand des fertigen Bauteils und damit die Bauteilfunktion. Neben dem Einfluss auf den Bauteilzustand sind die Fertigungsprozesse maßgeblich für die Fertigungskosten sowie die Zeit zur Herstellung eines Bauteils und somit für die Wirtschaftlichkeit der Prozessfolge. [BECK21]

Um als produzierendes Unternehmen wettbewerbsfähig am Markt zu agieren, ist es erforderlich, dass die hergestellten Produkte sicher ihre geforderte Funktion erfüllen und unter möglichst wirtschaftlichen Bedingungen gefertigt werden [CHAK19]. Wie oben erläutert, sind hierfür die einzelnen Fertigungsprozesse maßgeblich, sodass die Auslegung dieser Prozesse einen unmittelbaren Einfluss auf den Unternehmenserfolg aufweist. Bislang erfolgt die Prozessauslegung vielfach einzeln für die verschiedenen Prozesse auf der Grundlage zu erreichender Bauteilzwischenzustände, die basierend auf Erfahrungen abgeschätzt werden. Jedoch bietet die prozessübergreifende Betrachtung von Fertigungsprozessfolgen und damit die Berücksichtigung von Abhängigkeiten zwischen den Prozessen ein hohes technologisches und wirtschaftliches Optimierungspotenzial für die Fertigung. [DENK11b] Die prozessübergreifende Betrachtung bildet die Basis dafür, dass technologische Abhängigkeiten zwischen den einzelnen Fertigungsprozessen berücksichtigt und die einzelnen Prozesse durch eine Optimierung der Wirtschaftlichkeit zielgerichtet aufeinander abgestimmt werden [BECK21].

Zur Nutzbarmachung des o. g. Optimierungspotenzials ist es erforderlich, dass der Zustand des fertigen Bauteils bzw. die einzelnen Bauteileigenschaften für alternative Prozessparameterkombinationen innerhalb der auszulegenden Fertigungsprozessfolgen prognostiziert werden kann. Dabei ist Wissen darüber notwendig, welchen Unsicherheiten die Prognose unterliegt. Neben der Prognose von Bauteileigenschaften muss die Wirtschaftlichkeit der alternativen Prozessparameterkombinationen als Zielgröße ermittelt werden. Außerdem besteht die Notwendigkeit, die Wirtschaftlichkeit sowie die prognostizierten Bauteileigenschaften integrativ zu betrachten, um wirtschaftlich optimierte und die geforderten Bauteileigenschaften erfüllende Prozessparameterkombinationen zu ermitteln und damit die Fertigungsprozessfolgen zu optimieren. Bei dieser Optimierung sind zusätzlich die o. g. Prognoseunsicherheiten zu berücksichtigen, um potenzielle Fehlinterpretationen von Ergebnissen zu vermeiden. Zur Lösung der vorgestellten Herausforderungen und Anforderungen wird in der vorliegenden Arbeit eine neu entwickelte Methodik vorgestellt, die Anwendende bei der Auslegung von wirtschaftlich-technologisch optimierten Fertigungsprozessfolgen unterstützt.

Introduction

For the manufacture of products or the components contained therein, various manufacturing processes are generally required to transform the raw material into the final state. Requirements regarding the finished state of a component result from the intended component function, which is largely determined by the component characteristics produced. [KLOC05] Within the entire production process, the component state is changed by each manufacturing process [WUES14]. Thus all manufacturing processes of a process sequence influence the state of the final component and thus the component's function. In addition to the influence on the component state, the manufacturing processes are decisive for the manufacturing costs as well as the time for the production of a component and thus for the economic efficiency of the process sequence. [BECK21]

In order to operate competitively on the market as a manufacturing company, it is necessary that the manufactured products reliably fulfill their required function and are produced under the most economic conditions [CHAK19]. As explained above, the individual manufacturing processes are decisive for this, so that the design of these processes has a direct influence on the company's success. Up to now, process design has often been carried out individually for the various processes on the basis of intermediate component states to be achieved, which are estimated on the basis of experience. However, the cross-process consideration of manufacturing process sequences and the consideration of dependencies between the processes offers a high technological and economic optimization potential for manufacturing. [DENK11b] The cross-process consideration forms the basis for the fact that technological dependencies between the individual manufacturing processes are considered and the individual processes are coordinated purposefully by an optimization of the economic efficiency [BECK21].

To utilize the above-mentioned optimization potential, it is necessary to be able to predict the state of the final component or the individual component characteristics for alternative process parameter combinations within the manufacturing process sequences to be designed. This requires knowledge of the uncertainties to which the prognosis is subject. In addition to the prediction of component characteristics, the economic efficiency of the alternative process parameter combinations must be determined as a target value. Furthermore, it is necessary to consider the economic efficiency and the predicted component characteristics integratively in order to determine economically optimized process parameter combinations that fulfill the required component characteristics and thus to optimize the manufacturing process sequences. In this optimization, the above-mentioned prediction uncertainties must also be taken into account in order to avoid potential misinterpretation of results. To solve the presented challenges and requirements, a newly developed methodology is presented in this thesis, which supports practitioners in the design of economically and technologically optimized manufacturing process sequences.

2 Wissenschaftliche Vorgehensweise und Aufbau

Scientific Procedure and Structure

Die wissenschaftliche Vorgehensweise, welche der Arbeit zugrunde liegt, basiert auf dem Forschungsprozess nach ULRICH [ULRI76a]. Zur Erläuterung dieser Vorgehensweise wird in Abschnitt 2.1 der wissenschaftstheoretische Bezugsrahmen vorgestellt. Hierauf aufbauend wird der formale und inhaltliche Aufbau der Arbeit entsprechend dem gewählten wissenschaftlichen Vorgehen in Abschnitt 2.2 eingeführt.

2.1 Wissenschaftstheoretischer Bezugsrahmen

Scientific Reference Framework

Um den wissenschaftstheoretischen Bezugsrahmen zu definieren, erfolgt zunächst eine Einführung in die Wissenschaftssystematik nach ULRICH [ULRI76b]. Innerhalb der ***Wissenschaftssystematik*** wird die Wissenschaft im Allgemeinen in Wissenschaftskategorien aufgegliedert. Dabei erfolgt zunächst eine Unterteilung in Formal- und Realwissenschaften. ***Formalwissenschaften*** fokussieren insbesondere die Konstruktion von Sprachen bzw. Zeichensystemen mit Regeln zur Verwendung dieser Zeichen. Hierzu zählen u. a. die Philosophie, die Logik und die Mathematik. Demgegenüber liegen die Schwerpunkte bei den ***Realwissenschaften*** auf der Beschreibung, Erklärung und Gestaltung von empirisch wahrnehmbaren Wirklichkeitsausschnitten. Entsprechend dieser Schwerpunkte findet eine Aufgliederung (der Realwissenschaften) in Grundlagen- und Handlungswissenschaften statt. So werden innerhalb der ***Grundlagenwissenschaften*** (von ULRICH auch als „reine Wissenschaften" bezeichnet) insbesondere theoretische Zielstellungen wie die Beschreibung und Erklärung von empirisch wahrnehmbaren Wirklichkeitsausschnitten betrachtet. [ULRI76b, S. 305]

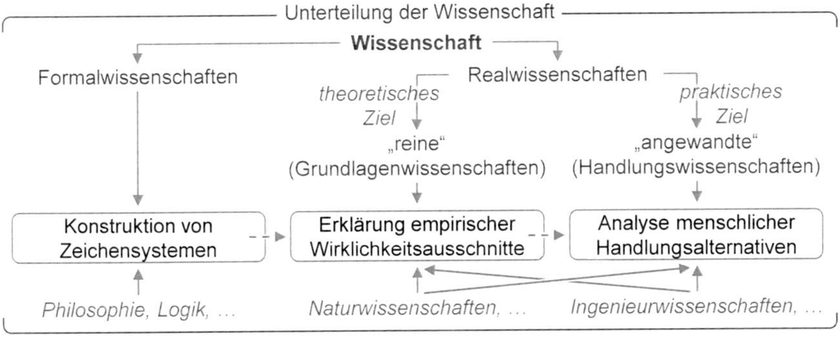

Abbildung 2-1: Wissenschaftssystematik i. A. a. ULRICH [ULRI76b, S. 305]

Science Systematics Referring to ULRICH [ULRI76b, p. 305]

Bei den (von ULRICH als „angewandten Wissenschaften" bezeichneten) ***Handlungswissenschaften*** steht die Analyse menschlicher Handlungsalternativen zur Gestaltung von sozialen und technischen Systemen im Vordergrund. Hierbei werden u. a.

Entscheidungsmodelle bzw. Entscheidungsprozesse entwickelt, die in technischen Bereichen wie den Ingenieurwissenschaften Anwendung finden. [ULRI76b, S. 305] Da die vorliegende Arbeit die methodische Unterstützung zur Auslegung wirtschaftlich-technologisch optimierter Fertigungsprozessfolgen thematisiert (vgl. Kapitel 1), ist ***die vorliegende Arbeit den Handlungswissenschaften zuzuordnen***.

2.2 Formaler und inhaltlicher Aufbau der Arbeit

Formal and Content Structure of the Thesis

Die wissenschaftliche Vorgehensweise und somit der formale und inhaltliche Aufbau der vorliegenden Arbeit basiert auf dem von ULRICH [ULRI76a] entwickelten Forschungsprozess. Zur Ableitung dieser Vorgehensweise erfolgt eine Einführung in den von ALBERT geprägten ***Kritischen Rationalismus***, welcher eine Grundlage für die vorliegende Arbeit bildet [ALBE00], [GADE21]. Zentrales Element im Kritischen Rationalismus ist die Prüfung von Hypothesen und Modellen auf ihre Richtigkeit und Wahrheit, welche sich auf die „logische Wahrheit" von Aussagen (Widerspruchslosigkeit) sowie die „faktische Wahrheit" (empirischer Gehalt) bezieht [ULRI76a, S. 345]. Die Möglichkeit einer ***vollständigen Induktion*** als direkte Verifikation allgemeiner Aussagen durch wiederholte Bestätigung (vom Einzelfall zum Generellen) ist im Kritischen Rationalismus ***nicht möglich***. Es wird angenommen, dass das n-fache Eintreffen einer Behauptung (n-fache Bestätigung) nicht zwangsläufig den Schluss erlaubt, dass die n+1-fache Beobachtung ebenfalls der Behauptung entspricht, sodass Hypothesen nie als endgültig wahr bezeichnet werden können. Hypothesen können solange als vorläufig wahr bewertet werden, bis sie durch Falsifikation widerlegt werden. Induktiv beschreibt in diesem Zusammenhang den Schluss von Einzelfällen auf allgemeine Aussagen, vgl. Abbildung 2-2. [ULRI76a, S. 345 f.]

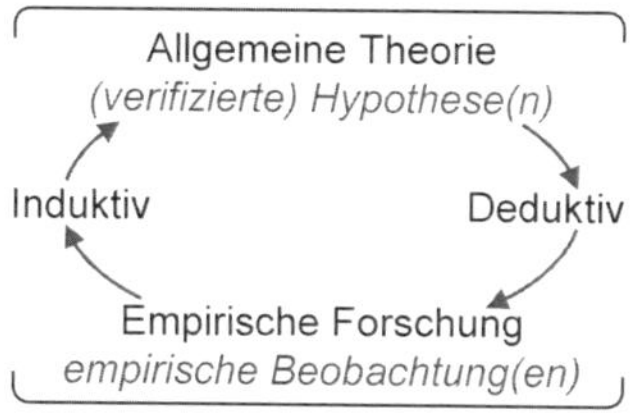

Abbildung 2-2: Forschungsansätze

Research Approaches

Wird ein deduktiver Forschungsansatz (Schließen von allgemeinen Aussagen auf Einzelfälle, vgl. Abbildung 2-2) gewählt, ist es zielführend nur solche Theorien oder Modelle zu verknüpfen, welche nicht falsifiziert wurden oder bzgl. welcher keine Falsifikation abzusehen ist. Während eines entsprechenden deduktiven Forschungsprozesses helfen empirische Überprüfungen, da hierdurch mögliche Falsifikationen identifiziert werden. Im Falle der Falsifikation ist zu prüfen, ob eine Präzisierung der Forschungshypothese zielführend ist. Hierbei ist zu beachten, dass die Allgemeingültigkeit bzw. der Informationsgehalt von Hypothesen (und Modellen) durch zunehmende Präzisierungen eingeschränkt wird. [ULRI76a, S. 346] Entsprechende Annahmen und Eingrenzungen (Präzisierungen) für die vorliegende Arbeit werden in Abschnitt 5.4 erläutert.

Neben der Zuordnung zu den Handlungswissenschaften und der Anwendung des Verständnisses des Kritischen Rationalismus, wird der Forschungsprozess nach ULRICH

[ULRI76a, S. 346] als Basis für die wissenschaftliche Vorgehensweise in der vorliegenden Arbeit genutzt. **Forschungsprozess** bezeichnet in diesem Zusammenhang die Entwicklungen, empirischen Überprüfungen sowie Weiterentwicklungen und umfasst die verschiedenen Forschungsaktivitäten. Dabei werden die einzelnen Forschungsaktivitäten den drei Aufgabenstellungen terminologisch-deskriptiv, empirisch-induktiv und analytisch-deduktiv zugeordnet. [ULRI76a, S. 347]

Der Aufbau der vorliegenden Arbeit wird anhand dieser drei Forschungsaktivitäten gegliedert, vgl. Abbildung 2-3. Die Definitionen und die Abfolge der Forschungsaktivitäten orientieren sich am Forschungsprozess nach ULRICH. [ULRI76a, S. 347 f.]). Nach der Einleitung in Kapitel 1 sowie Vorstellung der wissenschaftlichen Vorgehensweise in Kapitel 2 erfolgen in den Kapiteln 3 und 4 ***terminologische-deskriptive*** Forschungsaktivitäten (ebenso in Kapitel 2), welche die Schaffung eines Begriffssystems sowie die Festlegung der Forschungsobjekte umfassen. Die anschließenden ***empirisch-induktiven*** Forschungsaktivitäten (in den Kapiteln 4 und 5) enthalten die Untersuchungen beobachtbarer Zusammenhänge (z. B. in bestehenden Forschungsansätzen), die Identifikation von Forschungsdefiziten sowie die Ableitung einer Forschungshypothese. Deduktive Konstruktionen von Modellen, ihre analytischen Auswertungen sowie die Transformation in situationsspezifische Handlungsanweisungen als ***analytisch-deduktive*** Forschungsaktivitäten werden in den Kapiteln 5 und 6 durchgeführt. Um während der Entwicklung der Modelle und Methoden bewerten zu können, ob diese als vorläufig richtig/wahr angenommen werden bzw. um Widersprüche frühzeitig zu identifizieren, werden in Kapitel 6 empirisch-induktive Forschungsaktivitäten durchgeführt. Hierzu erfolgen Realisierungsuntersuchungen zur vorläufigen Annahme der entwickelten Modelle und Methoden. Auf den Ergebnissen sowie den Realisierungsuntersuchungen aufbauend erfolgt in Kapitel 7 eine kritische Diskussion bzgl. der Erreichung des Forschungsziels sowie der erneuten Bewertung der Forschungshypothese. Außerdem werden wirtschaftliche sowie wissenschaftliche Verwertungsmöglichkeiten der Forschungsergebnisse erläutert. In Kapitel 8 folgt eine Zusammenfassung.

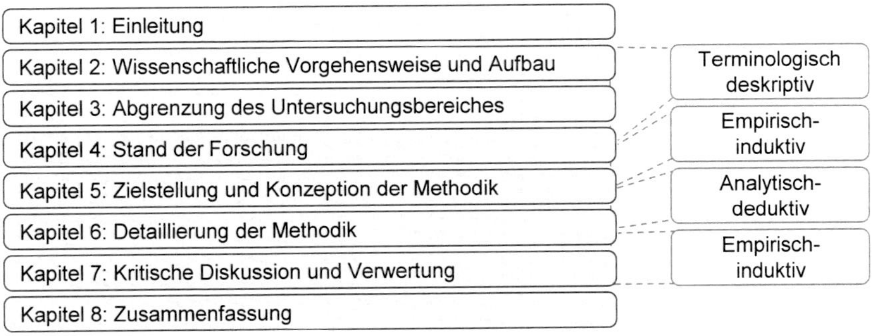

Abbildung 2-3: Wissenschaftliches Vorgehen und Aufbau der Arbeit i. A. a. den Forschungsprozess nach ULRICH [ULRI76a, S. 345 ff.]

Scientific Procedure and Structure of the Work Based on the Research Process by ULRICH [ULRI76a, p. 345 ff.]

3 Abgrenzung des Untersuchungsbereiches

Specification of the Investigation Area

In diesem Kapitel werden der Untersuchungsbereich der vorliegenden Arbeit beschrieben und abgegrenzt sowie das Verständnis für zentrale Begriffe definiert. Dies ermöglicht die begriffliche und thematische Einordnung sowie ein einheitliches Verständnis der Inhalte der nachfolgenden Kapitel.

In Abschnitt 3.1 wird spezifiziert, wo bzw. wann in produzierenden Unternehmen die Inhalte der vorliegenden Arbeit Anwendung finden. Hierfür werden die Fragen beantwortet, welche Art der Fertigung betrachtet und welche Objekte innerhalb der Fertigung schwerpunktmäßig untersucht werden. In diesem Zusammenhang werden relevante Begriffe definiert. Es folgt eine Beschreibung, wann die in dieser Arbeit entwickelten Ansätze in der Ablauforganisation von Unternehmen anzuwenden sind. Ein Überblick über die einzelnen Abschnitte von Kapitel 3 sowie die zu beantwortenden Fragestellungen sind in Abbildung 3-1 dargestellt.

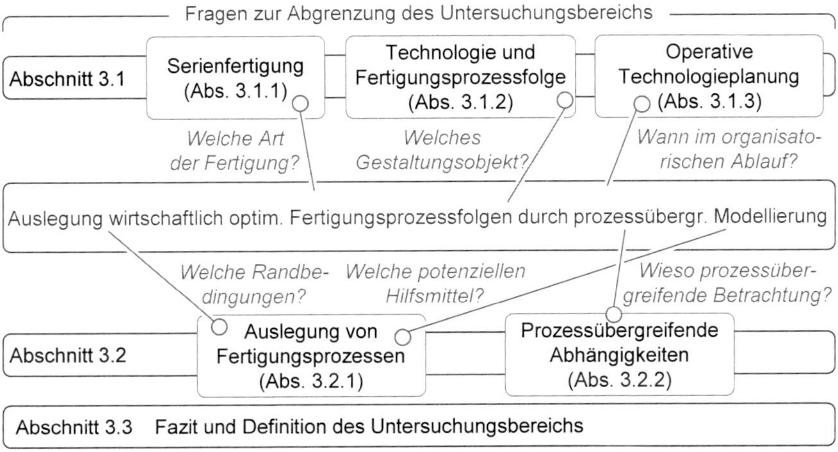

Abbildung 3-1: Fragen zur Abgrenzung des Untersuchungsbereiches und Übersicht Kapitel 3

Questions for Specification of the Investigation Area and Overview Chapter 3

In Abschnitt 3.2 werden die Aktivitäten für die Auslegung von Fertigungsprozessen beschrieben und hierzu zugehörige, relevante Begriffe erläutert. Dafür wird zunächst dargestellt, welche Aktivitäten im Fokus der Arbeit liegen und welche Randbedingungen (bspw. Wirtschaftlichkeit) bei der Auslegung von Fertigungsprozessen zu beachten sind. Außerdem werden die Fragen beantwortet, welche potenziellen Hilfsmittel bei der Prozessauslegung eingesetzt werden können und wieso prozessübergreifende Abhängigkeiten relevant für die Auslegung von Fertigungsprozessfolgen sind. Das Kapitel 3 schließt mit einem Zwischenfazit und der zusammenfassenden Definition des Untersuchungsbereiches der vorliegenden Arbeit (Abschnitt 3.3).

3.1 Grundlagen und Begriffsabgrenzungen in der Technologieplanung für die Serienfertigung

Fundamentals and Definitions of Technology Planning for Serial Production

Zur Verortung der Inhalte der vorliegenden Arbeit in die Ablauforganisation produzierender Unternehmen sowie zur Spezifizierung des Untersuchungsbereiches werden in Abschnitt 3.1.1 alternative Fertigungsarten beschrieben. Um ein einheitliches Begriffsverständnis zu schaffen, werden in Abschnitt 3.1.2 die Begriffe Technologie und Fertigungsprozessfolge definiert sowie das Gestaltungsobjekt der vorliegenden Arbeit eingegrenzt. Anschließend werden die Grundlagen und Aufgaben der operativen Technologieplanung erläutert und in den organisatorischen Ablauf von produzierenden Unternehmen eingeordnet (Abschnitt 3.1.3).

3.1.1 Serienfertigung

Serial Production

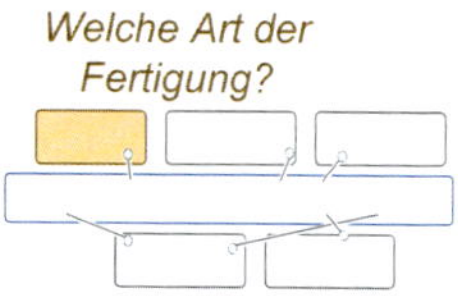

Bei der Herstellung von Bauteilen werden i. d. R. verschiedene Bearbeitungsschritte (auch als Produktionsaufgaben bezeichnet) durchgeführt, innerhalb derer das Rohmaterial oder Halbzeug in einen geforderten Endzustand überführt wird. Die Produktionsaufgaben werden durch verschiedene Faktoren beschrieben, zu welchen u. a. die Losgröße sowie die Gesamtanzahl hergestellter Bauteile über einen definierten Zeitraum gehören. Entsprechend dieser Faktoren zur Beschreibung von Produktionsaufgaben werden verschiedene Fertigungstypen abgeleitet, welche die Gestaltung von Fertigungsabläufen sowie Planungsaktivitäten beeinflussen. Diese ***Fertigungstypen*** werden insbesondere anhand von Stückzahlen in Einzel- und Kleinserien-, Serien-, sowie Massenfertigung unterteilt, wobei keine scharfen Grenzen zwischen den verschiedenen Typen existieren. [SCHU14, S. 22 ff.] Die ***Serienfertigung*** (teilweise auch als Großserienfertigung benannt) zeichnet sich dadurch aus, dass eine hohe, jedoch begrenzte Stückzahl gleicher Bauteile über einen längeren Zeitraum gefertigt wird (z. B. in der Automobilindustrie). In einer ***Massenfertigung*** werden einzelne oder wenige, ähnliche Produkte bzw. Bauteile (z. B. Papiertaschentücher) über einen langen Zeitraum in sehr großer Stückzahl hergestellt, wobei die Fertigungsprozesse nahezu ununterbrochen und teilweise ohne unmittelbar absehbares Ende wiederholt werden. [THOM20, S. 198 f.] ***Der Schwerpunkt in der vorliegenden Arbeit liegt auf der Herstellung hoher Stückzahlen gleicher und gleichartiger Produkte und ist demnach der (Groß-)Serienfertigung zuzuordnen***. Während der Ansatz auf die Massenfertigung übertragen werden kann, wird die Eignung des Ansatzes für eine Einzel- und Kleinserienfertigung (mit einer hohen Produktvariabilität [SCHÖ20, S. 205 f.]) in der vorliegenden Arbeit nicht untersucht.

Weiter sind die Aktivitäten zur Planung der Fertigung vom ***Organisationstyp*** der Fertigung abhängig. Dieser umfasst die organisatorische Gestaltung der Bearbeitungsreihenfolge sowie die Zuordnung von Arbeitsstationen. Bzgl. des Organisationstyps wird zwischen dem Werkstatt- und dem Fließprinzip unterschieden. Während die Fertigungsmittel bei der Werkstattfertigung nach ihrer Funktion in den einzelnen Bereichen verortet werden, werden die Fertigungsmittel beim ***Fließprinzip*** anhand der Bearbeitungsreihenfolge mit starrem Materialfluss ausgerichtet. Das Prinzip der Fließfertigung ist auf die (Groß-)Serien- sowie Massenfertigung ausgerichtet und wird i. d. R. eingesetzt, wenn die Bauteile über einen längeren Zeitraum ohne signifikante Modifikationen gefertigt werden. [THOM20, S. 199 ff.] Entsprechend der Verortung der vorliegenden Arbeit im Bereich der Serienfertigung werden die Forschungsinhalte der Arbeit auf das Fließprinzip ausgerichtet.

3.1.2 Technologie und Fertigungsprozessfolge

Technology and Manufacturing Process Sequence

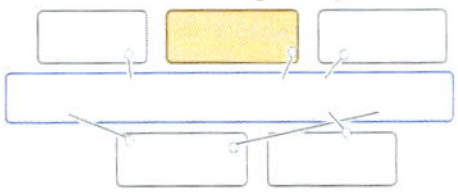

Das aus dem Griechischen stammende Wort Technologie beschreibt nach der ursprünglichen Bedeutung die Lehre von der Entwicklung der Technik. Dabei werden Technologien genutzt, um das in Vorgängen gesetzte Ziel zu erreichen. [BROC80, S. 292] ROPOHL führt aus, dass die Begriffe Technologie und Technik im allgemeinen Sprachgebrauch häufig undifferenziert verwendet werden. Er bezeichnet die „Technologie als Wissenschaft der Technik“ und beschreibt, dass die allgemeine Technologie an wissenschaftlich systematisierte Aussagen knüpft. In Abgrenzung dazu umfasst die ***Technik*** i. d. R. konkrete Anwendungen der Technologie in materieller Form. [ROPO09, S. 31 f.]

Nach BINDER und KANTOWSKY ist die Trennung der Begriffe Technologie und Technik nicht erforderlich, da die beiden Begriffe eng verknüpft sind und eine Technik die materialisierte Form bzw. konkrete Anwendung der Technologie ist. Wird bspw. eine Maschine als Technik aufgefasst, repräsentiert diese die zugrundeliegende Technologie bzw. Technologien. Daher erläutern BINDER und KANTOWSKY ein integratives Verständnis der beiden Begriffe. Nach diesem beinhaltet der Begriff ***Technologie*** neben dem Wissen und den Fertigkeiten zur Lösung technischer Probleme auch die Anlagen, Einrichtungen und Verfahren zur praktischen Umsetzung, sodass Technik als Subsystem der Technologie verstanden wird. [BIND96, S. 87 ff.] Dieses integrative Begriffsverständnis liegt der vorliegenden Arbeit zugrunde.

Eine Klassifizierung von Technologien wird nach GERPOTT anhand verschiedener Kriterien durchgeführt, wie bspw. dem Einsatzgebiet, dem Grad des Produktbezugs oder der Lebenszyklusphase [GERP13, S. 26 f.]. Bezogen auf das Einsatzgebiet einer Technologie findet eine Unterscheidung zwischen Produkt-, Produktions- und Materialtechnologie statt, vgl. Abbildung 3-2. Unter Produkttechnologien werden Technologien zusammengefasst, welche zur Erfüllung einer Aufgabenstellung des Endproduktes eingesetzt werden. Produktionstechnologien werden bei der Herstellung von Produkten eingesetzt und beinhalten Fertigungs- sowie Montagetechnologien [TSCH98, S. 231]. Materialtechnologien umfassen die technischen Eigenschaften von Materialen, welche eingesetzt werden, um den Anforderungen von Kunden zu entsprechen. [SCHU11a, S. 35 ff.]

Abbildung 3-2: Klassifizierung von Technologien nach ihrem Einsatzgebiet i. A. a. SCHUH et al. [SCHU11a, S. 35 f.] und TSCHIRKY [TSCH98, S. 231]

Classification of Technologies According to their Field of Application Referring to SCHUH et al. [SCHU11a] and TSCHIRKY [TSCH98, p. 231]

Fertigungstechnologien und deren Verknüpfung stellen einen zentralen Betrachtungsgegenstand der vorliegenden Arbeit dar. Zu ***Fertigungstechnologien*** zählen die in der DIN 8580 beschriebenen Fertigungsverfahren zur Herstellung von geometrisch definierten festen Körpern [DIN03]. Zur vereinfachten Lesbarkeit werden Fertigungsverfahren in dieser Arbeit als Fertigungstechnologien bezeichnet. Ergänzend werden die Begriffe Fertigungstechnologie und Technologie im Folgenden synonym verwendet. Produkt- und Materialtechnologien werden explizit benannt. Die physische Realisation von Fertigungstechnologien zur direkten oder indirekten Form-, Substanz- oder Fertigungszustandsänderungen (z. B. auf einer Drehmaschine) wird im Folgenden als ***Fertigungsmittel*** bezeichnet. Fertigungsmittel stellen neben u. a. Transport- und Handhabungsmitteln eine Kategorie von ***Produktionsmitteln*** dar. [TROM01, S. 34] Fertigungstechnologien sind somit produktionsmittelunabhängig, ermöglichen jedoch eine Kategorisierung spezifischer Fertigungsmittel.

Zur Herstellung eines Produktes werden i. d. R. mehrere Technologien sequenziell oder teilweise parallel verknüpft [BUCH14, S. 7]. Diese abstrakte, produktionsmittelunabhängige Kombination von Fertigungstechnologien in definierter Reihenfolge wird als ***Technologiekette*** bezeichnet [FALL00, S. 14]. Abbildung 3-3 zeigt eine Übersicht über die verschiedenen Gestaltungsobjekte im Produktionssystem. Sind neben einer Fertigungstechnologie auch Fertigungsmittel im Betrachtungsrahmen enthalten, wird dies in der vorliegenden Arbeit als **Fertigungsprozess** oder Prozess bezeichnet. Werden diese (direkt-wertschöpfenden, fertigungsmittelbezogenen) Fertigungsprozesse sequenziell verknüpft, entsteht eine sog. ***Fertigungsprozessfolge*** [TROM01, S. 34], welche zur vereinfachten Lesbarkeit im Folgenden auch ***Prozessfolge*** genannt wird.

Erweiterungen von Prozessfolgen stellen die sog. Fertigungsfolgen und Fertigungssysteme dar. ***Fertigungsfolgen*** umfassen neben den Fertigungsprozessen die notwendigen Prüf-, Lagerungs-, Transport- sowie Handhabungsschritte unter Berücksichtigung der entsprechenden Produktionsmittel [FALL00, S. 14 f.]. Wie bei Prozessfolgen sind in ***Fertigungssystemen*** direkt-wertschöpfende, fertigungsmittelbezogene Prozesse enthalten, wobei das System um Führungs- und Leitungsaufgaben erweitert wird [WEST06, S. 51 ff.]. Das Ziel dieser Erweiterung ist, dass die Fertigungsprozesse bzw. der Herstellungsprozess des Produktes möglichst effizient gestaltet werden.

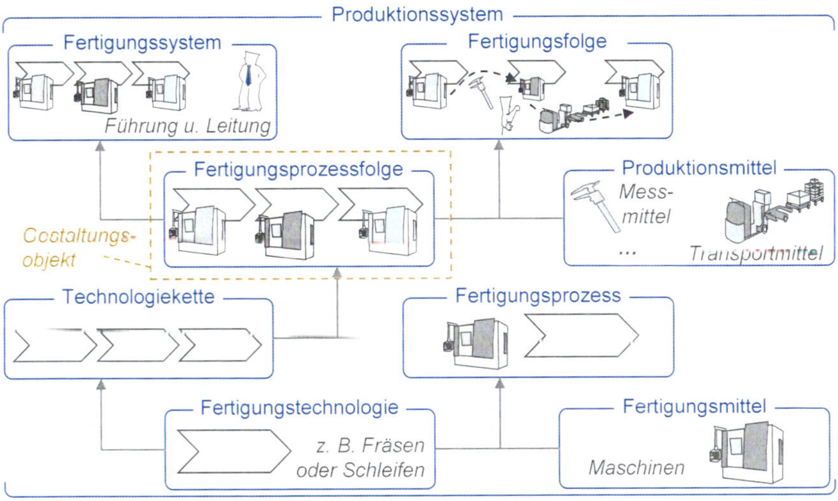

Abbildung 3-3: Gestaltungsobjekte der Technologieplanung

Design Objects within Technology Planning

Die übergeordnete Gestaltungsebene stellt das ***Produktionssystem*** dar, welches die zuvor beschriebenen Gestaltungsobjekte vereint [STAU17, S. 5 ff.]. ***In der vorliegenden Forschungsarbeit werden insbesondere Fertigungsprozessfolgen als Gestaltungsobjekt sowie die enthaltenen Fertigungsprozesse betrachtet.*** Ergänzend werden Aspekte zur effizienten Gestaltung der Prozessfolgen aus dem Bereich der Fertigungssysteme untersucht. Handhabung-, Prüf-, Lagerungs- und Transportschritte (in Fertigungsfolgen) werden in dieser Arbeit explizit nicht berücksichtigt.

3.1.3 Operative Technologieplanung

Operational Technology Planning

Die angewandten Technologien (im oben erläuterten Sinne: Produkt-, Produktions- und Materialtechnologien) weisen einen wesentlichen Einfluss auf die Wettbewerbsfähigkeit von Unternehmen auf. Daher ist das Ziel des ***Technologiemanagements***, Produkt-, Produktions- und Materialtechnologien zu identifizieren oder zu entwickeln, um das aktuelle und zukünftige Leistungsportfolio des Unternehmens zu optimieren. Durch entsprechende Planungsaktivitäten soll eine nachhaltige Sicherung und Stärkung der Marktposition geschaffen werden. [ZAHN95, S. 14 ff.] Eine Grundaktivität des Technologiemanagements ist die ***Technologieplanung***, in der Entscheidungen über die technologische Ausrichtung des Unternehmens sowie deren Umsetzung getroffen werden. [SCHU11b, S. 15 f.] Dabei wird eine Unterteilung in die strategische und operative Technologieplanung vorgenommen, vgl. Abbildung 3-4. Innerhalb der strategischen Technologieplanung soll die Wettbewerbsfähigkeit (Marktanteile, Zeitvorsprünge etc.) eines Unternehmens u. a. durch Produkt- und Prozessinnovationen nachhaltig gesichert und ausgebaut werden. [SCHI14, S. 10 ff.] Hierbei steht die Zielgröße Effektivität im Vordergrund, da optimale Produkt-, Produktions- und Materialtechnologien ermittelt und ausgewählt werden, um möglichst hohe Potenziale zu heben [SCHR99, S. 40 ff.].

Abbildung 3-4: Grundaktivitäten des Technologiemanagements und Untergliederung der Technologieplanung i. A. a. Schraft et al. [SCHR99, S. 40 ff.]

General Activities of Technology Management and Subdivision of Technology Planning Referring to Schraft et al. [SCHR99, p. 44 ff.]

In Abgrenzung zur strategischen Technologieplanung unterliegt die ***operative Technologieplanung*** einem kurz- bis mittelfristigem Planungshorizont, in welchem die in der strategischen Technologieplanung definierten Zielstellungen umgesetzt werden [SCHI14, S. 10 ff.]. Nach Schraft et al. steht bei der operativen Technologieplanung der optimierte Einsatz von Fertigungstechnologien im Fokus, indem bspw. die konkrete Umsetzung von Produktionsaufgaben geplant bzw. die Fertigung möglichst effizient gestaltet wird. Die hier enthaltenen Aktivitäten sind u. a. die Analyse von Bauteilspektren, die Identifikation von Fertigungstechnologien, technische und wirtschaftliche Bewertungen sowie die Auswahl von Produktionsmitteln. [SCHR99, S. 40 ff.] Diese Technologieplanungsaktivitäten werden i. d. R. parallel zur Bauteilkonstruktion durchgeführt (siehe auch Simultaneous und Concurrent Engineering [VDI19]) und bislang in die Phasen der ***Technologiegrob- und -feinplanung*** unterteilt. In der Grobplanungsphase existieren zahlreiche alternative Technologieketten zur Fertigung des bzw. der Bauteile. Ziel dieser Phase ist, aufbauend auf einer Bauteilanalyse sowie einem Screening potenziell geeigneter Fertigungstechnologien, eine Vorauswahl von Technologieketten unter Berücksichtigung der technischen Machbarkeit sowie wirtschaftlichen Abschätzungen zu treffen. In der darauf folgenden Technologiefeinplanungsphase werden detaillierte Informationen zur wirtschaftlichen Bewertung alternativer Prozessfolgen verwendet. [FALL00, S. 46. ff.] Für diese Bewertung werden u. a. potenzielle Fertigungsmittel sowie Spezifikationen von Betriebsmitteln geplant, Stückzahlszenarien analysiert sowie verschiedene Kostenkennwerte ermittelt. [SCHR99, S, 40 ff.]

Entsprechend der Beschreibungen oben, sind nach der Technologiegrob- und -feinplanung die Fertigungstechnologien und die Fertigungsmittel ausgewählt sowie zu einer Prozessfolge verkettet. ***In dieser Arbeit wird die Auslegung wirtschaftlich-technologisch optimierter Fertigungsprozessfolgen betrachtet. Daher knüpft diese Arbeit ablauforganisatorisch an die Phase der Technologiefeinplanung an.***

3.2 Grundlagen, Randbedingungen und Begriffsabgrenzungen zur Auslegung von Fertigungsprozessen und Prozessfolgen

Fundamentals, Boundary Conditions and Definitions for the Design of Manufacturing Processes and Process Sequences

Nach den Ausführungen zur Technologieplanung werden im Folgenden die Grundlagen zur Auslegung von Fertigungsprozessen sowie zu berücksichtigende Randbedingungen erläutert (Abschnitt 3.2.1). Ebenso wird die Modellierung von Fertigungsprozessen als Hilfsmittel zur Prozessauslegung eingeführt. In Abschnitt 3.2.2 folgt die Beschreibung prozessübergreifender Abhängigkeiten in Fertigungsprozessfolgen.

3.2.1 Auslegung von Fertigungsprozessen

Design of Manufacturing Processes

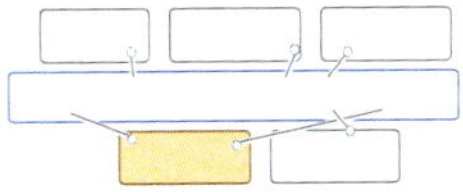

Bei der Planung des Herstellungsprozesses von Bauteilen werden, wie oben beschrieben, zunächst Technologieketten generiert und anschließend potenziell geeignete Fertigungsmittel ausgewählt. Nach TROMMER folgt diesem Schritt (nach der Technologiefeinplanung) die Auslegung der einzelnen Fertigungsprozesse. [TROM01, S. 32] In diesem Kontext beschreibt die ***Prozessauslegung*** die Aktivität, in welcher den Prozessparametern definierte Werte zugeordnet werden. Dabei umfassen ***Prozessparameter*** neben Technologieparametern auch Werkzeugparameter und weitere Randbedingungen, vgl. Abbildung 3-5. Während Technologieparameter unmittelbar an der Werkzeugmaschine eingestellt werden (beispielsweise Vorschub oder Zustellung), bestimmen die Werkzeugkonstruktion und -fertigung oder die Auswahl eines speziellen Werkzeugs die Werkzeugparameter. Zu den weiteren Randbedingungen zählen Einflussgrößen auf einen Prozess, welche i. d. R. nicht im direkten Zusammenhang mit einzelnen Fertigungsprozessen stehen, wie bspw. die Hallentemperatur. [STAU17, S. 75 f.] Diese weiteren Randbedingungen werden im Folgenden nicht als Parameter für die Prozessauslegung berücksichtigt.

Gemeinsam mit dem Input-Zustand eines Bauteils beeinflussen die Prozessparameter bzw. beeinflusst die Prozessauslegung im Wesentlichen den Zustand des Bauteils nach einem Prozess (im Folgenden als Output-Zustand bezeichnet) [KLOC14]. Wie in Abbildung 3-5 dargestellt, wird der Zustand eines Bauteils durch sog. Bauteileigenschaften beschrieben, welche im Weiteren detailliert werden. Bauteileigenschaften können direkt durch Prozessparameter beeinflusst werden (a). Außerdem können Prozessparameter (b) teilweise mit den Bauteileigenschaften des Input-Zustands (c) sog. Prozessgrößen (z. B. Zerspankräfte) beeinflussen, welche wiederum einen Einfluss auf Bauteileigenschaften im Output-Zustand haben. Dabei können sich Prozessgrößen auch gegenseitig beeinflussen (d). Neben dem Einfluss eines Prozesses auf Bauteileigenschaften des Output-Zustands ist es möglich, dass die Bauteileigenschaften ausschließlich vom Input-Zustand abhängen und ein Prozess keinen Einfluss auf eine Eigenschaft aufweist (e).

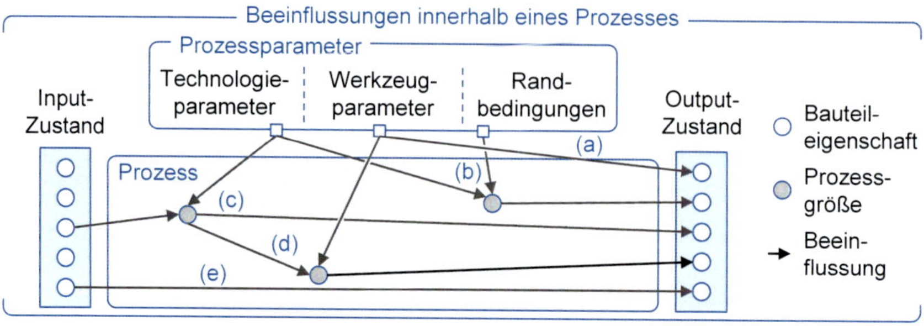

Abbildung 3-5: Einflüsse des Input-Zustands und Prozessparameter auf den Output-Zustand von Bauteilen i. A. a. BUCHHOLZ [BUCH14, S. 69]

Influences of the Input State Characteristics and Process Parameters on the Output State Characteristics of Components Referring to BUCHHOLZ [BUCH14, p. 69]

Nach KLOCKE, BRINKSMEIER und WEINERT werden ***Bauteileigenschaften***, welche verschiedenen Elementen/Bereichen eines Bauteils zugeordnet werden, in die vier Ebenen Makrogeometrie, Mikrogeometrie, Mesoeigenschaften und Nanoeigenschaften unterteilt und tragen maßgeblich zur Erfüllung der Funktion (wird weiter unten in diesem Abschnitt erläutert) eines Bauteils bei [KLOC05, S. 23]. Während die Makrogeometrie die grundsätzliche Geometrie sowie Form- und Lagetoleranzen eines Bauteils umfasst, bezieht sich die Mikrogeometrie auf die Oberflächenstruktur (z. B. Rauheitskennwerte). Zu den Mesoeigenschaften zählen die Gefügestruktur sowie mechanische Eigenschaften (z. B. Härte oder Eigenspannungen). Die Beschreibung von Nanoeigenschaften, welche tribochemische Reaktionsschichten (bspw. hinsichtlich Korrosionsbeständigkeit) umfassen, unterliegt keiner Normung und ist daher, sofern notwendig, bauteilspezifisch durchzuführen. [BUCH14, S. 55]

Wie oben beschrieben, können unterschiedliche Elemente bzw. Bereiche eines Bauteils alternative Ausprägungen von Bauteileigenschaften aufweisen. Diese Elemente werden im Folgenden als Feature bezeichnet. Dabei beschreibt ein ***Feature*** ein Flächen- oder Volumenelement eines Bauteils, welchem eine oder mehrere Teilfunktionen oder Fertigungszwecke zugeordnet werden können (z. B. ein Gewinde (Feature) zur Befestigung einer Schraube (Teilfunktion)). [KLOC17a] In Summe führen die einzelnen Teilfunktionen, welche durch die Bauteileigenschaften bzw. Eigenschaften der einzelnen Feature realisiert werden, dazu, dass die Funktion des gesamten Bauteils erfüllt wird, vgl. Abbildung 3-6. Der Grund dafür, dass verschiedene Feature eines Bauteils unterschiedliche Eigenschaftsausprägungen aufweisen können, ist, dass neben Fertigungsprozessen, die das gesamte Bauteil beeinflussen (z. B. Einsatzhärten), viele Prozesse einzelne oder ausgewählte Feature bearbeiten (z. B. die Schleifbearbeitung definierter Absätze einer Welle). Dies gilt es bei der Auslegung von Fertigungsprozessen als relevante Randbedingung zu berücksichtigen. [HERM22, S. 59 f.] Um die Funktion eines Bauteils zu erfüllen, sind Fertigungsprozesse bzw. die Fertigungsprozessfolgen so auszulegen, dass die erzeugten, finalen Bauteileigenschaften innerhalb einer geforderten Toleranz (als zulässige Differenz zwischen einem angestrebten Wert und dem tatsächlichen Maß) liegen bzw. dass die geforderte Bauteilqualität erreicht wird.

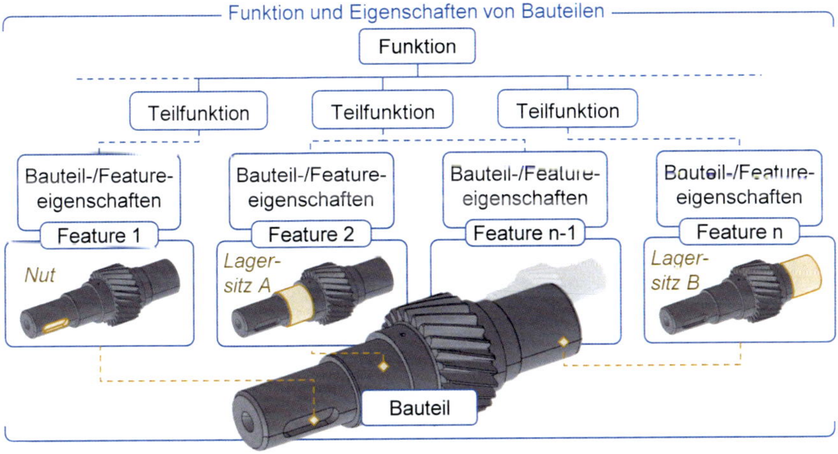

Abbildung 3-6: Untergliederung eines Bauteils in Feature zur Erfüllung von Teilfunktionen sowie der Funktion des Bauteils

Subdivision of a Component into Features to Fulfil Sub-Functions and the Function of the Component

Neben diesem Kriterium sind bei der Prozessauslegung weitere unternehmerische Zielgrößen (z. B. Wirtschaftlichkeit und ökologische Nachhaltigkeit) zu berücksichtigen. [GRÜN22, S. 12 ff.] ***Wirtschaftlichkeit*** beschreibt hierbei das Prinzip, mit gegebenen Mitteln den größtmöglichen Ertrag zu erzielen oder für einen definierten Ertrag den geringstmöglichen Mitteleinsatz zu benötigen [WEBE21]. ***In der vorliegenden Arbeit wird die Zielgröße Wirtschaftlichkeit gemeinsam mit dem Kriterium der Erreichung der geforderten Bauteilqualität schwerpunktmäßig betrachtet***, wobei die Möglichkeit zur Integration weiterer Zielgrößen berücksichtigt wird. Dabei hat die Prozessauslegung einen direkten Einfluss auf die Wirtschaftlichkeit, da durch die Zuordnung von definierten Werten zu den Prozessparametern u. a. die Prozesszeiten und Standmengen eingesetzter Werkzeuge resultieren, welche die Kosten des Fertigungsprozesses beeinflussen.

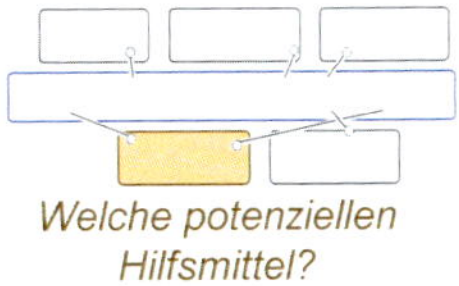

Als Hilfsmittel für die Auslegung von Fertigungsprozessen werden vielfach Modelle eingesetzt. Ein ***Modell*** ist die vereinfachte Nachbildung eines realen Systems [VDI18]. Je nach Anwendungsfall sowie vorhandener Informationsgrundlage werden unterschiedliche Modellarten eingesetzt. Heuristische Modelle bilden Erfahrungswissen, bspw. von Maschinenbedienenden in der Fertigung, ab [STRY21]. Die Speicherung dieser Modelle bzw. des Wissens der Personen, z. B. in Form von Regeln oder unscharfen Mengen, stellt eine große Herausforderung dar, sodass das Erfahrungswissen häufig verloren geht. Physikalische und empirische Modelle stellen technologische Abhängigkeiten durch mathematische Zusammenhänge dar. Dabei basieren physikalische Modelle auf physikalischen Gesetzmäßigkeiten und empirische Modelle werden experimentell (z. B. durch die Messung von Input- und Output-Größen eines Prozesses) ermittelt. [BRAN08, S. 4 ff.], [DENK11a] Durch die Digitalisierung der Produktion wird die Entwicklung und Anwendung neuer datenbasierter Ansätze begünstigt. Diese Ansätze können u. a. zur Auslegung von Fertigungsprozessen angewandt werden [PENN19]. In diesem Zusammenhang beschreibt Machine Learning das Lernen aus Daten, indem mithilfe von Algorithmen ein statistisches Modell entwickelt wird, sodass die auf diese Weise gelernten Erkenntnisse durch das Modell verallgemeinert werden. Für detaillierte Beschreibungen zu datenbasierten Ansätzen für die Fertigung sei auf FLACH [FLAC12], BERGS et al. [BERG20b], KANG et al. [KANG16] und TAO et al. [TAO18b] verwiesen.

Einen entscheidenden Einfluss auf die Qualität der Auslegung von Fertigungsprozessen mit Modellen und auf die Erstellung und Anwendung von Modellen hat die Datengrundlage. So führt eine geringe Menge an Daten vielfach zu Unsicherheiten im Planungsprozess, wodurch Entscheidungen beeinflusst werden können. [REY20] Um die Güte von Modellen (als Nachbildungen realer Systeme) zu bewerten, existieren verschiedene ***Gütekriterien***. Diese Kriterien setzen i. d. R. die mittels Modellen prognostizierten und real ermittelten Werte in ein Verhältnis zueinander [SIEB17, S. 236 f.]. So gibt bspw. das Bestimmtheitsmaß (R^2) an, in welchem Verhältnis die Regressionsquadratsumme zur Summe der Quadrate der totalen Abweichung steht, siehe Abbildung 3-7. Der mittlere quadratische Fehler (Mean Squared Error; MSE) wird ermittelt über die Residuenquadratsumme geteilt durch die Anzahl der Beobachtungen.

Kriterien zur Bewertung von Modellgüten

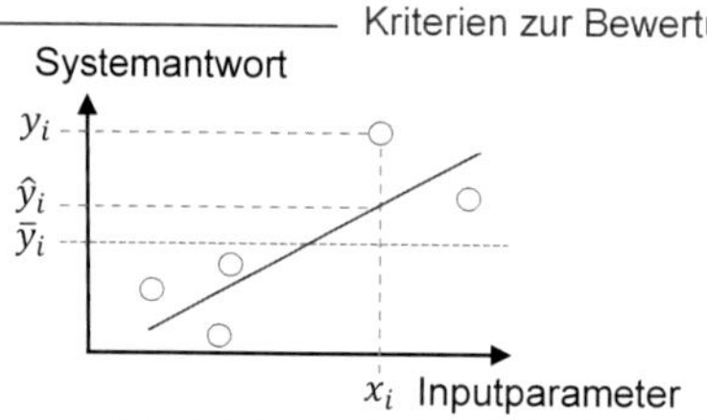

$$\boldsymbol{R^2} = \frac{SS_R}{SS_T} = \frac{\sum_{i=1}^{n}(\hat{y}_i - \bar{y}_i)^2}{\sum_{i=1}^{n}(y_i - \bar{y}_i)^2} = 1 - \frac{SS_E}{SS_T} = 1 - \frac{\sum_{i=1}^{n}(y_i - \hat{y}_i)^2}{\sum_{i=1}^{n}(y_i - \bar{y}_i)^2}$$

$$\boldsymbol{MSE} = \frac{SS_E}{n} = \frac{\sum_{i=1}^{n}(y_i - \hat{y}_i)^2}{n}$$

MSE: Mean squared error (mittlerer quadratischer Fehler) n: Anzahl der Beobachtungen
R^2: Bestimmtheitsmaß SS_E: Residuenquadratsumme SS_R: Regressionsquadratsumme
SS_T: Summe der Quadrate der totalen Abweichung y_i: Wahre Systemantwort
$\bar{y}_i$: Mittelwert der wahren Systemantworten $\hat{y}_i$: Prognostizierte Systemantwort

Abbildung 3-7: Kriterien zur Bewertung von Modellgüten am Bsp. von R² und MSE

Criteria for Evaluation of Model Qualities Using the Example of R² and MSE

Der Umfang vorhandener Modelle und Daten, welche für die Auslegung von Fertigungsprozessen durchgeführt werden können, steht im direkten Zusammenhang mit der Planungsart. Die ***Planungsart*** wird durch den Neuheitsgrad der Fertigungsaufgabe bestimmt. Unterschieden wird hierbei zwischen Neu-, Anpassungs-, Varianten-

und Wiederholplanung. Während bei der ***Neuplanung*** kein fertigungstechnisch ähnliches Produkt vorliegt, wurde bei der ***Wiederholplanung*** bereits ein identisches Produkt gefertigt. Bei der ***Anpassungs- sowie Variantenplanung*** liegen Informationen zu ähnlichen Produkten mit Unterschieden hinsichtlich der Randbedingungen vor. Die Vorstellung und Diskussion von ersten Entwicklungsstadien und Zwischenergebnissen der vorliegenden Arbeit mit Vertretenden von Industrieunternehmen ergab, dass Fertigungsprozesse insbesondere bei der Neuplanung vielfach erfahrungsbasiert sowie prozessindividuell ausgelegt werden. ***Fokus der Entwicklungsarbeiten liegt auf der Neuplanung, in welcher wenig Daten vorhanden und Möglichkeiten zur Durchführung experimenteller (Vor-)Untersuchungen gegeben sind***. Der vorliegende Ansatz (bzw. die in dieser Arbeit entwickelte Methodik) ist ebenso bei weiteren Planungsarten wie bspw. die Wiederholplanung anwendbar, da bei weiteren Planungsarten i. d. R. mehr Informationen als bei der Neuplanung vorliegen.

3.2.2 Prozessübergreifende Abhängigkeiten

Cross-Process Dependencies

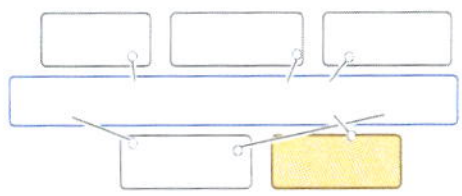

Wieso prozessübergreifende Betrachtung?

Wie oben erläutert, werden im Rahmen der Prozessauslegung den einzelnen Parametern eines Fertigungsprozesses definierte Werte zugeordnet, um die geforderte Bauteilqualität zu erzielen und gleichzeitig die unternehmerischen Zielgrößen (z. B. Wirtschaftlichkeit oder ökologische Nachhaltigkeit) zu optimieren. Wie DENKENA et al. erklären, werden Fertigungsprozesse i. d. R. einzeln ausgelegt und erst im späteren Planungsverlauf auf höheren Planungsebenen vernetzt. Diese partiell individuelle Prozessauslegung führt dazu, dass technische und wirtschaftliche Potenziale, die aus einer prozessübergreifenden Auslegung der gesamten Fertigungsprozessfolge resultieren, nicht gehoben werden können. [DENK12]

Wie in Abbildung 3-8 anhand einer Technologiekette i. A. a. WUEST et al. schematisch dargestellt, existieren innerhalb von Fertigungsprozessfolgen technologische **prozessübergreifende Abhängigkeiten**. Diese Abhängigkeiten sind darauf zurückzuführen, dass der Zustand eines Bauteils nach einer Technologie bzw. einem Fertigungsprozess (teilweise als Bauteilzwischenzustand bezeichnet) den Input-Zustand für den nachfolgenden Prozess bildet. [WUES12] Wie in Abbildung 3-5 dargestellt ist, weist der Input-Zustand bzw. weisen die Bauteileigenschaften im Input-Zustand signifikante Einflüsse auf Prozessgrößen und damit auf den Output-Zustand der jeweiligen Technologie und somit auf die nachfolgende Technologie auf. [KLOC14] Die hieraus resultierende Veränderungen der Bauteileigenschaften entlang der gesamten Technologiekette/Fertigungsprozessfolge werden als **Fertigungshistorie** bezeichnet, welche somit implizit eine Zusammenfassung aller technologie-/prozessübergreifenden Abhängigkeiten enthält. ***Werden Fertigungsprozesse einzeln und ohne Berücksichtigung der prozessübergreifenden Abhängigkeiten ausgelegt/optimiert, kann nicht sichergestellt werden, dass ein optimiertes Ergebnis für die gesamte Prozessfolge erzielt wird*** [DENK12].

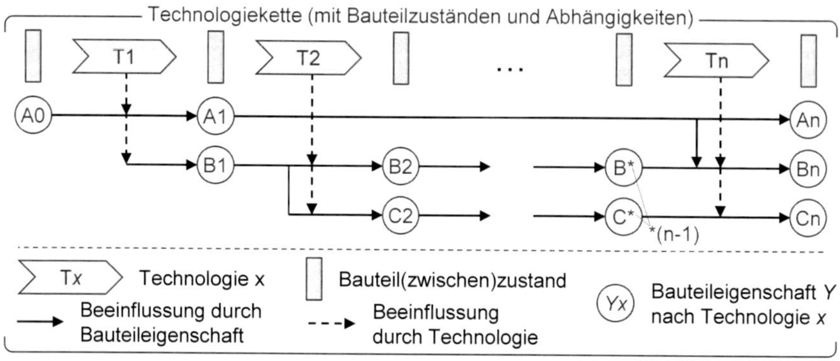

Abbildung 3-8: Darstellung der Fertigungshistorie einer Technologiekette i. A. a. WUEST et al. [WUES12]

Manufacturing History of a Technology Chain Referring to WUEST et al. [WUES12]

Aus wirtschaftlicher Perspektive kann es aufgrund prozessübergreifender Abhängigkeiten vorteilhaft sein, einen Feinschneidstempel früher auszuwechseln (höhere Feinschneidkosten), um ein möglichst konstantes Feinschneidergebnis (Bauteileigenschaften im Zwischenzustand) zu erzielen und somit die Kosten für die nachfolgenden Prozesse aufgrund der geringeren Streuung der Input-Zustände zu reduzieren. Ebenso könnten wirtschaftliche Vorteile erzielt werden, indem die Toleranzen nach einem Drehprozess verbreitert werden, wenn die dadurch eingesparten Kosten des Drehprozesses höher sind als die resultierenden Mehraufwände in beispielsweise einem nachgelagerten Außenrundschleifprozess.

Wie aus Befragungen von Industrieunternehmen sowie Erfahrungen aus verschiedenen Industrieprojekten zu entnehmen ist, findet die Auslegung von Fertigungsprozessfolgen insbesondere für die Festlegung der für die prozessübergreifenden Abhängigkeiten relevanten Bauteilmerkmale in Zwischenzuständen meist erfahrungsbasiert statt. Vielfach wird Wissen aus der Fertigung ähnlicher Bauteile genutzt und mit zusätzlichen Sicherheitsfaktoren versehen, um insbesondere die geforderte Qualität des finalen Bauteils sicherzustellen. Eine wirtschaftliche, prozessübergreifende Optimierung wird in diesem Zusammenhang nur bei offensichtlich unwirtschaftlichen Prozessen mittels unstrukturierter Vorgehensweisen durchgeführt. Hier knüpft die vorliegende Arbeit in Bezug auf die wirtschaftlich-technologische Optimierung von Fertigungsprozessfolgen durch eine prozessübergreifende Modellierung an. Im Folgenden wird daher die ***Auslegung von Fertigungsprozessfolgen als die Aktivität verstanden, innerhalb derer die Prozessparameter sowie Bauteilzwischenzustände festgelegt werden***.

3.3 Zwischenfazit und Definition des Untersuchungsbereiches

Interim Conclusion and Object Specification

Die Auslegung der einzelnen Fertigungsprozesse einer Prozessfolge zur Herstellung von Bauteilen weist einen signifikanten Einfluss auf die unternehmerischen Zielgrößen (z. B. Wirtschaftlichkeit, Produkt-/Bauteilqualität oder ökologische Nachhaltigkeit) auf. Aus den oben beschriebenen, prozessübergreifenden Abhängigkeiten (in diesem Vorhaben insbesondere fertigungstechnische und wirtschaftliche) resultiert die Notwendigkeit einer prozessübergreifenden, aufeinander abgestimmten Auslegung von Fertigungsprozessen (im Folgenden auch als Auslegung der Fertigungsprozessfolge bezeichnet) zur wirtschaftlich-technologischen Optimierung der gesamten Prozessfolge.

Daher ist im Rahmen der operativen Technologieplanung nach der Technologiegrob- und -feinplanung die zusätzliche Phase ***Auslegung der Fertigungsprozessfolge*** zu ergänzen. In dieser Phase wird die Auslegung der Parameter der Fertigungsprozessfolge sowie der Bauteilzwischenzustände vorgenommen, wobei die prozessübergreifenden Abhängigkeiten berücksichtigt werden. Hierdurch werden vor einer finalen Auslegung der Einzelprozesse durch Technologieexperten*innen die Parameterbereiche und Zwischenzustände ermittelt, für welche das wirtschaftlich-technologische Optimum erwartet wird. Der in dieser Arbeit entwickelte Ansatz ist für die Neuplanung von Prozessfolgen ausgelegt und auf weitere Planungsarten übertragbar. Der Untersuchungsbereich der Arbeit umfasst die Auslegung von Fertigungsprozessfolgen in der Serienfertigung zur Optimierung unternehmerischer Zielgrößen (insbesondere der Wirtschaftlichkeit). Dabei wird vorausgesetzt, dass eine Prozessfolge in der vorherigen Technologiegrob- und -feinplanung definiert wurde, vgl. Abbildung 3-9.

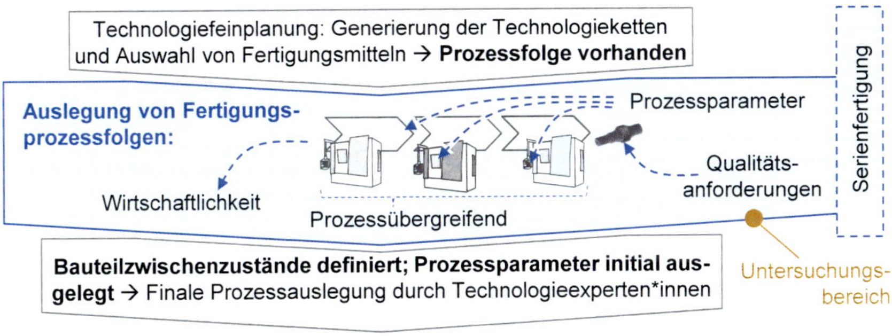

Abbildung 3-9: Untersuchungsbereich der vorliegenden Arbeit

Investigation Area of this Thesis

Der Untersuchungsbereich endet, sobald die Bauteilzwischenzustände definiert und die Prozessparameter initial ausgelegt/optimiert sind. Die anschließende finale Prozessauslegung der Einzelprozesse auf der Basis der definierten Zwischenzustände und initial ausgelegten Parameter durch Technologieexperten*innen liegt außerhalb des Untersuchungsbereiches, vgl. Abbildung 3-9.

4 Stand der Forschung

State of Research

Aufbauend auf den oben erläuterten Grundlagen sowie der Abgrenzung des Untersuchungsbereiches werden im folgenden Kapitel wissenschaftliche Ansätze analysiert, welche einen hohen Bezug zum definierten Untersuchungsbereich aufweisen. Dazu werden in Abschnitt 4.1 Ansätze zur Gestaltung und Auslegung verketteter Fertigungsprozesse in einem Produktionssystem untersucht, vgl. Abbildung 4-1. In Abgrenzung hierzu umfasst der Abschnitt 4.2 Ansätze, welche die Auslegung einzelner Fertigungsprozesse fokussieren. Alle analysierten Ansätze werden hinsichtlich ihrer Anwendbarkeit zur Auslegung wirtschaftlich-technologisch optimierter Prozessfolgen analysiert. Dabei wird insbesondere untersucht, wie technologische und wirtschaftliche Abhängigkeiten zwischen den Prozessen einer Fertigungsprozessfolge berücksichtigt werden. Auf Basis der durchgeführten Analyse wird die wissenschaftliche Problemstellung abgeleitet, vgl. Abschnitt 4.3.

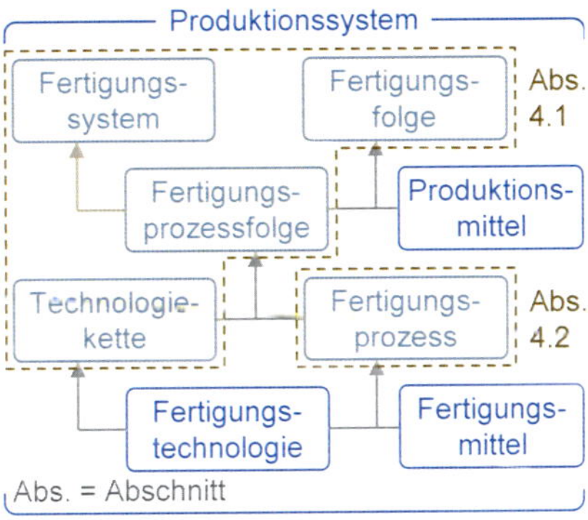

Abbildung 4-1: Übersicht Kapitel 4

Overview Chapter 4

4.1 Ansätze zur Gestaltung und Auslegung verketteter Fertigungsprozesse

Approaches for the Generation and Design of Linked Manufacturing Processes

Wie in Abschnitt 3.1.2 beschrieben, sind Technologieketten die Grundlage für Fertigungsprozessfolgen und die Prozessauslegung. Daher werden in Abschnitt 4.1.1 Ansätze zur Generierung von Technologieketten dahingehend analysiert, inwiefern diese für die Auslegung von Prozessfolgen anwendbar oder übertragbar sind. Forschungsansätze, welche die Auslegung von Fertigungsprozessfolgen unmittelbar adressieren, werden in Abschnitt 4.1.2 untersucht. Wie oben erläutert, sind Fertigungsprozessfolgen als Gestaltungsobjekt der vorliegenden Arbeit Bestandteil von Fertigungssystemen, Fertigungsfolgen sowie Produktionssystemen. Daher werden in Abschnitt 4.1.3 Ansätze zur Gestaltung von Fertigungssystemen und -folgen hinsichtlich ihrer Eignung zur Auslegung von Fertigungsprozessfolgen analysiert. Es wird untersucht, auf welchen Modellen und Methoden diese Ansätze basieren und wie die Wirtschaftlichkeit der Gestaltungsobjekte der entsprechenden Ansätze, welche verkettete Fertigungsprozesse enthalten, optimiert wird. Neben der Identifikation potenzieller Lösungsansätze schärft die Analyse das methodische Verständnis für den Untersuchungsbereich der vorliegenden Arbeit auch in Bezug auf vor- und nachgelagerte bzw. parallele Planungsaktivitäten. Durch die im Folgenden erläuterte Analyse existierender Forschungsarbeiten zur Generierung und Auslegung verketteter Fertigungsprozesse wird überprüft, ob Lösungsansätze für die in Abschnitt 3.3 beschriebenen Herausforderungen vorliegen sowie ob auf bestehenden Ansätzen aufgebaut werden kann bzw. ob diese auf die Problemstellung übertragen werden können.

4.1.1 Generierung von Technologieketten

Generation of Technology Chains

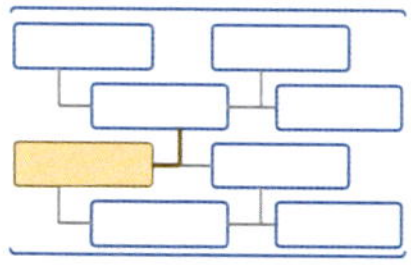

In diesem Abschnitt werden Ansätze zur Generierung von Technologieketten, welche die Basis für Fertigungsprozessfolgen bilden und Fertigungstechnologien sowie ihren Einfluss auf Bauteileigenschaften berücksichtigen, vorgestellt. Die Ansätze werden hinsichtlich ihrer Anwendbarkeit für die Auslegung von Fertigungsprozessfolgen untersucht. Dabei wird analysiert, wie die einzelnen Technologien verkettet, wie wirtschaftliche Bewertungen durchgeführt und inwiefern eine Grundlage für die Auslegung von Prozessparametern gelegt wird.

FALLBÖHMER 2000: [FALL00] ***Generieren alternativer Technologieketten in frühen Phasen der Produktentwicklung***

Einen Ansatz zur Generierung von Technologieketten liefert FALLBÖHMER. Er entwickelte eine Methodik für die konstruktionsbegleitende Planung der einzusetzenden Fertigungstechnologien in der Technologieplanung. Hierdurch sollen Anwendende bei der Gestaltung von Technologieketten in Abhängigkeit von den Produktanforderungen sowie spezifischen Randbedingungen unterstützt werden. [FALL00, S. 35 ff.]

Die Methodik zur Generierung alternativer Technologieketten besteht aus sechs Schritten und ist in Abbildung 4-2 dargestellt. Zu Beginn wird eine Technologievorauswahl durchgeführt, indem die Anforderungen an das zu fertigende Bauteil und die Leistungsprofile von Technologien grob verglichen werden. Nach dieser Vorauswahl wird überprüft, welche Technologien kombiniert werden können, um alle Bauteilanforderungen zu erfüllen (sog. Ermittlung der technischen Machbarkeit). Im anschließenden Feedback-Schritt werden potenzielle Anpassungen der geometrischen Gestalt oder des Werkstoffs des Bauteils sowie der Technologien durchgeführt. [FALL00, S. 84 ff.]

Abbildung 4-2: Methode zur Generierung alternativer Technologieketten nach FALLBÖHMER [FALL00]

Method for Generation of Alternative Technology Chains by FALLBÖHMER [FALL00]

Das Ergebnis hiervon sind Aneinanderreihungen von Technologien, die potenziell fähig sind, die geforderten Bauteileigenschaften herzustellen. Im nachfolgenden Schritt werden die Wechselwirkungen zwischen den einzelnen Technologien in die Betrachtung integriert und es wird überprüft, ob weitere Technologien zur Erzeugung von Zwischenzuständen notwendig sind. Hierfür wird die letzte Technologie der Technologiekette dahingehend untersucht, welcher Input-Zustand (Bauteilzwischenzustand vor der Technologie) notwendig ist, um durch die Technologie die geforderten Endbauteileigenschaften zu erzielen. Entsprechend der resultierenden Anforderungen an den Bauteilzwischenzustand wird geprüft, ob die Vorgängertechnologie geeignet ist. Liegt eine Eignung vor, wird ein weiterer Zwischenzustand (vor der Technologie) generiert. Andernfalls ist eine weitere Technologie zu berücksichtigen. Dieses Vorgehen wird iterativ wiederholt, bis der benötigte Input-Zustand einer Technologie dem Zustand des Fertigungsinputs (Rohmaterial oder Halbzeug) entspricht. [FALL00, S. 99 ff.] Einzelne Aspekte der Dissertation von FALLBÖHMER sind in KLOCKE et al. [KLOC00] enthalten.

Der vorgestellte Ansatz bildet die Grundlage für weitere Forschungsarbeiten aus dem Bereich der Technologieplanung (u. a. für TROMMER [TROM01], KLOCKE et al. [KLOC18a] und HERMANN [HERM22]) und ist bedeutend für die methodische Generierung von Technologieketten. Insbesondere das vermittelte Verständnis bzw. der Umgang mit Bauteilzwischenzuständen ist für die vorliegende Arbeit relevant. Wegen der erwartungsgemäß fehlenden Betrachtung von Prozessparametern ist der Ansatz jedoch nicht für die Auslegung von Fertigungsprozessfolgen geeignet.

WUEST et al. 2012: [WUES12] ***Method to describe interdependencies of state characteristics related to distortion***

Mit ihrem Ansatz lieferten WUEST et al. eine Grundlage für verschiedene Forschungsarbeiten zur Technologieplanung (u. a. zu BUCHHOLZ [BUCH14], REY et al. [REY19] und GRÜNEBAUM [GRÜN22]). Sie entwickelten eine Methode zur Beschreibung der Abhängigkeiten zwischen verschiedenen Bauteilzuständen. [WUES12] Teile dieser Methode wurden in Abschnitt 3.2.2 zu den prozessübergreifenden Abhängigkeiten erläutert sowie in Abbildung 3-8 bzgl. der Fertigungshistorie dargestellt. Das von WUEST et al. vermittelte Verständnis hinsichtlich der Abhängigkeiten eines Bauteilzustandes von den vorherigen Fertigungsprozessen und Bauteilzuständen ist bedeutend für die Gestaltung von Technologieketten und Fertigungsprozessfolgen. [WUES12] Die Übertragung des analysierten Ansatzes auf Fertigungsprozessfolgen mit dem Zweck der Auslegung von Prozessen ist ohne weitere Forschung nicht möglich, da die Abhängigkeiten zwischen den Prozessen ausschließlich qualitativ beschrieben werden.

SCHINDLER 2014: [SCHI14] ***Strategische Planung von Technologieketten für die Produktion***

In seiner Dissertation entwickelte SCHINDLER eine Methodik zur Planung von Technologieketten [SCHI14, S. 15 f.]. Nach dem Verständnis in der vorliegenden Arbeit sind in der Methodik Aktivitäten der operativen sowie strategischen Technologieplanung enthalten. Entsprechend des Untersuchungsbereiches der vorliegenden Arbeit wird im Folgenden ein Ausschnitt der Methodik mit Fokus auf die operative Technologieplanung erläutert.

Im Anschluss an die Technologieidentifikation und -vorauswahl folgt, vergleichbar zu FALLBÖHMER, der Schritt zur Generierung von Technologieketten. In diesem Schritt werden drei Matrizen eingesetzt, um unter anderem die Wechselwirkungen zwischen dem Bauteil und einzelnen Features hinsichtlich der Bearbeitungsreihenfolge abzubilden (sog. Bauteil-Feature-Relation-Matrix), vgl. Abbildung 4-3. Es werden Abhängigkeiten zwischen den Technologien in einer Technologie-Relation-Matrix dargestellt, um notwendige Vorgänger- bzw. Nachfolger-Technologien zu identifizieren. In der Technologie-Bauteil-Feature-Relation-Matrix werden die zu fertigenden Feature den Technologien gegenübergestellt, um zu bewerten, ob Bauteile mit den entsprechenden Technologien herstellbar sind. [SCHI14, S. 91 ff.] Auf Basis dieser qualitativen Abhängigkeiten werden alternative Technologieketten generiert. Weiterführende Informationen zu dem Ansatz von SCHINDLER in Bezug auf die Bewertung Technologien und Technologieketten sind in der vorgestellten Dissertation sowie in weiteren Publikationen enthalten [REIN11], [REIN12].

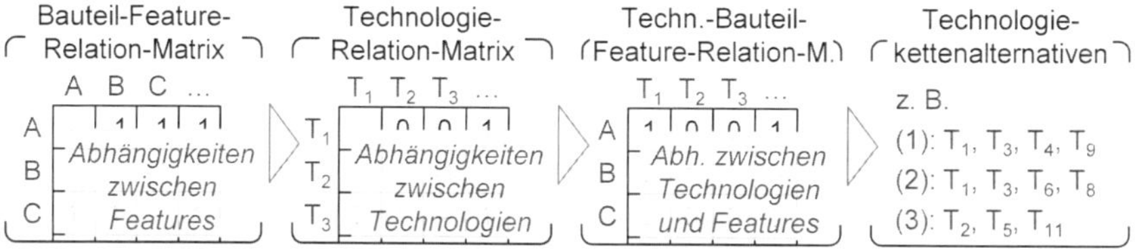

Abbildung 4-3: Methode zur Generierung von Technologieketten nach Schindler [SCHI14]

Method for Generation of Technology Chains by SCHINDLER [SCHI14]

Neben dem Ansatz von FALLBÖHMER [FALL00] bildet der untersuchte Ansatz von SCHINDLER [SCHI14] eine Grundlage zur Generierung von Technologieketten. Der vorgestellte Ansatz ist aufgrund fehlender Modellierung von Prozessparametern sowie quantitativer Zusammenhänge erwartungsgemäß nicht unmittelbar geeignet für die Auslegung von Prozessfolgen. Jedoch ist zu prüfen, inwiefern einzelne vorgestellte Methoden durch Erweiterungen oder Anpassungen auf den Untersuchungsbereich der vorliegenden Arbeit anwendbar sind. So greift bspw. HERMANN et al. die Matrixdarstellung zur Modellierung von Änderungen innerhalb von Prozessfolgen auf [HERM20].

Weitere Forschungsansätze zur Generierung von Technologieketten sowie Zwischenfazit

In weiteren Forschungsarbeiten zur Generierung von Technologieketten werden die oben vorgestellten Ansätze referenziert und verschiedene Aspekte der Technologiekettengenerierung im Detail untersucht. Auf eine detaillierte Beschreibung aller Ansätze wird an dieser Stelle verzichtet, da sie hinsichtlich der für diese Arbeit relevanten Aspekte vergleichbar zu den oben analysierten Ansätzen sind.

KNOCHE entwickelte ein generisches Modell zu Beschreibung von Fertigungstechnologien, um eine verbesserte Verknüpfung zu Technologieketten zu ermöglichen [KNOC05]. Einen Ansatz zu Integration von neuen in bestehende Technologien entwickelte MÜLLER [MÜLL07]. In inhaltlich spezifischeren Ansätzen wird die Generierung von Technologieketten im Anlauf [STAU17], unter Einbezug der Prüfplanung [KLOC18a], bezüglich der frühzeitigen Bewertung im Rahmen der Entwicklung neuartiger Werkstoffe [ZÖNN19] oder im Rahmen der agilen Produktentwicklung [REY] untersucht. Durch die Analyse dieser Ansätze wird das Verständnis geschärft, wie Technologieketten generiert und Abhängigkeiten zwischen Technologien qualitativ dargestellt werden. Das Ziel in vielen dieser Ansätze ist die Gestaltung wirtschaftlich-technologisch optimierter Technologieketten, welche die Basis für Fertigungsprozessfolgen bilden. ***Dabei haben alle Ansätze zur Generierung von Technologieketten gemeinsam, dass sie*** (entsprechend ihres Betrachtungsrahmens) ***ohne weitere Forschung nicht auf Prozessfolgen übertragen werden können.***

4.1.2 Auslegung von Fertigungsprozessfolgen

Design of Manufacturing Process Sequences

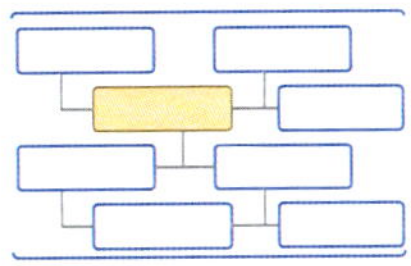

Wie die Analysen im vorherigen Abschnitt ergaben, sind die vorgestellten Ansätze zur Generierung von Technologieketten nicht geeignet bzw. nicht direkt übertragbar auf die Auslegung von Fertigungsprozessfolgen. Daher werden im Folgenden Ansätze zur Auslegung von Fertigungsprozessfolgen erläutert. Die Ansätze werden insbesondere dahingehend analysiert, inwiefern sie Anwendende bei der Auslegung unterschiedlicher Fertigungsprozessfolgen methodisch unterstützen, wie technologische und wirtschaftliche Größen verknüpft, in welchem Umfang (Eingangs-)Informationen benötigt und welche Ansätze zur Optimierung eingesetzt werden.

MUKHERJEE und RAY 2008: [MUKH08] — **Optimal process design of two-stage multiple responses grinding processes using desirability functions and metaheuristic technique**

MUKHERJEE und RAY entwickelten einen Ansatz zur Optimierung eines zweistufigen Schleifprozesses (Prozessfolge aus zwei Prozessen). Die Autoren beschreiben, dass die Prozesse von einer hohen Anzahl an Prozessparametern und weiteren Größen beeinflusst werden, eine Vielzahl an Abhängigkeiten zwischen den beiden Prozessen vorliegt und eine individuelle Auslegung der Prozesse nicht zum Gesamtoptimum der Prozessfolge führt. [MUKH08]

Die Fertigungsprozessfolge wird im Ansatz von MUKHERJEE und RAY durch eine multivariate Regression abgebildet, wobei der Output (Bauteilzwischenzustand) eines Fertigungsprozesses als Input des folgenden Prozesses betrachtet wird. Des Weiteren ist eine Zielfunktion vorhanden, welche alternative Prozessfolgen anhand von Anforderungen der Nutzenden bewertet. Der Schwerpunkt des Ansatzes ist die Untersuchung alternativer metaheuristischer Algorithmen, welche zur zeiteffizienten Lösung des komplexen Optimierungsproblems eingesetzt werden. Getestet werden ein Genetischer Algorithmus, ein Simulated Annealing (simuliertes Abkühlen) Ansatz und eine Tabu Suche mit jeweils unterschiedlichen Einstellparametern. Ziel ist die Optimierung der Prozessparameter innerhalb der Prozessfolge anhand der Zielfunktion. Im analysierten Ansatz führte die Tabu Search zu den vorteilhaftesten Resultaten. [MUKH08]

Der untersuchte Ansatz liefert relevante Grundlagen zur Optimierung von Fertigungsprozessfolgen und legt einen Schwerpunkt auf metaheuristische Optimierungsalgorithmen. Methodische Unterstützungen zur Modellierung von Prozessfolgen, zum Aufstellen von Zielfunktionen oder zur wirtschaftlichen Bewertung sind im analysierten Ansatz nicht enthalten. Inwiefern die Erkenntnisse hinsichtlich der Vorteilhaftigkeit der Tabu Search auf weitere Prozessfolgen übertragen werden können, ist zu prüfen.

BRANDES 2008: [BRAN08] ***Positionierung technologischer Schnittstellen – Beitrag zur ganzheitlichen Auslegung fertigungstechnischer Prozessketten***

In seiner Dissertation beschreibt BRANDES die Auslegung technologischer Schnittstellen einer Prozesskette (in der vorliegenden Arbeit als Prozessfolge bezeichnet) zur Zahnradfertigung. Anwendungsbeispiel ist eine Referenzprozessfolge aus dem Sonderforschungsbereich (SFB) 489, für die eine breite Informationsbasis vorhanden ist.

Der Autor unterteilt sein Vorgehen in vier Phasen und beginnt mit der Prozessanalyse als Phase 1, vgl. Abbildung 4-4. Hierzu wird beschrieben, dass detaillierte Informationen zum Bauteil, zu Maschinen, den Prozessen sowie zu technologischen Wechselwirkungen zu beschaffen sind. Als Informationsquellen werden im SFB 489 entwickelte Modelle, Experten*innen und wissenschaftliche Literatur genutzt. Diese werden anschließend in Kausalitätsdiagramme und sog. Beziehungsmatrizen überführt, wobei auf eine Beschreibung, wie diese Diagramme und Matrizen zu erstellen sind, verzichtet wird. [BRAN08, S. 53 f.] In Phase 2 wird ein generisches Prozessmodell eingesetzt, um alle Prozesse und Schnittstellen einer Prozessfolge zu modellieren. Dieses ist darauf ausgelegt, dass die Output-Größen eines Fertigungsprozesses relevante Input-Größen für den nachfolgenden Prozess darstellen. [BRAN08, S. 56 f.]

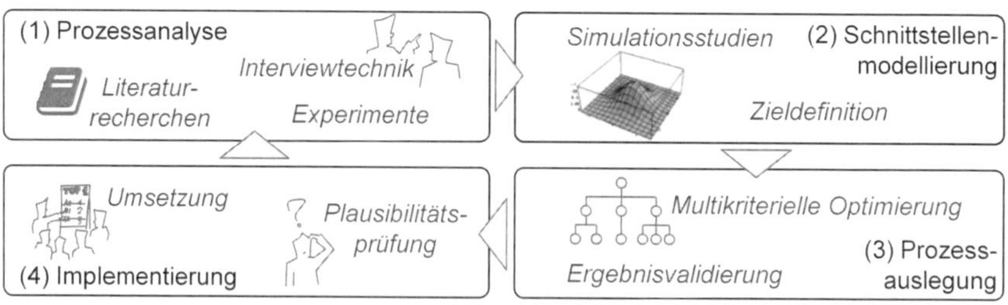

Abbildung 4-4: Phasenmodell zur ganzheitlichen Prozessfolgenauslegung inklusive der verwendeten Methoden nach BRANDES [BRAN08]

Phase Model for Holistic Process Chain Design Including the Methods Used According to BRANDES [BRAN08]

Hierauf aufbauend erfolgt in Phase 3 die Auslegung der Prozessfolgen entsprechend der unternehmensindividuellen Aufgabenstellung bzw. Zielfunktion, wofür eine multikriterielle Optimierung genutzt wird. Es wird aufgeführt, dass für die Auslegung von Prozessfolgen erforderliches Wissen zu formalisieren und zusammenzufügen ist, wobei auf detaillierte Beschreibungen eines methodischen Vorgehens verzichtet wird. Des Weiteren folgt in dieser Phase eine Validierung der Ergebnisse. [BRAN08, S. 58] Phase 4 des Ansatzes von BRANDES bildet die Implementierung des Optimierungskonzeptes. Hierzu stellt der Autor die Architektur des Konzeptes dar. [BRAN08, S. 61 ff.] Teile der analysierten Dissertation wurden in Arbeiten veröffentlicht [TÖNS02b], [DENK05], [DENK06] oder bildeten die Grundlage für diese [DENK11a].

In seiner Dissertation beschreibt BRANDES eine vergleichbare Thematik zur vorliegenden Arbeit. Insbesondere durch das Anwendungsbeispiel wird die Notwendigkeit einer prozessübergreifenden Auslegung von Fertigungsprozessfolgen deutlich. Da der Schwerpunkt der analysierten Arbeit auf der Referenzprozessfolge aus dem SFB 489 (mit einer Vielzahl vorhandener Modelle und Experten*innenwissen) liegt, ist die methodische Unterstützung für Anwendende zur Übertragung des beschriebenen Konzeptes auf weitere Fertigungsprozessfolgen unzureichend. Eine Beschreibung potenzieller Kostenmodelle ist im Ansatz nicht enthalten. Insgesamt bietet der Ansatz Anknüpfungspunkte für die vorliegende Arbeit, umfasst jedoch nicht die notwendige methodische Unterstützung zur Auslegung wirtschaftlich-technologisch optimierter Prozessfolgen entsprechend des Untersuchungsbereiches der vorliegenden Arbeit.

WILLMS 2008: [WILL08] Methodisches System zur Auslegung von kostenoptimierten und prozessstabilen Fertigungsverkettungen

Das von WILLMS entwickelte methodische System unterstützt Anwendende bei der Auslegung von Fertigungsverkettungen (in der vorliegenden Arbeit als Prozessfolgen bezeichnet). Dabei verfolgt der Autor den Ansatz, dass Fertigungstoleranzen nach der Festlegung der Prozessparameter unter Einbezug der geforderten Bauteilfunktionalität sowie von Erfahrungswissen ausgelegt werden. Der Grund hierfür ist die Annahme, dass Fertigungstoleranzen insbesondere in frühen Planungsphasen häufig zu eng festgelegt werden. [WILL08, S. 26]

Im Ansatz wird zunächst das zu fertigende Produkt in die einzelnen Bauteileigenschaften (für die verschiedenen Feature) unterteilt. Die Fertigungsverkettung wird in Anlehnung an FALLBÖHMER [FALL00] und TROMMER [TROM01] durchgeführt. Hierauf aufbauend werden alternative Prozessfolgen (Unterscheidung hinsichtlich Prozessparameter) sowie die entsprechenden Fertigungshistorien wissensbasiert abgeleitet. Details hinsichtlich der (Prozessparameter-)Auslegung der einzelnen Fertigungsprozessfolgen werden nicht ausgeführt. Anschließend werden Herstellkosten als Summe der Einzelprozesskosten ermittelt. Im darauffolgenden Schritt, welcher einen Schwerpunkt des Ansatzes bildet, werden Ausschusskosten in die Bewertung einbezogen, um abschließend kostenoptimierte Fertigungstoleranzen entlang der Prozessfolge zu ermitteln. Die Kosten für Ausschuss hängen u. a. vom Auftrittszeitpunkt in der

Prozessfolge ab, da bspw. Bauteile zu Beginn der Prozessfolge weniger wertschöpfende Schritte durchlaufen haben als das finale Bauteil. [WILL08, S. 33 ff.]

Der analysierte Ansatz liefert Erkenntnisse zur Festlegung von Fertigungstoleranzen für Bauteilzwischenzustände in Prozessfolgen. Die Auslegung von Prozessparametern sowie die Verknüpfung von Prozessparametern zu Herstellkosten werden im Ansatz von WILLMS nicht detailliert betrachtet.

HENNING 2012: [HENN12] ***Modellbasierte Prozess-Adaption in der Feinplanung fertigungstechnischer Prozessketten***

In seiner Dissertation entwickelte HENNING eine Feinplanungsmethode zur modellbasierten Prozess-Adaption fertigungstechnischer Prozessketten (in der vorliegenden Arbeit als Prozessfolgen bezeichnet). Der Autor führt aus, dass bei Anpassungen einzelner Fertigungsprozesse stets die Auswirkungen auf die gesamte Prozessfolge zu berücksichtigen sind, um ein wirtschaftliches Optimum zu erzielen. Der Ablauf der sequenziell aufgebauten Feinplanungsmethode ist in Abbildung 4-5 dargestellt.

Zunächst werden ein Zielsystem, auf dessen Grundlage die nachfolgende Bewertung der Alternativen erfolgt, generiert sowie der Untersuchungsgegenstand definiert. Das Zielsystem ist hierarchisch aufgebaut und ermöglicht eine multikriterielle Bewertung. Zur Generierung dieses Systems wird der in der Technologieplanung weit verbreitete Ansatz des Analytical Hierachy Process nach SAATY [SAAT90] eingesetzt. [HENN12, S. 45 ff.] Für die nachfolgende Ableitung eines Gesamtmodells erarbeitete HENNING Strukturvorgaben, um einzelne Prozesse als Stellgrößenvektoren darzustellen und technologische Schnittstellen abzuleiten. Dabei ermöglichen die Nutzung der Stellgrößenvektoren eine Zerlegung des Gesamtsystems und die technologischen Schnittstellen die Vernetzung der einzelnen Vektoren zu einem Gesamtsystem. Ziel hierbei ist die Erreichung einer möglichst hohen Flexibilität bezogen auf die Modellierung der Prozessfolge. In diesem Zusammenhang verweist der Autor auf die präferierte Nutzung empirischer Modelle und beschreibt die Schnittstelle des Ablaufs seiner Methode zur Versuchsplanung. Des Weiten wird erläutert, dass eine Verknüpfung des Gesamtmodells mit dem entwickelten Zielsystem notwendig ist, um Alternativen zu vergleichen. [HENN12, S. 49 ff.]

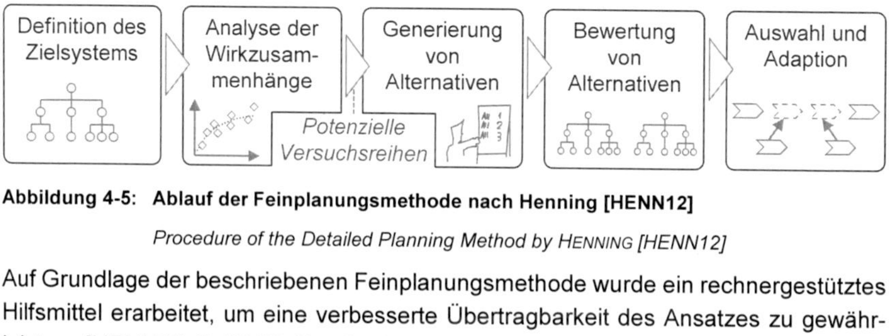

Abbildung 4-5: Ablauf der Feinplanungsmethode nach Henning [HENN12]

Procedure of the Detailed Planning Method by HENNING [HENN12]

Auf Grundlage der beschriebenen Feinplanungsmethode wurde ein rechnergestütztes Hilfsmittel erarbeitet, um eine verbesserte Übertragbarkeit des Ansatzes zu gewährleisten. [HENN12, S. 62 ff.] Für detaillierte Ausführungen zum Ansatz von HENNING wird auf die Dissertation sowie die weiteren Veröffentlichungen, welche in die Dissertation eingeflossen sind, verwiesen [DENK07], [DENK08], [DENK10], [DENK11b].

Insgesamt bildet der Ansatz von HENNING eine wertvolle Grundlage für die vorliegende Arbeit. Er liefert Erkenntnisse bzgl. der technologieübergreifenden Betrachtung von Prozessfolgen, wobei ein untergeordneter Fokus auf der methodischen Unterstützung für Anwendende bzgl. der Auslegung von Prozessfolgen liegt. Dementsprechend besteht hier weiterer Forschungsbedarf insbesondere in Bezug auf die Unterstützung von Anwendenden zur Identifikation von Übergabegrößen sowie geeigneten Prozessmodellen zur Prognose von Bauteileigenschaften. In diesem Zusammenhang wird im analysierten Ansatz nicht berücksichtigt, wie mit unterschiedlichen Vorhersagequalitäten der einzelnen Modelle umgegangen wird. Ebenso wird nicht ausgeführt, wie die Modelle zur wirtschaftlichen Bewertung zu gestalten und in das Gesamtmodell der Prozessfolgen zu integrieren sind.

DENKENA et al. 2012: [DENK12] ***Integrative process chain optimization using a genetic algorithm***

Vergleichbar zu BRANDES [BRAN08] und HENNING [HENN12] führen DENKENA et al. aus, dass die einzelnen Fertigungsprozesse einer Prozessfolge häufig individuell ausgelegt werden. Hieraus wird der Bedarf einer prozessübergreifenden Optimierung abgeleitet. Daher entwickelten die Autoren einen Ansatz zur Optimierung von Prozessfolgen für Schmiedeprozesse. [DENK12] Der Ansatz umfasst drei Schritte und beginnt mit der Prozessfolgenplanung. Hier werden relevante Prozesse sowie Zielkriterien bestimmt. Ebenso wird ausgeführt, dass alle Abhängigkeiten zwischen den Prozessen sowie Einflüsse auf die Zielkriterien zu analysieren sind. Im nachfolgenden Schritt sind die einzelnen Prozesse sowie die folgenden Abhängigkeiten zu modellieren. Unterschieden wird hierbei zwischen den Auswirkungen eines Prozesses auf die Zielkriterien, Abhängigkeiten zwischen zwei Prozessen sowie Abhängigkeiten zwischen unterschiedlichen Prozessfolgen bzgl. gemeinsamer Fertigungsmittel. Im darauffolgenden Schritt wird ein Genetischer Algorithmus zur Optimierung eingesetzt. Anschließend wird der Ansatz auf ein Fallbeispiel angewandt. [DENK12]

Der untersuchte Ansatz zeigt die Relevanz einer prozessübergreifenden Optimierung sowie grundsätzliche Schritte hierfür auf. Allerdings liegt der Schwerpunkt des Ansatzes auf einer Prozessfolge (für Schmiedebauteile) und innerhalb der drei Schritte werden keine Modelle und Methoden als Unterstützung bei der Auslegung von Prozessfolgen für Anwendende aufgeführt.

BUCHHOLZ 2014: [BUCH14] ***Bewertung des Substitutionsrisikos von Fertigungssystemen***

Aufbauend auf den oben aufgeführten Ansätzen (von FALLBÖHMER [FALL00], MÜLLER [MÜLL07], DENKENA et al. [DENK11b] und WUEST et al. [WUES12]) entwickelte BUCHHOLZ im Rahmen seiner Dissertation eine Methodik zur Generierung alternativer Prozessfolgen sowie zur Wirtschaftlichkeitsbewertung. Dabei verfolgte der Autor das

Ziel, Anwendende bei der Bewertung des Substitutionsrisikos von Fertigungssystemen mittels der entwickelten Methodik zu unterstützen. [BUCH14]

Eine Übersicht über die drei Module der Methodik von BUCHHOLZ und einzelne Ausschnitte sind in Abbildung 4-6 dargestellt. Zunächst werden die Bearbeitungsaufgaben entsprechend der geforderten Bauteileigenschaften definiert und Technologieketten abgeleitet. [BUCH14, S. 55 ff.] Zur Beschreibung technologischer Schnittstellen führt BUCHHOLZ sog. Übergabegrößen ein, welche die Bauteilzwischenzustände beschreiben. Anforderungen an diese Größen sind, dass ein diskreter Zeitpunkt beschrieben sowie dass der Werkstückzustand ausreichend genau abgebildet wird. Für die Identifikation relevanter Übergabegrößen (mit einem Einfluss auf die finalen Bauteileigenschaften) wird auf Literatur und Erfahrungswissen sowie die Methode von WUEST et al. [WUES12] zurückgegriffen. [BUCH14, S. 60 ff.] Anschließend wird der Einfluss von Prozessparametern auf die Übergabegrößen ermittelt. Hierfür werden sog. Elastizitäten, welche den Grad der aus einer Parameteranpassung resultierenden Auswirkungen beschreiben, mit Hilfe bestehender Modelle bestimmt. Dabei führt BUCHHOLZ aus, dass diese Modelle für die spätere Prozessauslegung eingesetzt werden. Im darauffolgenden Schritt werden Möglichkeiten zur Neugestaltung von Technologieketten (inkl. potenzieller Technologiesubstitutionen) unter Berücksichtigung der Fertigungshistorie aufgezeigt. Hierfür ist das Wissen über den Einfluss der einzelnen Prozesse auf Bauteileigenschaften bzw. Übergabegrößen nötig. Eine Auslegung von Fertigungsprozessen ist kein Bestandteil des Ansatzes von BUCHHOLZ. [BUCH14, S. 68 ff.]

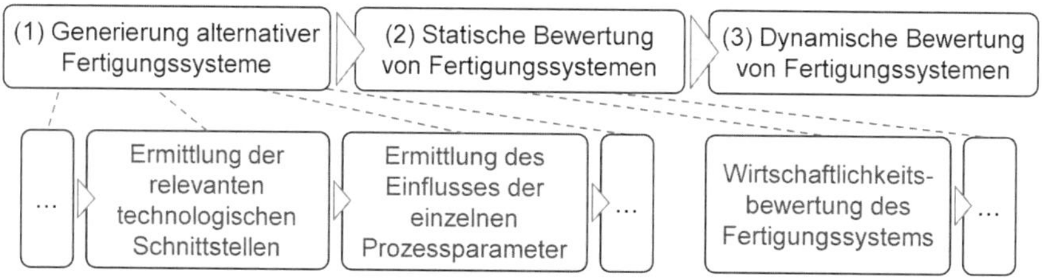

Abbildung 4-6: Ausschnitte der Methodik zur Bewertung des Substitutionsrisikos von Fertigungssystemen nach BUCHHOLZ [BUCH14]

Sections of the Methodology for Evaluating the Substitution Risk of Manufacturing Systems According to BUCHHOLZ [BUCH14]

Das zweite Modul enthält Ansätze zur Bewertung der Wirtschaftlichkeit und Ressourceneffizienz von Fertigungssystemen. Es wird beschrieben, wie Herstellkosten für einzelne Prozessschritte ermittelt werden können und wie diese mit der Maschinenauslastung zusammenhängen. Hierdurch wird eine Untersuchung alternativer Stückzahlszenarien möglich. [BUCH14, S. 83 ff.] Wirtschaftliche Abhängigkeiten werden aufgrund der fertigungsmittelindividuellen Betrachtung nicht berücksichtigt. Im dritten Modul wird eine Methode zur dynamischen Bewertung von Fertigungssystemen entwickelt. Ziel hierbei ist es, unsichere zukünftige Produktprogramme in die Bewertung zu integrieren [BUCH14, S. 95 ff.]. Einzelne Teile aus Modul 1 der Dissertation von BUCHHOLZ sind auch in KLOCKE et al. [KLOC14] aufgeführt.

Die analysierte Methodik von BUCHHOLZ stellt eine relevante Grundlage für die vorliegende Arbeit dar. BUCHHOLZ beschreibt Grundlagen zur Verkettung sowie zur Bewertung der Kosten von Fertigungsprozessen. Die Modellierung und Auslegung von Fertigungsprozessfolgen und die Integration wirtschaftlicher Abhängigkeiten zwischen Prozessen sind in der analysierten Arbeit nicht enthalten.

SCHMIDT 2015: [SCHM15] ***Integrierte Arbeitsplanung und Fertigungssteuerung auf Basis von Zustandsinformationen***

In seiner Arbeit beschreibt SCHMIDT eine mangelnde Berücksichtigung aktueller Zustandsinformationen aus der Fertigung in die Arbeitsplanung und Fertigungssteuerung. Er führt aus, dass eine bauteilindividuelle Planung der Prozessfolge eines Bauteils ein wirtschaftliches Potenzial bietet. Um dieses Potenzial zu heben und eine flexible Fertigung zu ermöglichen, entwickelte der Autor eine Methodik zur integrierten Arbeitsplanung und Fertigungssteuerung auf der Grundlage von Zustandsinformationen. [SCHM15, S. 36 ff.] Hierzu wird erläutert, dass die Berücksichtigung von prozessübergreifenden Abhängigkeiten von hoher Relevanz ist. Eingangsinformationen für die entwickelte Methodik sind freigegebene Fertigungsaufträge sowie nichtlineare Arbeitspläne. Diese werden gemeinsam mit kontinuierlich aufgenommenen Daten aus der Fertigung dazu genutzt, um batchweise oder werkstückindividuell optimierte Fertigungsprozessfolgen (inkl. verschiedener Fertigungsmittel) zu generieren. [SCHM15, S. 57 ff.] Somit liefert SCHMIDT einen vielversprechenden Ansatz zur integrierten Arbeitsplanung und Fertigungssteuerung. Die Methodik von SCHMIDT ist entsprechend der oben getätigten Ausführungen nicht auf den Untersuchungsbereich dieser Arbeit (mit einer fixierten Technologiekette sowie nicht initial vorhanden, alternativen Fertigungsprozessfolgen) ausgelegt und im Planungsablauf nachgelagert.

HEJAZI ET AL. 2015: [HEJA15] ***Optimization of degree of conformance in multiresponse-multistage systems with a simulation-based metaheuristic***

Die oben erläuterte Notwendigkeit zu prozessübergreifenden Optimierung wird durch die Arbeit von HEJAZI et al. unterstrichen. Die Autoren entwickelten einen Ansatz zur Optimierung mehrstufiger Herstellprozesse (Fertigungsprozessfolgen), welcher die Verknüpfung der Modelle einzelner Prozesse sowie ein Optimierungsvorgehen enthält. [HEJA15]

Zunächst sind alle relevanten Einflussgrößen (Prozessparameter), Bauteilzwischenzustände sowie deren Zusammenhänge zu ermitteln, wobei auf detaillierte Ausführungen zu diesem Schritt verzichtet wird. In einer vorherigen Veröffentlichung wurde auf Expertenwissen und umfangreiche Experimente verwiesen [HEJA13]. Für die Modellierung der Zusammenhänge zwischen Prozessparametern und Zwischenzuständen schlagen die Autoren die Anwendung sog. Respone-Surface Modelle vor. Eine Verknüpfung der Response-Surface Modelle wird über die Bauteilzwischenzustände ermöglicht. Anschließend werden eine Zielfunktion generiert und die Kombination aus der Monte Carlo Simulation sowie dem Genetischem Algorithmus angewandt, um das nicht lineare Optimierungsproblem zu lösen. Eine methodische Unterstützung zur Ableitung der Zielfunktion (z. B. wirtschaftliche Bewertung) sowie zur Verknüpfung dieser mit den zuvor genierten Modellen wird nicht erläutert. [HEJA15]

Der Ansatz von HEJAZI et al. liefert keine ausreichende methodische Grundlage zur Auslegung wirtschaftlich-technologisch optimierter Prozessfolgen. Die gezeigte Modellierung von Prozessfolgen durch Response-Surface Modelle ist jedoch ein wertvoller Ansatz, welchen es im Rahmen der vorliegenden Arbeit weiter zu untersuchen gilt.

GRÜNEBAUM 2022: [GRÜN22] ***Gestaltung von Technologieketten und Prozessfolgen nach lebensphasenübergreifend ökologisch-ökonomischen Kriterien***

In seiner Dissertation entwickelte GRÜNEBAUM eine Methodik zur Unterstützung bei der Quantifizierung, Bewertung und Reduktion der Umwelteinflüsse und Kosten von Prozessfolgen unter unsicheren Informationen. Untergliedert wird die Methodik in vier Module (vgl. Abbildung 4-7), welche im Folgenden erläutert werden.

Die Module 1 und 2 beinhalten Methoden und Modelle zur Planung von Technologieketten sowie zur wissensbasierten Sachbilanzierung. Innerhalb einer Sachbilanz werden die relevanten In- und Outputs (Energie- und Stoffflüsse) bezogen auf ein System quantifiziert und berechnet. [GRÜN22, S. 59 ff.] Die aus diesen Energie- und Stoffflüssen resultierenden Umweltwirkungen werden in Modul 3 anhand etablierter Gewichtungsmethoden bewertet. Dabei werden sowohl die Fertigung als auch die Nutzungsphase des Bauteils berücksichtigt. Die Herstellkosten werden auf der Grundlage der Materialbilanz sowie der Materialflusskostenrechnung ermittelt. Anschließend werden die Herstellkosten und die ermittelten Umweltwirkungen verknüpft. [GRÜN22, S. 87 ff.]

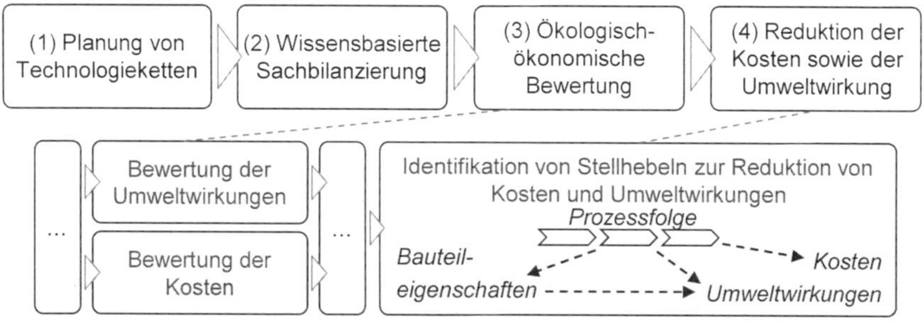

Abbildung 4-7: Gestaltung von Technologieketten und Prozessfolgen nach lebensphasenübergreifenden ökonomisch-ökologischen Kriterien nach GRÜNEBAUM [GRÜN22]

Designing Technology Chains and Process Sequences According to Cross-Life-Cycle Economic-Ecological Criteria by GRÜNEBAUM [GRÜN22]

Hierauf aufbauend liefert Modul 4 die methodische Unterstützung zur Identifikation von Stellhebeln zur Reduktion der Kosten sowie Umweltauswirkungen. Dafür werden die einzelnen Fertigungsprozesse i. A. a. DENKENA et al. [DENK11a] und BUCHHOLZ [BUCH14] beschrieben. Hierzu stellt GRÜNEBAUM ein Strukturmodell vor, welches die

Abhängigkeiten zwischen den Prozessen und Bauteileigenschaften (vergleichbar zu WUEST et al. [WUES12]) sowie Energie- und Stoffströmen qualitativ abbildet. Auf Basis dieses Modells können Stellhebel zur ökologisch-ökonomischen Optimierung abgeleitet werden. [GRÜN22, S. 110 ff.] Eine globale Optimierung der Prozessfolge wird explizit nicht angestrebt [GRÜN22, S. 111]. Für weitere Details zur Gestaltung von Prozessfolgen nach lebensphasenübergreifenden ökologisch-ökonomischen Kriterien sei auf die vorgestellte Dissertation sowie auf weitere Publikationen verwiesen [GRÜN19a], [BERG20c] und [GRÜN19b].

Mit seiner Dissertation legt GRÜNEBAUM eine relevante Grundlage zur Bewertung der Umweltwirkungen von Fertigungsprozessfolgen. Der Autor zeigt die Abhängigkeit dieser Auswirkungen von der Auslegung der Fertigungsprozesse auf und liefert einen Ansatz zur Identifikation von Stellhebeln zur Reduktion von Kosten und Umweltwirkungen. Die ganzheitliche Auslegung (insbesondere Prognose von Bauteileigenschaften) und Optimierung von Prozessfolgen sind nicht Ziel der untersuchten Arbeit, sodass weiterer Forschungsbedarf besteht.

Weitere Forschungsansätze zur Auslegung von Fertigungsprozessfolgen sowie Zwischenfazit

Die oben analysierten sowie weitere Ansätze verdeutlichen das hohe Potenzial einer ganzheitlichen Auslegung von Fertigungsprozessfolgen. Dabei weisen die Ansätze unterschiedliche Schwerpunkte auf.

Mehrere Ansätze legen einen Schwerpunkt auf Optimierungsmethoden für mehrstufige Herstellungsprozesse (Fertigungsprozessfolgen) mit verschiedenen Zielgrößen (z. B. unterschiedliche Bauteileigenschaften) für modellierte Prozessfolgen [JARO15], [BERA16], [YIN18], [LEE18]. In diesem Zusammenhang werden vielfach metaheuristische Optimierungsansätze aufgrund einer hohen Anzahl an Einflussgrößen, komplexen Abhängigkeiten sowie nicht-linearen Zusammenhängen eingesetzt [MUKH08], [DENK12], [HEJA15], [BERA16], [YU16], [YIN18]. Um die Vorteile verschiedener Optimierungsansätze zu nutzen, werden teilweise mehrere Ansätze verknüpft [YIN18]. Methoden zur Integration von Zielsystemen in die Modelle der Prozessfolgen werden in den Ansätzen mit dem Schwerpunkt auf Optimierungsmethoden unzureichend erläutert. Ebenso werden keine Modelle zur Bewertung der Wirtschaftlichkeit (mit Ausnahme von YU et al. [YU16]) beschrieben. Aufgrund eines geringen Detaillierungsgrades ist das Modell von YU et al. im Rahmen der Prozessauslegung nicht anwendbar.

Neben den o. g. Ansätzen wurden weitere Ansätze untersucht, deren Schwerpunkt auf einem gesamtheitlichen Ablauf zur Optimierung von Prozessfolgen liegt. Teilweise wurden diese Abläufe eng an spezifischen Fertigungsprozessfolgen orientiert [BRAN08], [BIER13], [STAV20]. In den analysierten Ansätzen werden relevante Grundlagen für die Gestaltung technologischer Schnittstellen sowie prozessübergreifenden Betrachtungen erläutert [BRAN08], [WILL08], [DENK11b], [HENN12], [BUCH14], [HERM20], [BERG20e]. Dabei zielen die Ansätze von WILLMS [WILL08] und BUCHHOLZ [BUCH14] nicht auf die Auslegung von Fertigungsprozessfolgen ab.

Insgesamt ***fehlt es an der methodischen Unterstützung bei der Auslegung von Prozessfolgen für Anwendende***. Es wird unzureichend erläutert, wie prozessübergreifende Modelle zur Prognose von Bauteileigenschaften mittels generischer Vorgehen zu generieren sind. Werden Fertigungsprozessfolgen modelliert, wird in ***keiner der analysierten Arbeiten*** untersucht, welche ***Auswirkungen Prognoseunsicherheiten von Modellen (Modellgüten) auf das Gesamtergebnis*** haben, noch werden Methoden zur ***Verknüpfung der technologischen und wirtschaftlichen Modelle*** detailliert. Bei Bewertungen von Kosten liegt der Fokus auf einzelnen Prozessen und ***wirtschaftliche Abhängigkeiten zwischen Prozessen werden unzureichend berücksichtigt***.

4.1.3 Gestaltung von Fertigungssystemen und Fertigungsfolgen

Design of Manufacturing Systems and Manufacturing Sequences

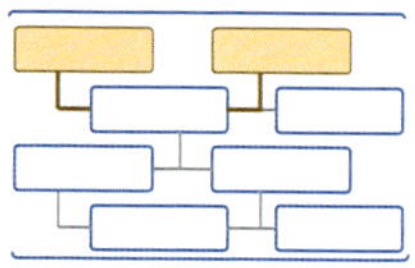

Unter anderem im Forschungsbereich des Produktionsmanagements und der Produktionssteuerung wurde und wird eine Vielzahl relevanter Ansätze zur Gestaltung und wirtschaftlich-technologischen Optimierung von Fertigungssystemen und -folgen entwickelt. Da Fertigungsprozessfolgen Bestandteil von Fertigungssystemen und -folgen sind, ist zu prüfen, inwiefern die Forschungsansätze aus diesem Bereich zur Lösung der aufgeführten Herausforderungen (vgl. Abschnitt 3.3) beitragen. Diese Ansätze werden im Folgenden erläutert und bezüglich ihrer Anwendbarkeit auf den in Abschnitt 3.3 definierten Untersuchungsbereich im Hinblick auf die Auslegung von Fertigungsprozessfolgen analysiert.

HSIAO et al. 2010: [HSIA10] ***Optimal multi-stage logistic and inventory policies with production bottleneck in a serial supply chain***

HSIAO et al. entwickelten eine Methode zur Abstimmung einzelner Produktionsschritte aufeinander, um somit das wirtschaftliche Gesamtergebnis einer Produktion zu verbessern. Hierzu kombinierten die Autoren verschiedene Methoden und entwickelten einen Pull- und Push-Algorithmus, um die Fertigungsfolge durch eine gezielte Losgrößensteuerung auf den Engpassprozess (engl. bottleneck) abzustimmen bzw. um diesen Prozess kontinuierlich vollständig auszulasten.

Grundlage für die Entwicklung bildet eine zuvor entwickelte Vorgehensweise zur allgemeinen Festlegung von Losgrößen [HSIA08]. Um wirtschaftlich optimierte Ergebnisse zu erzielen, wird diese Vorgehensweise mit weiteren Methoden kombiniert. In diesem Zusammenhang werden Teile der sog. Drum-Buffer-Rope Methode eingesetzt, um den Engpassprozess voll auszulasten. Hierauf aufbauend werden die Prozesse vor dem Engpass durch einen Pull-Ansatz und die Prozesse nach dem Engpass durch einen Push-Ansatz auf den Engpassprozess angepasst. In einem Anwendungsbeispiel zeigen die Autoren wie durch die in einem nicht-linearen Programm kombinierten Methoden zur Festlegung der (nicht konstanten) Losgrößen Lager-, Transport- und Rüstkosten reduziert werden können. [HSIA10]

Die von HSIAO et al. entwickelte Methode unterstützt die wirtschaftliche Optimierung von Fertigungsfolgen und unterstreicht die Bedeutung einer prozessübergreifenden Optimierung bzw. notwendigen Abstimmung zwischen verschiedenen Prozessen. Da weder spezifische Fertigungsprozesse noch Fertigungsmittel Teil der Methode sind bzw. als Black-Boxen betrachtet werden, eignet sich diese nicht für die Auslegung von Fertigungsprozessfolgen.

ZHANG et al. 2014: [ZHAN14] ***Investigating the impact of operational variables on manufacturing cost by simulation optimization***

Während HSIAO et al. in ihrem Ansatz insbesondere Losgrößen zur Verbesserung des wirtschaftlichen Ergebnisses anpassen, fokussieren ZHANG et al. die Zusammenhänge zwischen verschiedenen Größen (Produktionsgeschwindigkeit, Fehlerrate und Wartungsgeschwindigkeit) mehrerer Maschinen sowie den Fertigungskosten. Dabei führten die Autoren aus, dass die einzelnen Größen kostenseitig gegenläufige Effekte aufweisen. Als Beispiel wurde genannt, dass eine erhöhte Prozessgeschwindigkeit variable Kosten aufgrund von Zeiteinsparungen reduzieren kann, demgegenüber aber erhöhte Fehlerraten und Wartungskosten entstehen, welche den Produktionsablauf stören können. Zur Ermittlung des kostenseitig optimierten Verhältnisses der verschiedenen Größen wurde ein Optimierungsansatz, welcher u. a. auf einer Particle Swarm Optimierung basiert und den Schwerpunkt des analysieren Ansatzes darstellt, entwickelt. [ZHAN14] Der vorgestellte Ansatz von ZHANG et al. zeigt die Abhängigkeiten zwischen den o. g. drei Größen in Bezug auf Fertigungskosten auf. Eine Detaillierung der drei Größen, die Berücksichtigung fertigungstechnologischer Auswirkungen (bspw. durch erhöhte Prozessgeschwindigkeiten) auf das Bauteil und spezifische Kostenmodelle sind im analysierten Ansatz nicht enthalten. Er eignet sich daher nicht für die Auslegung von Fertigungsprozessfolgen.

LIOU und HSIEH 2015: [LIOU15] ***A hybrid algorithm for the multi-stage flow shop group scheduling with sequence-dependent setup and transportation times***

LIOU und HSIEH entwickelten einen hybriden Algorithmus zur Bewältigung von Herausforderungen bei der Reihenfolgenplanung von Aufträgen innerhalb einer mehrstufigen Fließfertigung. Durch die gezielte Planung der Auftragsreihenfolge sowie Zuordnung zu Fertigungsmitteln werden im analysierten Ansatz Rüst- und Transportzeiten reduziert. Aufgrund der hohen Komplexität des Optimierungsproblems sowie der Anforderung in kurzer Zeit ein möglichst gutes Ergebnis zu erzielen, wählten die Autoren metaheuristische Optimierungsmethoden. Wie Vorarbeiten zeigten, führt die Anwendung einer einzelnen Metaheuristik nicht zu den gewünschten Resultaten [LIOU13]. Daher kombinierten LIOU und HSIEH einen Particel Swarm Algorithmus mit einem Genetischen Algorithmus, um die Vorteile beider Ansätze zu nutzen. [LIOU15] Aufgrund der Zielstellung des analysierten Ansatzes werden einzelne Fertigungsprozesse als final ausgelegt angenommen, sodass eine Anwendbarkeit für die Auslegung von Fertigungsprozessfolgen nicht gegeben ist. Es ist zu erwarten, dass die Auslegung und die Optimierung von Prozessfolgen mit einer Vielzahl an Prozessparametern und Wechselwirkungen eine hohe Komplexität aufweist. Demnach ist in der vorliegenden Arbeit zu prüfen, ob ein hybrider Optimierungsansatz (z. B. nach LIOU [LIOU15]) für die wirtschaftlich-technologische Optimierung von Prozessfolgen geeignet ist.

SUBRAMANIYAN et al. 2019: [SUBR19] ***A prognostic algorithm to prescribe improvement measures on throughput bottlenecks***

Vergleichbar zum Ansatz von HSIAO et al. beziehen sich die Untersuchungen von SUBRAMANIYAN et al. auf die Analyse von Engpässen in Fertigungssystemen. Das Ziel des Ansatzes ist die datenbasierte Prognose von Engpässen sowie die Identifikation von Ursachen, welche entsprechende Engpässe hervorrufen. Hierzu entwickelten die Autoren einen Algorithmus, welcher auf der Basis von Vergangenheitsdaten (z. B. Zeitstempeln) sowie aktuellen Produktionsaufgaben und Maschinenzuständen potenzielle Engpässe vorhersagt und hinsichtlich ihres Einflusses auf den gesamten Produktionsablauf bewertet. Durch die Vorhersage der Engpässe sowie der Ursachen kann das Fertigungssystem z. B. durch die Steuerung von Instandhaltungsmaßnahmen oder die Priorisierung von Produktionsaufträgen so gestaltet werden, dass Fertigungsplanende frühzeitig gewarnt und zukünftige Engpässe reduziert werden. [SUBR19] Hierzu beschreiben die Autoren die hohe Bedeutung der Abhängigkeiten zwischen den verschiedenen Fertigungsprozessen, die Auslegung der Prozesse ist jedoch kein Bestandteil des analysierten Ansatzes.

MEISSNER und AURICH 2019: [MEIS19] ***Implications of cyber-physical production systems on integrated process planning and scheduling***

MEISSNER und AURICH analysierten, welche Auswirkungen sog. cyber-physische Produktionssysteme im Rahmen der Industrie 4.0 mit vernetzten Fertigungsmitteln und dezentraler Fertigungssteuerung auf die Prozessplanung sowie die Auftrags- bzw. Reihenfolgeplanung haben. Die Prozessauslegung als ein Schwerpunkt der vorliegenden Arbeit ist in der Prozessplanung enthalten. Die Autoren erläutern, dass die Auftragsplanung sowie die Prozessplanung als vorgelagerter Schritt i. d. R. individuell durchgeführt wurden, wobei zukünftig eine integrative Vorgehensweise zur verbesserten Abstimmung zwischen Prozess- und Auftragsplanung notwendig sein wird. Während bei der Prozessplanung insbesondere die einzelnen Prozessschritte zur Herstellung von Bauteilen ohne Berücksichtigung vorhandener Kapazitäten geplant werden, werden im Rahmen der Auftragsplanung den notwendigen Prozessschritten konkrete Fertigungsmittel zugewiesen sowie terminiert. Weiter analysierten MEISSNER und AURICH, dass zukünftig ein erhöhter Bedarf an Flexibilität dazu führen wird, dass Prozesse und Prozessfolgen in kurzer Zeit geplant bzw. angepasst werden müssen, wobei gleichzeitig eine verbesserte Datengrundlage zur Planung erwartet wird.

Die analysierte Arbeit stellt kein direktes Hilfsmittel für die Auslegung von Fertigungsprozessfolgen dar. Jedoch liefert sie wertvolle Erkenntnisse und Rahmenbedingungen

(z. B. in Bezug auf die notwendige Geschwindigkeit zur Auslegung von Fertigungsprozessen sowie vorhanden Datengrundlage), die bei der Entwicklung eines Ansatzes zur Auslegung von Fertigungsprozessfolgen zu berücksichtigen sind.

Weitere Forschungsansätze zur Gestaltung von Fertigungssystemen und Fertigungsfolgen sowie Zwischenfazit

Neben den zuvor erläuterten Ansätzen existieren weitere Ansätze zur Optimierung der Wirtschaftlichkeit von Fertigungssystem und -folgen. Die Analyse in diesem Abschnitt zeigt, dass u. a. Losgrößen eine Stellgröße zur Optimierung von Fertigungssystemen sind. Diese können sich sowohl auf Bestellumfänge [DING94] oder Losgrößen in der Fertigung zur Kostenreduktion [HSIA10] sowie zur Verringerung ökologischer Auswirkungen [LIU16] beziehen. Weiter hat die Reihenfolge/Terminierung von Aufträgen/Prozessen einen signifikanten Einfluss auf das wirtschaftliche Ergebnis [FRAM14], [FAN18]. Daher werden verschiedene Optimierungsmethoden, wie die Kombination aus Particle Swarm und Genetischem Algorithmus [LIOU15] oder sog. Reinforcement Learning (bestärkendes Lernen), zur Terminierung von Aufträgen in Fertigungssystemen entwickelt [QU16], [ZHOU20]. In weiteren Ansätzen zur Terminierung von Aufträgen werden Methoden zur Abbildung von Wertströmen und Zeitmessung [KUHL11] sowie zur (Echtzeit) kapazitätsgesteuerten Terminierung [JODL19] erforscht. Ziele der Losgrößensteuerung sowie der Terminierung sind, dass alle Prozesse bestmöglich an den Engpassprozess angepasst werden und dass vorhandene Kapazitäten optimiert ausgelastet werden. Daher wurde von SUBRAMIYAN et al. ein Ansatz zur Vorhersage dieser Engpässe vorgestellt [SUBR19]. Häufig werden in diesen Ansätzen neben der Maschinenauslastung auch logistische Aspekte wie Lagerhaltung [GODI18] oder Transportwege [HSIA10] und die entsprechenden Kosten berücksichtigt.

Alle vorgestellten Ansätze beziehen sich auf die Optimierung der Wirtschaftlichkeit von Fertigungssystemen und -folgen und zeigen, dass durch eine prozessübergreifende Optimierung wirtschaftliche Potenziale gehoben werden können. ***Die einzelnen Fertigungsprozesse werden in den Ansätzen zur Gestaltung von Fertigungssystemen und Fertigungsfolgen i. d. R. als ausgelegt bzw. als exogen vorgegeben betrachtet und es findet keine Betrachtung fertigungstechnologischer Abhängigkeiten oder Prozessparameter statt.*** Daher sind die oben gezeigten Ansätze nicht zur Auslegung von Fertigungsprozessfolgen geeignet und bilden eine dem Untersuchungsbereich der vorliegenden Arbeiten nachgelagerte Planungsaktivität.

4.2 Ansätze zur Auslegung von Fertigungsprozessen

Approaches for the Design of Manufacturing Processes

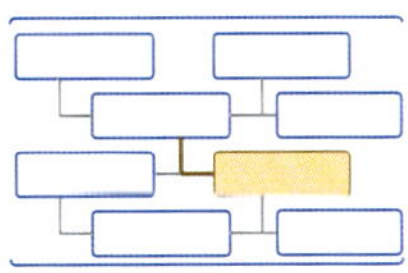

Entsprechend des in Abschnitt 3.3 definierten Untersuchungsbereiches thematisiert die vorliegende Arbeit die Auslegung von Fertigungsprozessfolgen bzw. der einzelnen Prozesse der Folge. Deswegen werden in diesem Abschnitt Ansätze zur Auslegung von einzelnen

Fertigungsprozessen analysiert und hinsichtlich ihrer Übertragbarkeit auf die Auslegung von Fertigungsprozessfolgen bewertet. Im Rahmen der Analysen wird bewertet, inwiefern wirtschaftliche Zielkriterien bei der Auslegung der Prozesse berücksichtigt werden. Es wird analysiert, welche Datengrundlage oder welches Technologiewissen für die Anwendung des entsprechenden Ansatzes notwendig ist, um die mögliche Adaption des Ansatzes auf die vorliegende Arbeit zu prüfen. Ebenso wird untersucht, welche Hilfsmittel (bspw. Modelle) zur Prozessauslegung eingesetzt wurden.

DENKENA und TÖNSHOFF 2011: *Spanen – Grundlagen* [DENK11a]

Wie in Absatz 3.2.1 ausgeführt, beschreibt die Prozessauslegung die Aktivität, in welcher die Prozessparameter festgelegt werden, um den Input-Zustand eines Bauteils in den Output-Zustand zu überführen. Dabei sind neben den Anforderungen an die Bauteilqualität weitere Zielgrößen zu berücksichtigen. Hierzu stellen DENKENA und TÖNSHOFF ein übergeordnetes Vorgehen vor. [DENK11a, S. 346 ff.]

Innerhalb dieses Vorgehens, welches in Abbildung 4-8 dargestellt ist, wird zunächst eine Zielfunktion abgeleitet. Während dieses Schrittes werden entsprechend des Zielbaumverfahrens (vgl. ZANGEMEISTER [ZANG14]) Zielgrößen aufgestellt und gewichtet. Neben ökonomischen sowie qualitätsorientierten Zielgrößen berücksichtigen DENKENA und TÖNSHOFF ökologische Größen, wobei die grundsätzliche Auswahl der Zielgrößen dem Anwendenden unterliegt. Die gewichteten Zielgrößen werden anschließend zur Zielfunktion verknüpft und auf der Grundlage der Erfüllungsgrade der einzelnen Größen werden für alternative Prozessauslegungen Zielerreichungsgrade ermittelt. Der Rahmen, inwieweit eine Zielgröße erfüllt wird, ist vom Anwendenden festzulegen oder wird vorgegeben. So beschreiben die Autoren, dass Zielgrößen der Qualität bzw. die geforderten Bauteileigenschaften i. d. R. vorgegeben werden (bspw. durch die Konstruktion). [DENK11a, S. 346 ff.]

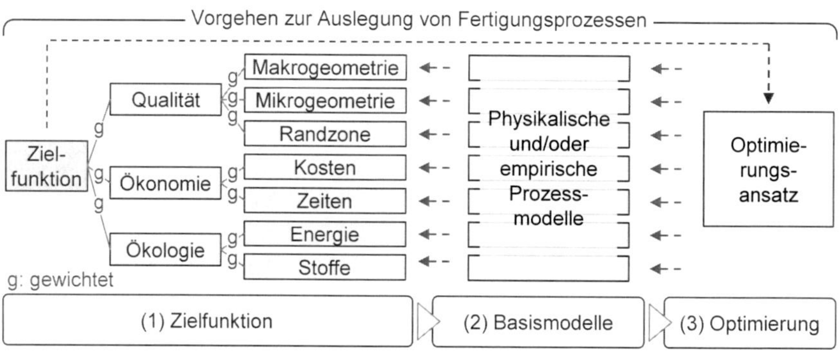

Abbildung 4-8: Übergeordnetes Vorgehen zur Auslegung von Fertigungsprozessen nach DENKENA und TÖNSHOFF [DENK11a]

General Procedure for the Design of Manufacturing Processes Referring to DENKENA and TÖNSHOFF [DENK11a]

Um die oben beschriebenen Erfüllungsgrade der einzelnen Zielkriterien zu ermitteln, verweisen DENKENA und TÖNSHOFF auf bekannte technologische Modelle (sog. Basismodelle), welche die erwartete Zielausprägung angeben. Anschließend erfolgen die Auswahl einer Alternative bzw. die Generierung weiterer Alternativen zur Optimierung der Prozessauslegung. [DENK11a, S. 346 ff.] In dem von DENKENA und TÖNSHOFF entwickelten übergeordneten Vorgehen zur Auslegung von Fertigungsprozessen liegt der Schwerpunkt auf der Ableitung der Zielfunktion. Eine methodische Unterstützung zur Ermittlung und Integration der Basismodelle wird nicht ausgeführt. Der untersuchte Ansatz ist zur Auslegung eines Prozesses bestimmt und die Zielgrößen der Qualität für einen Fertigungsprozess werden als bekannt vorausgesetzt. Eine Übertragbarkeit auf die Auslegung von Fertigungsprozessfolgen und dabei die Ermittlung von Bauteilzwischenzuständen ist ohne weitere Forschung nicht möglich. Somit ist der Ansatz hinsichtlich der Auslegung wirtschaftlich-technologisch optimierter Prozessfolgen unter Berücksichtigung der prozessübergreifenden Abhängigkeiten nicht geeignet.

HITZ 2012: [HITZ12] ***Metamodellbasierte Methodenplanung von Umform- und Feinschneidprozessen***

Zur Unterstützung der Auslegung von Umform- und Feinschneidprozessen nutzt HITZ in seiner Arbeit sog. Metamodelle und beschreibt, dass diese Modelle Planenden virtuelles Wissen verfügbar machen. Hierfür analysierte er unterschiedliche Metamodellierungen hinsichtlich ihres Potenzials zur Auslegung von Fertigungsprozessen. Nach HITZ stellt ein Metamodell die Approximation des Systemverhaltens auf der Grundlage von bekannten Systemzuständen (sog. Stützstellen) dar. Es liegt meist in analytischer Form vor und ermöglicht eine schnelle Auswertung. [HITZ12, S. 47 ff.]

Eingangswerte für Metamodelle sind Ergebnisse aus Simulationen und Daten aus realen Untersuchungen. Durch den Einsatz von Metamodellen bzw. die Approximation bekannter Systemzustände wird der Aufwand, der bspw. für weitere Simulationen oder Versuche bezogen auf den gesuchten Systemzustand benötigt würde, reduziert. In Zusammenhang mit dieser Aufwandsreduktion analysierte der Autor alternative Ansätze zur Generierung von Versuchsplänen (z. B. vollfaktorielle Versuchsplanung oder Versuchsplanung mittels Latin Hypercube) und wies das hohe Potenzial teilfaktorieller Versuchspläne nach [HITZ12, S. 77 ff.]. Als Ansätze zur Metamodellierung untersuchte HITZ lineare Regressionen, Response Surface Modelle, Kriging Modelle und Neuronale Netzwerke, mit welchen er die unbekannten Systemzustände vorhersagte. Das Ergebnis hiervon ist, dass es keine pauschal optimale Metamodellierung als Hilfsmittel zur Prozessauslegung gibt, sondern die Auswahl vom jeweiligen Anwendungsfall abhängt. Während bspw. Kriging Modelle gut bei deterministischen Daten z. B. aus Simulationen einsetzbar sind, haben Response Surface Modelle Vorteile beim Einsatz von realen Daten, welche u. a. Prozessstreuungen beinhalten. [HITZ12, S. 85 ff.]

Die Dissertation von HITZ enthält relevante Erkenntnisse zur Auslegung einzelner Fertigungsprozesse unter Anwendung von Metamodellen zur Prognose resultierender Bauteileigenschaften. Die Verknüpfung einzelner Metamodelle für die Abbildung von

Fertigungsprozessfolgen wird von HITZ nicht ausgeführt. Ebenso ist die Wirtschaftlichkeitsbewertung des auszulegenden Fertigungsprozesses kein Teil des analysierten Ansatzes. Weitere Details zur Prozessauslegung mittels Metamodellen führt der Autor in HITZ et al. [HITZ10] aus.

PFROMMER et al. 2018: [PFRO18] ***Optimisation of manufacturing process parameters using deep neural networks as surrogate models***

Vergleichbar zu HITZ führen PFROMMER et al. in ihrem Ansatz aus, dass für die Auslegung von Fertigungsprozessen i. d. R. aufwändige Experimente oder umfassende Simulationen notwendig sind. Dabei liegen meist hochdimensionale Probleme vor, welche eine Vielzahl nicht-linearer Zusammenhänge enthalten. Zur Reduktion des Aufwandes zur Vorhersage von Bauteileigenschaften nach einem Prozess nutzen die Autoren sog. Ersatzmodelle, die HITZ [HITZ12] als Metamodelle bezeichnet. [PFRO18]

Als Anwendungsbeispiel wurden die Prozessparameter für einen Drapierprozess optimiert, wobei insbesondere maximale und minimale Scherwinkel vorhergesagt wurden. Eingangsdaten für das Beispiel sind ca. 600 Simulationen sowie 24.000 vorhergesagte Scherwinkel. Als Metamodell nutzten die Autoren ein tiefes neuronales Netz. Die Besonderheit des Ansatzes von PFROMMER et al. liegt darin, dass die Autoren zusätzlich zum neuronalen Netzwerk einen evolutionären Ansatz nutzen, um ihre Vorhersagen (insbesondere nahe dem erwarteten Optimum) durch weitere Simulationen bzw. weitere Eingangsdaten kontinuierlich zu verbessern. U. a. mit diesen kontinuierlichen Erweiterungen begründen die Autoren die Wahl, Metamodelle zu nutzen, da diese im Vergleich zu parametrischen Modellen schnell erweiterbar sind. [PFRO18]

Der analysierte Ansatz, welcher ebenfalls in ZIMMERLING et al. [ZIMM18] dargestellt wird, zeigt eine Möglichkeit zur Vorhersage von Bauteileigenschaften als Ergebnis eines Fertigungsprozesses auf, wobei eine mittlere bis hohe Datenmenge notwendig ist. Durch die Kombination mit der evolutionären Modellverbesserung werden der Aufwand zur Optimierung des Fertigungsprozesses reduziert und das Ergebnis verbessert. Der Fokus des Ansatzes von PFROMMER et al. liegt auf der Optimierung eines Fertigungsprozesses bzgl. der Zielgröße Qualität [PFRO18]. Aufgrund der benötigten großen Datenmengen ist der Ansatz für den in dieser Arbeit vorliegenden Untersuchungsbereich nicht geeignet.

KLOCKE 2018: [KLOC18b] ***Fertigungsverfahren 1 – Zerspanung mit geometrisch bestimmter Schneide***

Neben einer Vielzahl an technologischen Zusammenhängen zwischen Prozessparametern und resultierenden Bauteileigenschaften beschreibt KLOCKE in seinem Grundlagenwerk, wie wirtschaftliche Schnittbedingungen in der definierten Zerspanung ermittelt werden. [KLOC18b, S. 442 ff.] Der Autor erläutert die Formeln zur Ermittlung der Fertigungskosten und führt aus, dass die Prozessparameterauslegung diese Kosten maßgeblich beeinflusst. Dabei zeigt KLOCKE, dass verschiedene Kostenkomponenten wie Hauptzeit- und Werkzeugkosten gegenläufig sind, vgl. Abbildung 4-9.

Durch moderate Schnittbedingungen steigt bspw. die Standzeit von Werkzeugen, sodass Werkzeugkosten und -wechselzeiten sinken. Gleichzeitig entstehen lange Bearbeitungszeiten, woraus hohe Lohn- und Maschinenkosten resultieren. Daher zeigt KLOCKE, dass nur die Betrachtung der Fertigungskosten als Summe von Werkzeug- und Hauptzeitkosten zu einem optimalen Ergebnis für den Prozess führen kann und einzelne Minima von Kostenbestandteilen lediglich lokal sind. [KLOC18b, S. 444 ff.]

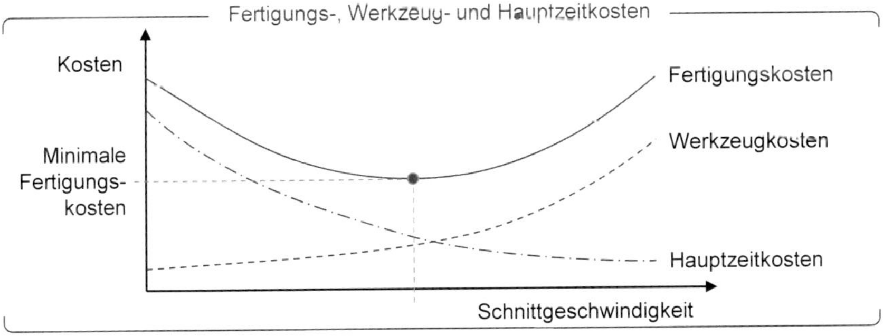

Abbildung 4-9: Fertigungskosten als Funktion der Schnittgeschwindigkeit [KLOC18b, S. 448]

Manufacturing Costs as a Function of Cutting Speed [KLOC18b, p. 448]

Ebenso führt KLOCKE aus, dass für eine Optimierung der gesamten Fertigung weitere Randbedingungen wie Maschinenverfügbarkeiten und Taktzeiten zu berücksichtigen sind. Der analysierte Ansatz ist für die Auslegung einzelner Fertigungsprozesse geeignet. Allerdings werden technologische und wirtschaftliche Abhängigkeiten zwischen verschiedenen Prozessen nicht berücksichtigt. Es erfolgt keine integrierte Betrachtung von Fertigungskosten und der resultierenden Bauteileigenschaften, sodass der Ansatz für die übergreifende Auslegung von Fertigungsprozessfolgen nicht geeignet ist.

Neben diesem kostenorientierten Ansatz zur Auslegung von Fertigungsprozessen stellt KLOCKE weitere Hilfsmittel zur Prozessauslegung vor. Empirische Untersuchungen können genutzt werden, um Aussagen zu Werkzeugstandzeiten und zu den Auswirkungen auf das Prozessergebnis zu treffen. [KLOC18b, S. 249] Empirische Prozessmodelle haben den Vorteil, dass sie einen Prozess schnell abbilden. Jedoch sind sie aufgrund des limitierten Prozessraums in ihrer Anwendbarkeit begrenzt. Des Weiteren beschreibt KLOCKE, dass die Methode der finiten Elemente zur Unterstützung der Auslegung von Fertigungsprozessen genutzt werden kann. Hierbei werden meist numerische Modelle zur Simulation der Prozesse eingesetzt. [KLOC18b, S. 407 ff.] Die vorgestellten Hilfsmittel bieten das Potenzial zur Prognose des Ergebnisses eines Fertigungsprozesses, wobei die Anwendbarkeit für Prozessfolgen zu prüfen ist.

LACHENMAIER 2020: [LACH20] ***Beschleunigungsbasierte Prozessauslegung des ungeführten Vibrationsgleitschleifprozesses***

Wie KLOCKE im oben analysierten Ansatz beschreibt, stellen Prozessmodelle sowie das enthaltene Wissen zu Ursache-Wirkungs-Beziehung eine mögliche Grundlage dar, um Fertigungsprozesse auszulegen. Als Beispiel hierfür leitete LACHENMAIER in seiner Dissertation relevante Ursache-Wirkungs-Beziehungen innerhalb eines ungeführten Vibrationsgleitschleifprozesses ab. [LACH20]

Zunächst wurden die Auswirkungen der Prozessparameter wie Drehgeschwindigkeiten oder Verteilungen von Unwuchtgewichten auf die Beschleunigungen der Schleifkörper sowie der Bauteile ermittelt, um anschließend Zerspanmechanismen und resultierende Bauteileigenschaften zu bewerten. Hierfür variierte LACHENMAIER die verschiedenen Prozessparameter innerhalb eines vollfaktoriellen Versuchsplans. Durch die Analyse der aufgenommenen Prozessdaten leitet der Autor die gesuchten Ursache-Wirkungs-Beziehungen ab. [LACH20, S. 55 ff.] Weitere Details hierzu sind auch in LACHENMAIER et al. [LACH19] enthalten. In anschließenden Untersuchungen wurde ermittelt, welchen Einfluss die Beschleunigungen auf die Kontaktkräfte und die Relativgeschwindigkeiten zwischen den Schleifkörpern und dem Werkstück haben. Des Weiteren wurden resultierenden Reibungen untersucht, wofür ein spezieller Reibprüfstand entwickelt wurde. [LACH20, S. 72 ff.] Abschließend wurden diese Erkenntnisse für weitere Untersuchungen zu den auftretenden Zerspanungsmechanismen sowie ein entwickeltes Erklärungsmodell angewendet, um die Auswirkungen der Prozessparameter auf die Eigenschaften (Kantenradius und Oberflächen- sowie Randzoneneigenschaften) des Bauteils zu bewerten. [LACH20, S. 111 ff.]

Der analysierte Ansatz zeigt, wie Ursache-Wirkungs-Zusammenhänge für einzelne Fertigungsprozesse untersucht und Prozessmodelle abgeleitet werden können. Dabei werden der hohe Aufwand für die entsprechenden Untersuchungen und die eingeschränkte Anwendbarkeit (z. B. hinsichtlich Werkstoff, Bauteilgeometrie oder Schleifkörper) deutlich [KLOC18b, S. 407 ff.]. Außerdem werden alternative Input-Bauteileigenschaften als Ergebnis vorgelagerter Prozesse bezogen auf die Auslegung von Fertigungsprozessfolgen sowie wirtschaftliche Zielkriterien unzureichend berücksichtigt.

WEI et al. 2020: ***Manufacturing data-driven process adaptive design method* [WEI20]**

In ihrem Ansatz beschreiben WEI et al. die Anwendung datengetriebener Methoden zur Unterstützung der Prozessauslegung. Der Ansatz besteht aus den fünf Phasen Fusion von heterogenen Daten, Datenbereinigung und -vorverarbeitung, Transformation und Dimensionsreduktion, Vorhersage und Regelextraktion sowie Visualisierung. Der Fokus liegt dabei auf der vierten Phase zur Nutzung datengetriebener Methoden für die Vorhersage von Prozessoutput-Größen (Bauteileigenschaften). Im Rahmen der Vorhersage verweisen die Autoren auf die bevorzugte Anwendung von Regressionen und Klassifizierungsansätzen. In ihrem Anwendungsbeispiel generierten WEI et al. ein neuronales Netz zur Vorhersage von Defekten bei Schweißprozessen in Abhängigkeit von verschiedenen Prozessparametern und nutzten dafür 200 Eingangsdatensätze. Dabei fanden die Autoren heraus, dass das generierte Netz mit hoher Sicherheit entsprechende Defekte vorhersagen konnte. [WEI20]

Wie der analysierte Ansatz zeigt, ermöglichen datengetriebene Methoden die Unterstützung bei der Auslegung von Fertigungsprozessen. Einschränkungen liegen darin, dass der Ansatz ausschließlich diskrete Vorhersagen (Defekt erwartet bzw. nicht erwartet) ermöglicht. Die Eignung für kontinuierliche Output-Größen, die Anwendung für Prozessfolgen sowie die Integration wirtschaftlicher Zielkriterien wird nicht untersucht.

Weitere Forschungsansätze zur Auslegung von Fertigungsprozessen sowie Zwischenfazit

Wie die oben beschriebenen Ansätze zeigen, existiert eine Vielzahl an eingesetzten Hilfsmitteln zur Auslegung von Fertigungsprozessen. In verschiedenen Ansätzen werden fertigungstechnologische Zusammenhänge in Form von Expertenwissen oder ***Prozessmodellen*** eingesetzt [DENK11a], [KLOC18b]. Dieses Wissen bzw. diese Modelle sind entweder bekannt oder werden innerhalb der Ansätze bspw. auf der Grundlage von Experimenten [BERG20d], [LACH20] oder analytisch [AGAR17], [FROH21] ermittelt und häufig in Prozessmodelle überführt [THOM11]. Auf Basis von Prozessmodellen wird das Ergebnis eines Fertigungsprozesses (i. d. R. Bauteileigenschaften) durch Festlegung der Prozessparameter optimiert.

In weiteren Ansätzen werden ***Simulationen*** als Hilfsmittel zur Auslegung von Fertigungsprozessen eingesetzt. Diese haben das Ziel, mittels einer Simulationssoftware die Prozessoutput-Größen vorherzusagen [BREC11], [PATE18]. Wie FRITZ beschreibt, werden insbesondere aufwändige, experimentelle Untersuchungen, bspw. beim Einsatz komplexer Werkzeuge oder Formen, ersetzt, wobei der Rechenaufwand mit zunehmender Komplexität sowie höherem Detaillierungsgrad stark ansteigt [FRIT18, S. 202 ff.]. Entsprechende komplexe Fertigungsprozesse (bspw. in der Blech- und Massivumformung) sind nach KLOCKE mit analytischen Ansätzen nicht oder nur sehr eingeschränkt abbildbar. Ein hierbei häufig eingesetztes Simulationsverfahren ist die Finite-Elemente-Methode (FEM). [KLOC17b, S. 55 ff.] Für den Einsatz von Simulationen sind geeignete Materialmodelle [CLAU14] sowie das technologische Wissen zu Ursache-Wirkungs-Zusammenhängen im Prozess notwendig [JAEG21].

Insbesondere zur Reduktion der hohen Rechenzeiten bei simulationsbasierten Prozessauslegungen nutzen verschiedene Autoren ***Metamodelle*** und approximieren unbekannte Systemzustände [JURE07], [HITZ12], [MYER16]. Hierzu wird in weiteren Ansätzen untersucht, wie Metamodelle durch zusätzliche Simulationen oder Experimente zielgerichtet verbessert werden können, um darauf aufbauend die Prozessauslegung zu optimieren [TASS17]. Im Zusammenhang mit dieser kontinuierlichen Modellverbesserung werden teilweise evolutionäre Ansätze zur Auswahl der Versuchspunkte eingesetzt [ZHAO10], [PFRO18]. Wie APLEY et al. beschreiben, entstehen auf Grund der Approximationen Unsicherheiten, welche bei der Interpretation der Output-Größen eines Metamodells zu berücksichtigen sind [APLE06].

Neben den erläuterten Ansätzen, welche überwiegend auf Prozessmodellen, technologischem Wissen oder analytischen Modellen basieren, existieren ***datenbasierte Ansätze*** zur Auslegung von Fertigungsprozessen. Diese werden u. a. eingesetzt, um auf der Grundlage von Echtzeitdaten Fertigungsprozesse zu optimieren und dabei nicht-kontinuierliche Prozesszustände (z. B. Werkzeugverschleiß) zu kompensieren [LIU19], [BERG20a], [NIEM21]. Bspw. messen CHIU und LEE in ihrem Ansatz verschiedene Steuerungsdaten, prognostizieren mit diesen erwartete Oberflächenqualitäten und optimieren einen Prozess auf Basis dieser Prognosen regelbasiert [CHIU17]. Ebenso verwenden LIU et al. den Digitalen Zwilling von Bauteilen sowie ein datenbasiertes Vorhersagemodell (Neuronales Netzwerk), um Rauheiten zu prognostizieren und Prozessparameter adaptiv anzupassen [LIU22]. Entsprechende Ansätze ermöglichen wirtschaftliche Vorteile für die Herstellung von Bauteilen, sind jedoch nicht auf die Auslegung von Fertigungsprozessfolgen ausgerichtet.

Neben der adaptiven Prozessoptimierung können datenbasierte Ansätze eingesetzt werden, um Zusammenhänge innerhalb eines Fertigungsprozesses zu ermitteln, welche anschließend bei der Prozessauslegung berücksichtigt werden können. TAO et al. führen aus, dass auf der Basis historischer Daten aus der Fertigung in hoher Menge (Big Data) die Auswirkungen unterschiedlicher Prozessparameter auf die Bauteilqualität abgeleitet werden können [TAO18a]. NIEMIETZ et al. erläutern, dass durch überwachtes Lernen (engl. Supervised Learning) Bauteileigenschaften im Feinschneiden prognostiziert werden können [NIEM20]. Wie WEI et al. in ihrem (oben erläuterten) Ansatz beschreiben, setzen sie datenbasierte Ansätze zur Bewertung möglicher Fehler, die aus der Prozessauslegung resultieren, ein [WEI20]. Die Gemeinsamkeit dieser sowie weiterer datenbasierter Ansätze liegt darin, dass hohe Datenmengen zu dem Fertigungsprozess vorhanden sein müssen [BATU18].

Die analysierten ***Ansätze berücksichtigen keine Abhängigkeiten zwischen vor- und nachgelagerten Prozessen und sind ohne weitere Forschung nicht auf Fertigungsprozessfolgen zu übertragen.*** Ziel ist meist die Prognose und Verbesserung der Bauteilqualität, sodass die Wirtschaftlichkeit unzureichend berücksichtigt wird.

4.3 Wissenschaftliche Problemstellung

Scientific Problem Statement

Aus der Analyse bestehender Ansätze wurde deutlich, dass verschiedene Ansätze zur Unterstützung der Auslegung von Fertigungsprozessfolgen sowie Fertigungsprozessen existieren. Ansätze zur Gestaltung von Fertigungssystemen, Fertigungsfolgen und Technologieketten beinhalten relevante methodische Grundlagen sowie Anknüpfungspunkte für die vorliegende Arbeit, sind aufgrund des Betrachtungsrahmens und der fehlenden Berücksichtigung von Prozessparametern sowie deren Auswirkungen auf Qualität und Wirtschaftlichkeit jedoch ungeeignet für die Auslegung von Prozessfolgen (vgl. Abschnitte 4.1.1 und 4.1.3.). Die analysierten Ansätze zur Auslegung von Fertigungsprozessfolgen sind vielfach auf eine spezielle Prozessfolge ausgelegt und beziehen sich auf ein bestimmtes Bauteil. Die Übertragung auf weitere Anwendungsfälle ist eingeschränkt und es mangelt an Methoden zur Unterstützung von Anwendenden bei der Auslegung von Prozessfolgen (siehe Abschnitt 4.1.2). Weiter enthalten die analysierten Ansätze keine Methoden zur Verknüpfung von technologischen und wirtschaftlichen Modellen. Die Auswirkungen von Unsicherheiten einzelner Modelle auf die Vorhersagegenauigkeit des Gesamtmodells werden nicht bewertet. Es wird vorausgesetzt, dass Prozessmodelle oder umfassende Parameterstudien (nutzbar) vorliegen oder direkt durch Literaturrecherchen oder Experten*innenbefragungen zu ermitteln sind. Ein Vorgehen beim Vorliegen geringer Datenmengen wird bislang nicht adressiert. Die Ansätze zur Auslegung einzelner Fertigungsprozesse bilden eine Grundlage für die vorliegende Arbeit. In diesen werden jedoch keine technologischen und wirtschaftlichen Abhängigkeiten zwischen Prozessen berücksichtigt. Außerdem sind diese Ansätze ohne weitere Forschung nicht auf Prozessfolgen übertragbar (vgl. Abschnitt 4.2) und es ist nicht bekannt, wie eine Weiterentwicklung zur Abbildung von Prozessfolgen möglich ist. Daher sind diese ungeeignet für die Auslegung wirtschaftlich-technologisch optimierter Fertigungsprozessfolgen, bilden jedoch eine relevante Grundlage für prozessübergreifende Modelle. Die wissenschaftliche Problemstellung wird im Folgenden durch die Formulierung von Forschungsdefiziten operationalisiert.

Forschungsdefizit 1: Die Analyse der bestehenden Ansätze zeigt, dass es an der methodischen Unterstützung für Anwendende bei der Prognose der erzielbaren, finalen Bauteileigenschaften für verschiedene Prozessparameterkombinationen in der Prozessfolge mangelt. Es fehlt an einem übertragbaren Vorgehen zur Verknüpfung von Daten und Modellen der Fertigungsprozesse einer Prozessfolge innerhalb der Prozessauslegung. In bestehenden Ansätzen werden die Auswirkungen der Ungenauigkeiten einzelner Modelle auf die Gesamtvorhersage, insbesondere für verschiedene Prozessparameterkombinationen, nicht berücksichtigt. ***Bislang ist unzureichend erforscht, wie Daten und Modelle der einzelnen Fertigungsprozesse einer Prozessfolge sowie deren Modellgüten zu verknüpfen sind, um die mit verschiedenen Prozessparameterkombinationen erzielbaren und unsicherheitsbehafteten (finalen) Bauteileigenschaften zu prognostizieren und zu bewerten.***

Forschungsdefizit 2: In den Ansätzen zur Auslegung von Fertigungsprozessen und Prozessfolgen werden wirtschaftliche Zielgrößen unzureichend berücksichtigt. Bisherige Modelle zur Bewertung der Kosten einzelner Fertigungsprozesse adressieren keine prozessübergreifenden wirtschaftlichen Abhängigkeiten. Ansätze zur Bewertung der Wirtschaftlichkeit von Fertigungssystemen und -folgen nehmen die Kosten einzelner Fertigungsprozesse i. d. R. als fixiert an und berücksichtigen keine alternativen Prozessparameterkombinationen. Es fehlt an der methodischen Unterstützung von Anwendenden zur Verknüpfung eines Modells zur Bewertung der Wirtschaftlichkeit mit Prozessparametern bzw. der Prozessauslegung. ***Bislang ist unzureichend erforscht, wie ein Modell zur Bewertung der Wirtschaftlichkeit von Fertigungsprozessfolgen unter Berücksichtigung des Einflusses verschiedener Prozessparameterkombinationen sowie wirtschaftlichen Abhängigkeiten zwischen Prozessen zu gestalten ist, um die Wirtschaftlichkeit alternativer Prozessparameterkombinationen zu bewerten.***

Forschungsdefizit 3: Derzeit existieren verschiedene Forschungsansätze zur Optimierung spezifischer Fertigungsprozessfolgen für ein definiertes Bauteil bzw. der vorhandenen Modelle dieser Prozessfolgen. Es fehlt an übertragbarem Wissen, welche Optimierungsmethoden bei der integrativen Betrachtung erzielbarer, finaler Bauteileigenschaften mittels prozessübergreifender Modelle sowie der Wirtschaftlichkeit von Fertigungsprozessfolgen mit u. a. komplexen und nicht-linearen Wirkzusammenhängen vorteilhaft sind. Außerdem ist unzureichend erforscht, wie Unsicherheiten hinsichtlich der Prognose von Bauteileigenschaften sowie der Wirtschaftlichkeit bei der Auswahl einer wirtschaftlich-technologisch optimierten Prozessparameterkombination zu berücksichtigen sind. Hierzu fehlt es an einem Vorgehen zur Bewertung der Auswirkungen der genannten Unsicherheiten auf die Auswahl einer Parameterkombination. ***Bislang ist unzureichend erforscht, wie ein Vorgehen zur Ermittlung wirtschaftlich-technologisch optimierter Prozessparameterkombinationen auf der Basis prognostizierter Bauteileigenschaften und der Wirtschaftlichkeit der Prozessfolge sowie zur Bewertung der vorliegenden Unsicherheit zu gestalten ist, um eine optimierte Prozessparameterkombination auszuwählen.***

5 Zielsetzung und Konzeption der Methodik

Objective and Conception of the Methodology

Aufbauend auf der wissenschaftlichen Problemstellung (vgl. Abschnitt 4.3) werden im Folgenden die Zielsetzung sowie die Konzeption der vorliegenden Arbeit vorgestellt. Dafür werden in Abschnitt 5.1 die Forschungshypothese, die der vorliegenden Arbeit zugrunde liegt, sowie Forschungsfragen formuliert. Anschließend wird die Konzeption der Methodik zur Unterstützung der Auslegung von wirtschaftlich-technologisch optimierten Fertigungsprozessfolgen erläutert. Basis für diese Konzeption sind die in Abschnitt 5.2 beschriebenen theoretischen Grundlagen zum Verständnis des Begriffs Methodik sowie zu relevanten Bestandteilen einer Methodik. In Abschnitt 5.3 werden die formalen und inhaltlichen Anforderungen an die Methodik entsprechend des definierten Untersuchungsbereiches (vgl. Abschnitt 3.3) sowie der Analysen bestehender Ansätze und der wissenschaftlichen Problemstellung aus Kapitel 4 abgeleitet. Nachfolgend werden getroffene Annahmen sowie Eingrenzungen hinsichtlich der Anwendbarkeit der Methodik erläutert (vgl. Abschnitt 5.4). Das Kapitel schließt mit der Ableitung des Grobkonzepts der Methodik in Abschnitt 5.5.

5.1 Zielsetzung der Arbeit

Objective of the Thesis

Das Ziel der Arbeit ist die Entwicklung einer Methodik, welche Anwendende bei der Auslegung von wirtschaftlich-technologisch optimierten Fertigungsprozessfolgen unterstützt. Den Ausgangspunkt der Methodik bildet eine Prozessfolge, für welche eine prozessübergreifend optimierte Prozessparameterkombination unbekannt ist. Hierfür ist es nötig, dass die Methodik Anwendende bei der Generierung prozessübergreifender Modelle zur Prognose von Bauteileigenschaften sowie der Bewertung von Vorhersageunsicherheiten dieser Modelle unterstützt. Ebenso soll ermöglicht werden, die Wirtschaftlichkeit der Prozessfolge in Abhängigkeit alternativer Prozessparameterkombinationen zu bewerten. Anschließend ist es notwendig, die prozessübergreifenden Modelle sowie die Bewertung der Wirtschaftlichkeit innerhalb eines Optimierungsvorgehens zu verknüpfen, um eine wirtschaftlich-technologisch optimierte Prozessparameterkombination zu identifizieren. Außerdem soll die Methodik aufbauend auf den Ergebnissen des Optimierungsvorgehens eine Unsicherheitsbewertung hinsichtlich der bei der Parameterauswahl vorliegenden Unsicherheiten ermöglichen. Dabei lautet die zugrundeliegende Forschungshypothese wie folgt:

Die Verknüpfung prozessübergreifender Modelle zur Prognose finaler Bauteileigenschaften mit einem Modell zur Bewertung der Wirtschaftlichkeit von Prozessfolgen sowie mit einem Optimierungsvorgehen ermöglicht die Auslegung wirtschaftlich-technologisch optimierter Fertigungsprozessfolgen.

Um die Forschungshypothese zu stützen, sind die folgenden Forschungsfragen im Rahmen der Methodikentwicklung zu beantworten. Führt die Beantwortung der Forschungsfragen zur Falsifizierung der Forschungshypothese, ist diese abzulehnen.

Forschungsfrage 1: Wie sind Modelle einzelner Fertigungsprozesse einer Prozessfolge sowie die Unsicherheiten der Modelle zu verknüpfen, um die erzielbaren, unsicherheitsbehafteten (finalen) Bauteileigenschaften in Abhängigkeit alternativer Prozessparameterkombinationen zu prognostizieren und zu bewerten?

Forschungsfrage 2: Wie ist eine Methodik zu gestalten, um Fertigungsprozessfolgen in Abhängigkeit unterschiedlicher Prozessparameterkombinationen wirtschaftlich zu bewerten und dabei Abhängigkeiten zwischen den Prozessen zu berücksichtigen?

Forschungsfrage 3: Wie ist ein Vorgehen zu gestalten, um die wirtschaftlich-technologisch optimierte Prozessparameterkombination auf der Basis prozessübergreifender Modelle zur Vorhersage der finalen Bauteileigenschaften sowie eines Modells zur Bewertung der Wirtschaftlichkeit von Prozessfolgen zu ermitteln?

5.2 Theoretische Grundlagen für die Methodik

Theoretical Fundamentals for the Methodology

Grundlegend für das Verständnis des Begriffs Methodik in der vorliegenden Arbeit ist das allgemeine Methodikmodell nach JENKE [JENK07, S. 27 ff.], das in vielen Ansätzen aus der Technologieplanung Anwendung findet (z. B. in RODERBURG [RODE13, S. 35], STAUDER [STAU17, S. 40] und REY [REY20, S. 45]). Nach diesem Verständnis ist eine ***Methodik*** die Verknüpfung von Methoden mittels einer Systematik, vgl. Abbildung 5-1. ***Methoden*** werden in diesem Zusammenhang als regelbasiertes, planmäßiges und zielgerichtetes Vorgehen verstanden (daher teilweise auch als ***Vorgehen*** bezeichnet), wobei ein Input durch die Methodenanwendung in einen Output überführt wird [LIND07, S. 56 f.]. Eine ***Systematik*** bildet hierbei den übergeordneten Rahmen für die Verknüpfung der Methoden und beschreibt die Voraussetzungen und Randbedingungen zur Anwendung einzelner Methoden. Entsprechend des Detaillierungsgrads kann eine Systematik auch ein Vorgehensmodell enthalten, das die planmäßige Abfolge zur Anwendung der Methoden festlegt. [RODE13, S. 35]

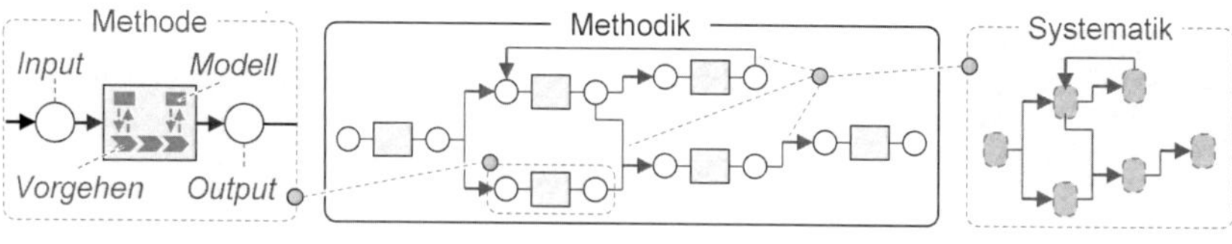

Abbildung 5-1: Verständnis des Begriffs Methodik nach Jenke [JENK07]

Understanding of the Term Methodology by JENKE [JENK07]

Bei der Anwendung von Methoden werden i. d. R. Modelle als Hilfsmittel genutzt bzw. die Modelle bilden die Grundlage für die Ausgestaltung der Methoden [JENK07, S. 27 ff.]. Somit sind Modelle neben Methoden und der Systematik zentraler

Bestandteil einer Methodik. Als Ergänzung zur Einführung des Modellbegriffs in Abschnitt 2.2.1 (mit dem Schwerpunkt auf der Anwendung von (Prozess-)Modellen bei der Auslegung von Fertigungsprozessen) werden im Folgenden weitere Modelltypen i. A. a. PATZAK [PATZ82, S. 311 ff.] sowie STRAHRINGER [STRA98] beschrieben und in Bezug zur Zielsetzung der vorliegenden Arbeit gesetzt.

Beschreibungsmodelle (deskriptive Modelle) bilden vorgefundene Zustände (Eigenschaften der Realität) systematisch ab, ohne die Zustände zu analysieren oder zu erklären [STRA98]. Erklärungen für das Auftreten bestimmter Zustände werden durch den Einsatz von ***Erklärungsmodellen*** (explikative Modelle) ermöglicht. Diese Modelle basieren auf logisch-induktiven Schritten und enthalten allgemeingültige Wirkzusammenhänge in Form von Thesen. ***Vorhersagemodelle*** (prognostische Modelle) bauen auf Erklärungsmodellen auf und unterstützen die Ableitung von Wahrscheinlichkeiten für das Eintreten zukünftiger Systemzustände. Um Handlungsalternativen entsprechend der Ziel-/Nutzenfunktionen sowie vorgegebenen Randbedingungen zu bewerten, werden ***Entscheidungsmodelle (präskriptive-normative Modelle)*** eingesetzt. [PATZ82, S. 311 ff.] Bezugnehmend auf die Zielsetzung der vorliegenden Arbeit (Methodik zur Auslegung wirtschaftlich-technologisch optimierter Fertigungsprozessfolgen) sowie auf die Forschungsfragen ist eine Kombination unterschiedlicher Modelltypen innerhalb der Methodik notwendig. So wird bspw. ein Vorhersagemodell eingesetzt, um Bauteileigenschaften entlang von Fertigungsprozessfolgen zu prognostizieren, oder ein Entscheidungsmodell angewandt, um Handlungsalternativen hinsichtlich ihrer Vorteilhaftigkeit bzw. Zielerfüllung zu bewerten.

5.3 Anforderungen an die Methodik

Requirements for the Methodology

Die an eine Methodik gestellten Anforderungen beeinflussen die Konzeption und Entwicklung einer Methodik wesentlich. Daher werden in Abschnitt 5.3.1 formale Anforderungen an die in der vorliegenden Arbeit entwickelten Methodik erläutert. Anschließend werden die inhaltlichen Anforderungen aus der Zielstellung sowie entsprechend des Untersuchungsbereiches in Abschnitt 5.3.2 abgeleitet.

5.3.1 Formale Anforderungen

Formal Requirements

Für eine effiziente und zielgerichtete Anwendung einer Methodik bzw. der enthaltenen Methoden und Modelle ist das Verhältnis zwischen Nutzen und Aufwand durch die Anwendung entscheidend. Diesen Trade-Off zwischen Nutzen und Aufwand bzgl. der Entwicklung und Anwendung eines Modells beschrieb PATZAK und leitete fünf Charakteristika eines (nach seinem Verständnis) guten Modells ab [PATZ82, S. 309 f.]. Diese Charakteristika sowie der ausgeführte Trade-Off zwischen diesen werden in der vorliegenden Arbeit auf die Methoden sowie die Methodik übertragen und bilden die Basis für die formalen Anforderungen.

Wie oben erläutert, bilden Modelle einen Ausschnitt der Realität ab. Dabei soll das Modellverhalten möglichst gut mit der Realität bzw. den Beobachtungen übereinstimmen, was als ***empirisch richtig*** bezeichnet wird. ***Formal richtig*** gibt demgegenüber an, dass Modelle widerspruchsfrei sind und dass reproduzierbare Aussagen ermöglicht werden. Ebenso ist wichtig, dass Modelle ***zweckbezogen*** sind. Dies umfasst, dass sie inhaltlich und formal zielführende Antworten für den spezifischen Anwendungsfall bzw. Anwendungsbereich liefern. Neben diesen drei Charakteristika, welche insbesondere die Realitätsnähe und einen hohen Nutzen durch die Modellanwendung fokussieren, ist es von hoher Relevanz, dass Modelle ***nutzungsfreundlich*** und somit leicht interpretierbar sowie anwendbar sind. In diesem Zusammenhang sollte die Modellanwendung mit einem ***geringen Aufwand*** verbunden sein, um ein positives Nutzen-Aufwand-Verhältnis zu erzielen. [PATZ82, S. 309 f.] Jedoch sind diese Charakteristika von Modellen, die auch als Zielgrößen verstanden werden und die formalen Anforderungen für die in der vorliegenden Arbeit entwickelte Methodik darstellen, teilweise gegenläufig (z. B. empirische Richtigkeit und geringer Aufwand). Um ein möglichst hohes Nutzen-Aufwands-Verhältnis bzgl. der Methodikanwendung zu realisieren, ist es bei der Entwicklung der Methodik von hoher Bedeutung, auch die Ausmaße, entsprechend derer die verschiedenen formalen Anforderungen erfüllt werden, zu gewichteten bzw. in ein zielgerichtet optimiertes Verhältnis zu setzen. Dies wird im Folgenden als Trade-off zwischen verschiedenen formalen Anforderungen verstanden, vgl. Abbildung 5-2.

Abbildung 5-2: Formale Anforderungen

Formal Requirements

5.3.2 Inhaltliche Anforderungen

Content Specific Requirements

Neben den formalen Anforderungen werden inhaltliche Anforderungen an die im Rahmen dieser Arbeit entwickelte Methodik gestellt. Die inhaltlichen Anforderungen wurden aus den wissenschaftlichen Defiziten (vgl. Abschnitt 4.3) sowie der Zielsetzung für die vorliegende Arbeit (vgl. Abschnitt 5.1) abgeleitet und werden im Folgenden vorgestellt. Eine Übersicht über die Anforderungen an die Methodik ist in Abbildung 5-3 dargestellt.

Um bei der Auslegung wirtschaftlich-technologisch optimierter Fertigungsprozessfolgen die erzeugten, finalen Bauteileigenschaften zu berücksichtigen bzw. in Bezug zu den Anforderungen an ein Bauteil zu setzen, ist es erforderlich, dass diese Eigenschaften in Abhängigkeit alternativer Prozessparameterkombinationen prognostiziert werden. Hierfür muss die entwickelte Methodik ein Vorgehen enthalten, mittels dem prozessübergreifende Modelle zur Prognose der finalen Bauteileigenschaften generiert werden können (Anforderung 1). Da die Methodik in der Phase der Auslegung von Fertigungsprozessfolgen im Anschluss an die Technologiefeinplanung angewandt wird, ist eine Anwendbarkeit der Methodik bei geringer Datengrundlage sowie die Integration von Experten*innenwissen erforderlich (Anforderung 2). Aufgrund dieser Eignung für geringe Datengrundlagen resultieren Unsicherheiten hinsichtlich der Prognosegüte von Bauteileigenschaften innerhalb der Fertigungsprozessfolge. Daher wird die Anforderung an die Methodik gestellt, dass die Unsicherheiten innerhalb der Prozessfolge so bewertet werden, dass die Unsicherheiten sowie die Fortpflanzung von Unsicherheiten bzgl. der Prognose finaler Bauteileigenschaften zu ermitteln sind (Anforderung 3).

Inhaltliche Anforderungen

Prognose unsicherer Bauteileigenschaften:

1. Generierung prozessübergreifender Modelle zur Prognose von Bauteileigenschafen
2. Anwendbarkeit der Methodik bei geringer Datengrundlage
3. Bewertung von Unsicherheiten und deren Fortpflanzung entlang der Prozessfolge

Bewertung der Wirtschaftlichkeit von Fertigungsprozessfolgen:

4. Wirtschaftlichkeit von Fertigungsprozessfolgen unter Einbezug von Abhängigkeiten
5. Unterstützung bei der Verknüpfung des Bewertungsmodells mit Prozessparametern

Ermittlung optimierter Prozessparameterkombinationen:

6. Vorgehen zur Optimierung Wirtschaftlichkeit unter Einhaltung von Bauteileigenschaften
7. Bewertung von Restunsicherheiten bzgl. der Prozessfolgenauslegung

Abbildung 5-3: Inhaltliche Anforderungen an die Methodik

Neben der Prognose der finalen Bauteileigenschaften ist die Bewertung der Wirtschaftlichkeit der Fertigungsprozessfolge bezogen auf unterschiedliche Prozessparameterkombinationen erforderlich. Daher ist es notwendig, dass ein Modell zur Bewertung der Wirtschaftlichkeit von Prozessfolgen, das die prozessübergreifenden, wirtschaftlichen Abhängigkeiten zwischen den einzelnen Prozessen berücksichtigt, Bestandteil der Methodik ist (Anforderung 4). Um die Anwendbarkeit der Methodik zu gewährleisten ist es erforderlich, dass Anwendende bei der Verknüpfung der Fertigungsprozesse bzw. Prozessparameter mit dem Modell zur Bewertung der Wirtschaftlichkeit unterstützt werden (Anforderung 5).

Wie in Abschnitt 5.1 zur Zielsetzung der Arbeit erläutert, müssen die Bewertung der Wirtschaftlichkeit der Prozessfolge und die Prognose der finalen Bauteileigenschaften bei der Ermittlung der optimierten Prozessparameterkombination gemeinsam betrachtet werden. Daher ist es erforderlich, dass die Methodik ein Optimierungsvorgehen enthält, welches für die Optimierung von Prozessparametern in Fertigungsprozessfolgen entsprechend einer wirtschaftlichen Zielgröße sowie fertigungstechnologischen Randbedingungen geeignet ist (Anforderung 6). Des Weiteren sollen die bei der Optimierung und späteren Auswahl der Prozessparameterkombination vorliegenden Restunsicherheiten berücksichtigt werden (Anforderung 7).

5.4 Annahmen und Eingrenzungen

Assumptions and Limitations

Wie in Abschnitt 2.2 erläutert unterliegen Forschungshypothesen i. d. R. verschiedenen Annahmen und Eingrenzungen. Die der vorliegenden Forschungsarbeit zugrundeliegenden Annahmen und Eingrenzungen, welche bei der Entwicklung der Methodik berücksichtigt wurden und bei der späteren Anwendung zu berücksichtigen sind, werden im Folgenden aufgeführt:

- Die Methodik ist für eine Anwendung in der Serienfertigung gestaltet, sodass hohe Stückzahlen für zu fertigende Bauteile vorliegen.
- Die fertigungstechnologischen Anforderungen an das zu fertigende Bauteil bzw. die geforderten Bauteileigenschaften sind bekannt.
- Das Gestaltungsobjekt in der vorliegenden Arbeit sind Fertigungsprozessfolgen, sodass alle nicht direkt-wertschöpfenden Schritte in der Produktion wie Transport oder Lagerung nicht berücksichtigt werden.
- Entsprechend des in Abschnitt 3.3 definierten Untersuchungsbereiches wird die entwickelte Methodik nach der Technologiefeinplanung im Rahmen der Auslegung von Fertigungsprozessfolgen angewandt. Daher ist die Prozessfolge definiert und die notwendigen Fertigungsmittel sind vorhanden.
- Die Methodik ermöglicht eine erste prozessübergreifende Auslegung von Fertigungsprozessfolgen. Die finale, detaillierte Auslegung der einzelnen Fertigungsprozesse erfolgt in einem nachfolgenden Schritt durch Technologieexperten*innen.

5.5 Ableitung des Grobkonzepts

Derivation of the Conceptual Design

Das Grobkonzept der im Rahmen der vorliegenden Arbeit entwickelten Methodik basiert auf dem Forschungsziel und den Forschungsfragen (vgl. Abschnitt 5.1), den in Abschnitt 5.3 definierten inhaltlichen und formalen Anforderungen sowie den Annahmen und Eingrenzungen aus dem vorherigen Abschnitt. Die Methodik zur Unterstützung der Auslegung wirtschaftlich-technologisch optimierter Fertigungsprozessfolgen besteht aus drei Modulen, welche jeweils aus verschiedenen Modellen und Methoden bestehen. Die Entwicklung der einzelnen Modelle und Methoden sowie die Anwendung auf Fallbeispiele werden in den einzelnen Abschnitten von Kapitel 6 detailliert erläutert, vgl. Abbildung 5-4. Die Anordnung der drei Methodikmodule in der Abbildung (bspw. 6.1 links unten) ist angelehnt an die inhaltliche Darstellung der einzelnen detaillierten Modelle und Methoden aus dem nachfolgenden Kapitel 6.

Modul 1 ***Modellierung von Fertigungsprozessfolgen*** enthält Methoden, um technologische Modelle der einzelnen Fertigungsprozesse der Prozessfolge zu generieren und zu verknüpfen sowie die finalen Bauteileigenschaften in Abhängigkeit von den

Prozessparametern aller Fertigungsprozesse zu prognostizieren. Des Weiteren ermöglichen die enthaltenen Methoden eine Bewertung dahingehend, welchen Einfluss die Unsicherheiten der verknüpften Modelle auf die Genauigkeit der Prognose bzw. auf das prozessübergreifende Modell haben.

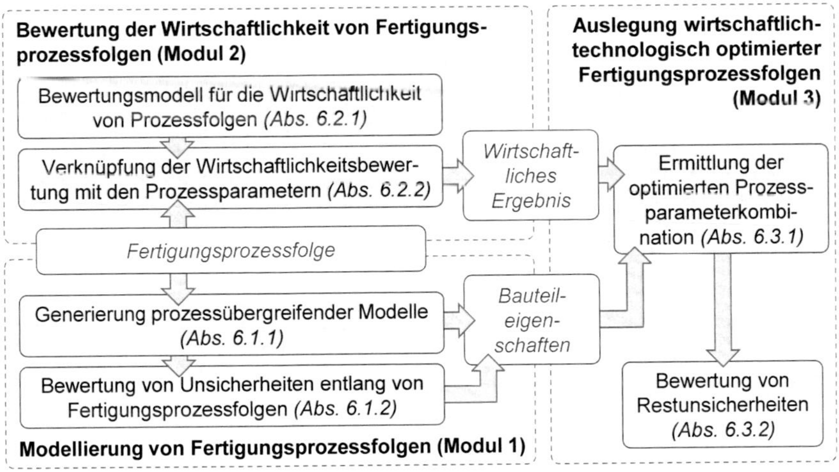

Abbildung 5-4: Grobkonzept der entwickelten Methodik

Conceptual Design of the Developed Methodology

Mithilfe der Methoden aus Modul 2 ***Bewertung der Wirtschaftlichkeit von Fertigungsprozessfolgen*** werden Anwendende bei der Verknüpfung eines weiterentwickelten Bewertungsmodells zur Ermittlung der Wirtschaftlichkeit mit den Fertigungsprozessparametern unterstützt. Im anschließenden dritten Modul ***Auslegung wirtschaftlich-technologisch optimierter Fertigungsprozessfolgen*** werden die erzielbaren Bauteileigenschaften (Output Modul 1) mit dem entsprechenden wirtschaftlichen Ergebnis (Output Modul 2) über einen Optimierungsansatz verknüpft. Ziel dabei ist die Ermittlung einer hinsichtlich des wirtschaftlichen Ergebnisses optimierten Prozessparameterkombination, welche gleichzeitig die Fertigung der geforderten Bauteileigenschaften ermöglicht (technologisch optimiert). Des Weiteren werden in Modul 3 die Unsicherheiten hinsichtlich der ermittelten, optimierten Prozessparameterkombination bewertet. Diese Unsicherheitsbewertung stellt die Basis für kontinuierliche Verbesserung der Wirtschaftlichkeitsbewertung sowie der prozessübergreifenden Modelle im Anschluss an die Methodikanwendung dar.

6 Detaillierung der Methodik

Detailing of the Methodology

Im folgenden Kapitel wird die Entwicklung der Methodik zur Unterstützung der Auslegung wirtschaftlich-technologisch optimierter Fertigungsprozessfolgen beschrieben. Hierbei wird zunächst stets die Entwicklung der einzelnen Modelle und Methoden erläutert. Anschließend erfolgt jeweils die Detaillierung der von Anwendenden durchzuführenden Schritte. Dabei ist die Reihenfolge der detaillierten Beschreibungen an die Forschungsfragen (siehe Abschnitt 5.1) sowie Module des Grobkonzepts (vgl. Abschnitt 5.5) angelehnt. In Abschnitt 6.1 werden die Entwicklung und Anwendung der Methoden und Modelle des Moduls 1 bzgl. der Modellierung von Fertigungsprozessfolgen detailliert erläutert. In Abschnitt 6.2 folgen die Erläuterungen zur Bewertung der Wirtschaftlichkeit von Fertigungsprozessfolgen (Modul 2). Die Modelle und Methoden des Moduls 3 zur Auslegung der wirtschaftlich-technologisch optimierten Prozessfolgen sind in Abschnitt 6.3 beschrieben.

6.1 Modellierung von Fertigungsprozessfolgen

Modeling of Manufacturing Process Sequences

Bei der Auslegung wirtschaftlich-technologisch optimierter Fertigungsprozessfolgen stellt die Erreichung der geforderten Bauteilqualität neben dem wirtschaftlichen Ergebnis ein zentrales Bewertungskriterium dar, vgl. Abschnitt 3.2.1. Ob die geforderte Qualität erreicht wird, hängt dabei von den erzeugten, finalen Bauteileigenschaften ab. Daher liegt der Fokus des Abschnitts 6.1[a] auf der Beantwortung der ersten Forschungsfrage, die sich mit der Prognose dieser (finalen) Bauteileigenschaften befasst:

> ***Forschungsfrage 1:*** *Wie sind Modelle einzelner Fertigungsprozesse einer Prozessfolge sowie die Unsicherheiten der Modelle zu verknüpfen, um die erzielbaren, unsicherheitsbehaften (finalen) Bauteileigenschaften in Abhängigkeit alternativer Prozessparameterkombinationen zu prognostizieren und zu bewerten?*

Zur Beantwortung der Forschungsfrage wird in Abschnitt 6.1.1 die Entwicklung eines Vorgehens zur Generierung prozessübergreifender Modelle beschrieben. Ziel dabei ist, die mit unterschiedlichen Prozessparameterkombinationen erzielbaren, finalen Bauteileigenschaften zu ermitteln bzw. zu prognostizieren. Der finale Bauteilzustand entspricht in der Betrachtung von Prozessfolgen den Bauteileigenschaften nach dem letzten Fertigungsprozess. Weiter ist zur Beantwortung der Forschungsfrage die Entwicklung einer Methode notwendig, welche die Bewertung von Unsicherheiten (hinsichtlich der resultierenden Bauteileigenschaften) entlang von Fertigungsprozessfolgen ermöglicht. Diese Entwicklungen werden in Abschnitt 6.1.2 erläutert. Um die Forschungsfrage zu beantworten und die zuvor entwickelten Methoden und Modelle

[a] Einzelne Lösungsansätze aus Abschnitt 6.1 wurden in den Proceedings of International Conference on Competitive Manufacturing (COMA '22) [BERG22b] veröffentlicht und auf der Konferenz diskutiert.

zu bewerten, folgen in Abschnitt 6.1.3 die Anwendung und Validierung dieser Methoden und Modelle anhand eines Fallbeispiels sowie ein Zwischenfazit.

6.1.1 Generierung prozessübergreifender Modelle

Generating of Cross-Process Models

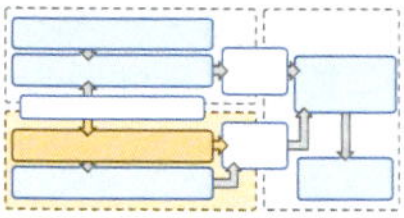

Wie in Abschnitt 2.2.1 erläutert, werden Modelle von Fertigungsprozessen häufig als Hilfsmittel zur Auslegung der Prozesse eingesetzt. Dabei bilden die (Prozess-)Modelle Zusammenhänge in einem Fertigungsprozess ab, wie bspw. den Einfluss von Prozessparametern oder der Bauteileigenschaften vor einem Prozess auf bestimmte Prozessgrößen oder auf die resultierenden Bauteileigenschaften [BUCH14, S. 69], [BRAN08, S. 4 ff.]. Demnach (sowie in Abschnitt 2.2.2 zu prozessübergreifenden Abhängigkeiten erläutert) sind Bauteileigenschaften sowohl Input als auch Output eines Prozesses. Hieraus resultiert, dass eine isolierte Betrachtung eines Fertigungsprozesses nicht ausreichend für die Vorhersage finaler Bauteileigenschaften sowie die Auslegung von Fertigungsprozessfolgen ist, da ein Fertigungsprozess von vorgelagerten Prozessen beeinflusst wird oder selbst einen Einfluss auf nachgelagerte Prozesse aufweist.

Konzept für prozessübergreifende Modelle

Das im Folgenden beschriebene Ziel ist die Entwicklung eines Vorgehens, welche die Generierung fertigungsprozessübergreifender Modelle zur Ermittlung der finalen Bauteileigenschaften in Abhängigkeit von einer spezifischen Prozessparameterkombination aller beteiligten Prozesse unterstützt. Eine Prozessparameterkombination beschreibt in diesem Zusammenhang einen Arbeitspunkt bezogen auf die Prozessfolge, in dem allen Fertigungsprozessparametern ein spezifischer Wert zugeordnet wird. Wird ein Wert anpasst, entsteht eine neue Prozessparameterkombination. Um dieses Ziel (Generierung fertigungsprozessübergreifender Modelle) zu erreichen, wurden während des Entwicklungsprozesses verschiedene Ansätze, die sich auf das grundlegende Konzept bzw. den grundlegenden Aufbau prozessübergreifender Modelle beziehen, untersucht. So wurden bspw. datenbasierte Ansätze u. a. aus dem Machine Learning zur Generierung eines prozessübergreifenden Modells bzw. zur Ermittlung der finalen Bauteileigenschaften hinsichtlich ihrer Eignung für die o. g. Zielstellung sowie bzgl. des Untersuchungsbereiches der vorliegenden Arbeit untersucht. Viele dieser Ansätze (bspw. PAPAGEORGIOU et al. [PAPA22]) sind auf die Prognose von Bauteileigenschaften auf der Grundlage von Echtzeitdaten ausgelegt. Des Weiteren ist i. d. R. eine umfangreiche Datengrundlage (inkl. unterschiedlicher Prozessparameterkombinationen) notwendig [PFRO18]. Da die notwendige Datengrundlage entsprechend des Untersuchungsbereiches der vorliegenden Arbeit vielfach nicht vorhanden ist, werden entsprechende Ansätze nicht weiter erläutert. Alternative Ansätze wie bspw. das Multiple-domain Matrix Modell einer bestehenden Fertigung nach HERMANN [HERM22], das mehrstufige Mehrzielgrößenprognosemodell nach BERA und MUKHERJEE [BERA16] oder die mehrstufige, multivariate Patient Rule

Induction Methode von LEE und YANG [LEE18] wurden hinsichtlich ihrer Eignung für die vorliegende Fragestellung analysiert. Diese wurden ebenfalls als nicht ausreichend geeignet bewertet, da z. B. Abhängigkeiten zwischen Prozessen nur qualitativ beschrieben, lediglich einzelne Arbeitspunkte untersucht oder keine übertragbaren Methoden entwickelt wurden, vgl. auch Kapitel 4 zum Stand der Forschung.

Als vielversprechendster Ansatz für das grundlegende Konzept des prozessübergreifenden Modells wurde die Darstellung der Fertigungshistorie einer Technologiekette nach WUEST et al. [WUES12] identifiziert (vgl. Abbildung 3-8 in Abschnitt 2.2.2). Da in diesem Ansatz jedoch Technologieketten mit qualitativen Abhängigkeiten zwischen den Technologien und demnach keine Prozessparameter beschrieben werden, war eine Weiterentwicklung des Ansatzes für die vorliegende Fragestellung notwendig. Das Resultat dieser Weiterentwicklung ist in Abbildung 6-1 schematisch dargestellt, wobei die ergänzten Elemente durch eine farbliche Kennzeichnung (grün) hervorgehoben sind. Das weiterentwickelte Modell bildet ab, dass sowohl die einzelnen Prozessparameter als auch die Bauteileigenschaften vor einem Prozess, die sich jeweils auf einzelne Feature beziehen, einen Einfluss auf das Prozessergebnis aufweisen können (vgl. auch Abbildung 3-5 zur Darstellung der Einflüsse des Input-Zustands und der Prozessparameter auf den Output-Zustand von Bauteilen). Zur Abbildung dieser Zusammenhänge stellen (Prozess-)Modelle ein geeignetes Hilfsmittel dar und werden im weiteren Verlauf der vorliegenden Arbeit eingesetzt. Dabei wird jeweils ein Modell für jede zu modellierende Bauteileigenschaft nach einem Fertigungsprozess benötigt.

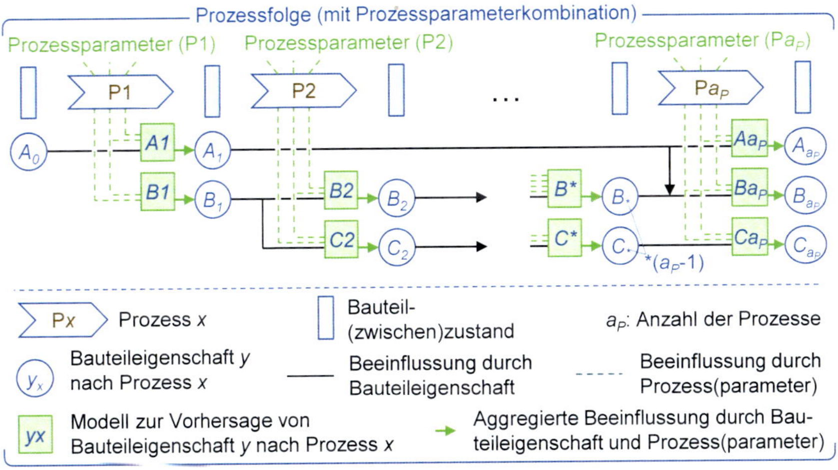

Abbildung 6-1: Weiterentwicklung der Fertigungshistoriendarstellung nach WUEST et al. [WUES12] zur quantitativen Beschreibung prozessübergreifender Abhängigkeiten in Fertigungsprozessfolgen inklusive Prozessparametern

Further Development of the Manufacturing History Illustration According to WUEST et al. [WUES12] for the Quantitative Description of Cross-Process Dependencies in Manufacturing Process Sequences Inclusive Process Parameters

Da Abbildung 6-1 eine vereinfachte Darstellung der Fertigungshistorie einer Prozessfolge ist und als grundlegendes Konzept bzw. grundlegender Aufbau für prozessübergreifende Modelle genutzt wird, sind die folgenden Aspekte zu unterstreichen, um ein einheitliches Verständnis zu schaffen. Einzelne Fertigungsprozesse können aus mehreren Prozessschritten wie bspw. bei einem Schleifprozess aus Schruppen, Schlichten und Ausfunken bestehen. Besteht ein Prozess aus mehreren Schritten, sind die Prozessparameter für jeden Schritt zu definieren (bspw. Vorschub-Schruppen oder Vorschub-Schlichten). Selbiges gilt, wenn Prozessparameter für die Bearbeitung unterschiedlicher Feature eines Bauteils angepasst werden. Daher sind die Bauteileigenschaften, wie oben erläutert, featurebezogen anzugeben. Gleichzeitig ist zu beachten, dass ein Prozessparameter innerhalb einer Parameterkombination stets den gleichen Wert hat und entsprechend auch in verschiedene Modelle eingeht. Falls innerhalb eines Prozesses zwischen den Prozessschritten Bauteilzwischenzustände gemessen werden, kann dieser Prozess aufgeteilt in die erweiterte Fertigungshistoriendarstellung eingetragen werden.

Ein Vorteil dieses weiterentwickelten Ansatzes ist die Modularität. Durch die Nutzung definierter Bauteilzwischenzustände (bzw. der entsprechenden Bauteileigenschaften) als Übergabegrößen zwischen Prozessen sowie die Anwendung eines Modells je vorherzusagender Bauteileigenschaft wird ermöglicht, dass einzelne Modelle angepasst (bzw. durch verbesserte Modelle ausgetauscht) oder Fertigungsprozesse verglichen (bspw. Schleifen und Hartdrehen) werden können. Dabei ist eine enge Zusammenarbeit zwischen den Planenden der gesamten Prozessfolge sowie Experten*innen der einzelnen Fertigungstechnologien notwendig. Perspektivisch hinzu kommt: Sollten sich mittel- bis langfristig Konzepte zur Datenmonetarisierung oder Monetarisierung von Prozessmodellen, vgl. TRAUTH [TRAU21], in der Produktionstechnik durchsetzen, steigt der Nutzen, welcher aus dem modularen Aufbau resultiert, weiter an. In diesem Fall könnten bis dato in einer Forschungseinrichtung oder einem Industrieunternehmen nicht vorhandene Modelle erworben und zur Optimierung von Prozessfolgen genutzt oder die Auswirkungen durch die Substitution einzelner Fertigungstechnologien analysiert werden. Da dies keine kurzfristige Entwicklung darstellt, werden diese Ansätze in der vorliegenden Arbeit nicht weiter detailliert. Des Weiteren unterstützt die Modularität die Bewertung von Stellhebeln zu Verbesserung der Vorhersage der prozessübergreifenden Modelle, siehe Abschnitt 6.1.2.

Vorgehen zur Generierung prozessübergreifender Modelle

Nach diesen Erläuterungen zum grundlegenden Konzept bzw. zum Aufbau des prozessübergreifenden Modells wird im Folgenden das im Rahmen dieser Arbeit entwickelte Vorgehen zur Generierung prozessübergreifender Modelle beschrieben. Der übergeordnete Ablauf dieses Vorgehens für Anwendende ist in Abbildung 6-2 dargestellt. Zunächst sind durch Anwendende alle einzelnen Modelle zu ermitteln, welche für die prozessübergreifenden Modelle der Fertigungsprozessfolge (entsprechend der Anzahl finaler Bauteileigenschaften) relevant sind. Relevant beschreibt in diesem

Zusammenhang, dass mit dem Modell eine finale Bauteileigenschaft oder eine Eigenschaft, welche einen Einfluss auf die finalen Bauteileigenschaften aufweist, modelliert wird. Dies kann ebenso Bauteileigenschaften betreffen, die selbst keine finale Bauteileigenschaft bilden. Hierdurch (ausschließliche Betrachtung relevanter Modelle) wird potenzieller Aufwand, der aus der Modellierung nicht relevanter Modelle resultiert, vermieden. Anschließend erfolgt die Verknüpfung der einzelnen Modelle. Zur Ermittlung der relevanten Modelle wurde eine rückwärtsgerichtete Vorgehensweise ausgehend von den finalen Bauteileigenschaften gewählt. Im ersten Schritt ist für jede finale Bauteileigenschaft, die durch den Fertigungsprozess beeinflusst wird, ein Modell bezogen auf den letzten Fertigungsprozess, welches zur Prognose der entsprechenden, finalen Bauteileigenschaft im zu untersuchenden Anwendungsfall eingesetzt werden kann, zu ermitteln, vgl. Abbildung 6-2 (a). Dabei sind die Input-Größen für das Modell Prozessparameter und/oder Input-Bauteileigenschaften. Je nach vorhandener Wissens- bzw. Datengrundlage wird ein vorhandenes Modell (bspw. in Abstimmung mit Technologieexperten*innen oder aus Datenbanken) eingesetzt oder ein neues Modell generiert. Möglichkeiten zur Generierung von Modellen werden unten erläutert. Sobald für jede finale Bauteileigenschaft ein Modell ermittelt wurde, folgt der nächste Schritt, vgl. Abbildung 6-2 (b).

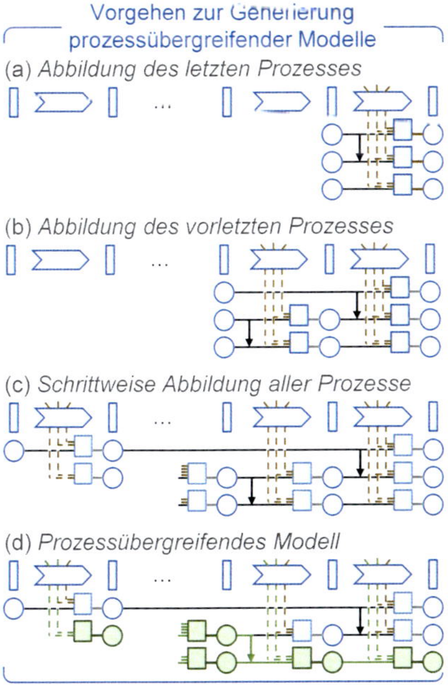

Abbildung 6-2: Vorgehen zur Generierung prozessübergreifender Modelle

Procedure for the Generation of Cross-process Models

Innerhalb dieses Schrittes ist für jede Bauteileigenschaft, die im vorherigen Schritt als relevante Input-Größe für mindestens ein Modell bestimmt wurde, ein weiteres Modell zu ermitteln, das die Input-Größe als Output-Größe bzw. als Output des vorherigen Prozesses abbildet. Dieses Vorgehen (jeweils ein Modell pro relevanter Bauteileigenschaft) wird wiederholt, bis alle relevanten Modelle für die Fertigungsprozessfolge ermittelt werden, vgl. Abbildung 6-2 (c). Wird der Input-Zustand des nachgelagerten Prozesses über ein Modell des betrachteten Prozesses beeinflusst, wird geprüft, welcher vorgelagerte Prozess den entsprechenden Input-Zustand beeinflusst. Demnach ist für Prozesse ohne Einfluss auf eine Bauteileigenschaft (hinsichtlich dieser Bauteileigenschaft) zu überspringen. Ein Beispiel hierfür ist, dass der Durchmesser eines Wellenabsatzes einer Ritzelwelle (makrogeometrische Bauteileigenschaft) von Parametern eines Dreh- und eines Schleifprozesses abhängt, jedoch nicht von dem in der Folge dazwischenliegenden Verzahnungsprozess. Parallel zu diesem rückwärtsgerichteten Vorgehen erstellen Anwendende die erweiterte Darstellung der Fertigungshistorie. An dieser Stelle wird der Vorteil der rückwärtsgerichteten gegenüber einem vorwärtsgerichteten Vorgehensweise deutlich, da auf diese Weise ausschließlich relevante Modelle ermittelt werden. Dies unterstützt die Einhaltung der formalen Anforderungen (insbesondere Zweckbezogenheit und geringer Aufwand), vgl. Abschnitt 5.2.1. Auf Basis der durch das Vorgehen generierten Fertigungshistorie wird Anwendenden aufgezeigt, von welchen Input-Bauteileigenschaften und Prozessparametern einzelne finale Bauteileigenschaften abhängen, vgl. Abbildung 6-2 (d).

Auswahl des Modellierungsansatzes

Wie oben erläutert, können Anwendende vorhandene Modelle einzelner Prozesse für das prozessübergreifende Modell einsetzen. Hierbei wird vorausgesetzt, dass die signifikanten Input-Bauteileigenschaften sowie Prozessparameter bekannt sind und das Modell für den Anwendungsfall/-bereich (insbesondere gleiche Werkstoffe und Fertigungsmittel) geeignet ist. Ist für die Abbildung einer Bauteileigenschaft kein Modell vorhanden, muss ein entsprechendes Modell generiert werden. Nach den in Abschnitt 3.3 identifizierten Defiziten sowie der entwickelten Zielstellung (vgl. Abschnitt 4.1) ist relevant, dass Anwendende bei der Generierung von Modellen unterstützt werden. Hierfür wird im Folgenden die Auswahl des Modellierungsansatzes als methodische Unterstützung, die einen Teil der im Rahmen dieser Arbeit entwickelten Methodik darstellt, erläutert. Bei der Auswahl wurden verschiedene Anforderungen berücksichtigt. Um die Anwendbarkeit des Modellierungsansatzes für alternative Fertigungsprozesse zu gewährleisten, ist es notwendig, dass der Modellierungsansatz möglichst generisch ist. Hiermit wird ebenso das Ziel verfolgt, dass Anwendende (bspw. Technologieplanende), welche keine Experten*innen für eine Fertigungstechnologie sind, den Ansatz zur Generierung von Modellen ohne tiefgreifendes, technologisches Wissen anwenden können. Eine weitere Anforderung, die aus dem Untersuchungsbereich bzw. der Verortung in der unternehmerischen Ablauforganisation (Prozessfolgenplanung im Anschluss an die Technologiefeinplanung) resultiert, ist die Anwendbarkeit bei geringen Datenmengen wie bspw. Vorversuchen innerhalb des Serienanlaufes [BERG22a]. Um eine schnelle, im Methodikablauf spätere Verknüpfung der Modelle zu prozessübergreifenden Modellen zu ermöglichen und vorhandene Modelle (vorhandenes technologisches Wissen) zu berücksichtigen, werden weitere Anforderungen hinsichtlich der Modellkompatibilität an den Modellierungsansatz gestellt.

Im Rahmen der Methodikentwicklung wurden alternative Modellierungsansätze hinsichtlich ihrer Eignung in Bezug zu den beschriebenen inhaltlichen Anforderungen untersucht. Dabei wurden auch die formalen Anforderungen (vgl. Abschnitt 5.2.1), wie der beschriebene Trade-off zwischen u. a. geringem Aufwand und empirischer Richtigkeit, berücksichtigt. Wie in Abschnitt 2.3 beschrieben, werden die finale Auslegung der einzelnen Fertigungsprozesse durch Technologieexperten*innen durchgeführt und die entwickelte Methodik als Unterstützung für Anwendende bei der vorgelagerten prozessübergreifenden Auslegung eingesetzt. Hieraus resultiert, dass den Anforderungen geringer Aufwand, Zweckbezogenheit und Nutzungsfreundlichkeit bei der Generierung von Modellen bzw. Vorhersage von Bauteileigenschaften eine hohe Gewichtung zugewiesen wurde. Aus diesem Grund wurden zeitaufwändige Ansätze wie Simulationen (bspw. Finite-Elemente-Methode, vgl. Abschnitt 3.2) zur Prognose von Bauteileigenschaften oder die Entwicklung von Erklärungsmodellen als nicht zielführend für die Methodik bewertet. Rein heuristische Modelle wurden ebenfalls als nicht zielführend bewertet, da hier große Herausforderungen bei der Verknüpfung mit anderen Modellen zu prozessübergreifenden Modellen sowie meist sehr unscharfe Mengen vorliegen.

Als entsprechend der inhaltlichen und formalen Anforderungen vielversprechendster Modellierungsansatz wurde die Metamodellierung (anhand der Dissertation von Hɪᴛᴢ, vgl. Abschnitt 3.2) identifiziert. Metamodelle werden in verschiedenen Bereichen eingesetzt, z. B. sprachbasierte Metamodelle zur Definition der Semantik von Modellierungssprachen oder prozessbasierte Metamodelle zur Beschreibung von Vorgängen zur Modellierung mit einer bestimmten Modellierungsmethode [STRA16]. In der vorliegenden Arbeit wird das produktionstechnische Begriffsverständnis i. A. a. Hɪᴛᴢ verwendet. Nach diesem umfasst die ***Metamodellierung*** Methoden zur Beschreibung von Systemverhalten (bzw. Modellierung von Fertigungsprozessen) durch die analytische Approximation bekannter Systemzustände (sog. Stützstellen), vgl. Abbildung 6-3. Die Verwendung bekannter Stützstellen, wie bspw. Ergebnisse von experimentellen Untersuchungen, Simulationen oder historischen Fertigungsdaten, sowie die analytische Approximation ermöglicht dabei die schnelle Ergebnisgenerierung, wobei die Genauigkeit des Ergebnisses von der vorhandenen Datengrundlage und der gewählten Approximationsmethode abhängt. Die Ansätze zur Approximation der unbekannten Systemzustände (bspw. die Prognose von Bauteileigenschaften) sind vielfältig (z. B. lineare Regression, Response Surface Modelle, Kriging Modelle oder Neuronale Netzwerke) und weisen spezifische Vor- und Nachteile u. a. in Abhängigkeit von den vorhandenen Daten sowie der Komplexität des Systemverhaltens auf. So sind z. B. Kriging Modelle sehr gut für die Interpolation deterministischer Daten bspw. aus Simulationen anwendbar. Da Kriging Modelle interpolieren, sind diese bei der Verwendung von Daten aus realen Experimenten (mit enthaltenen Zufallsfehlern und Streuungen) unzureichend geeignet. Hier erzielen bspw. lineare Regressionen und Response Surface Modelle durch den glättenden Charakter bessere Ergebnisse. [HITZ12]

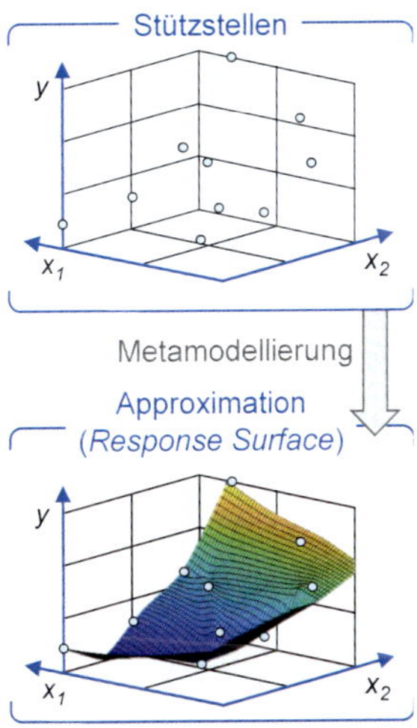

Abbildung 6-3. Metamodellierung

Meta Modeling

Metamodelle sind für verschiedene Prozesse und Datengrundlagen anwendbar. Weitere Vorteile durch die analytische Approximation von Stützstellen liegen in der hohen Anpassungsfähigkeit sowie der Möglichkeit zur Verknüpfung der generierten Modelle. Anpassungsfähigkeit beschreibt in diesem Zusammenhang, dass generierte Modelle (z. B. Response Surface Modelle) durch die Hinzunahme weiterer Stützstellen schnell detailliert oder hinsichtlich ihres Gültigkeitsbereichs erweitert werden können. Ebenso können als fehlerhaft bewertete Stützstellen eliminiert werden.

Vorhandene Modelle und Daten können aus vergangenen gefertigten Bauteilen oder aus experimentellen Untersuchungen/Vorversuchen zu der auszulegenden Fertigungsprozessfolge vorliegen. Für die Bestimmung der relevanten Modelle wird das oben erläuterte, rückwärtsgerichtete Vorgehen angewandt. Die dabei ausgewählten oder generierten Modelle basieren nicht zwangsläufig auf Fertigungsdaten des selben Bauteils bzw. des auszulegenden Bauteils. Wird nach diesem Vorgehen bspw. die Fertigung einer Ritzelwelle ausgelegt, können u. a. Modelle und Daten aus der Fertigung von Zahnrädern sowie von Wellen ohne Verzahnungen verwendet werden, solange gleiche Werkstoffe, Werkzeuge und Fertigungsmittel eingesetzt werden. Bei der Verknüpfung von Modellen zu unterschiedlichen Bauteilen ist es erforderlich, die Modelle für das auszulegende Bauteil zu validieren. Details hierzu sind in Abschnitt 6.1.2 erläutert. Für die spätere Optimierung bzgl. der Wirtschaftlichkeit der Prozessfolge, ist es notwendig, dass die (Input-)Parameterbereiche (Gültigkeitsbereiche) der eingesetzten Modelle bzw. Datengrundlage möglichst breit sind, sodass die optimierte Lösung nicht außerhalb des abbildbaren Lösungsraums liegt (formale und empirische Richtigkeit). Gleichzeitig sind Anforderungen an die Methodik die zweckbezogene, nutzungsfreundliche und mit einem geringen Aufwand verbundene Anwendung. Daher wurde die Methodik so entwickelt, dass potenzielle Verbesserungen der einzelnen Modelle bzw. Modellbereiche auf der Grundlage von Unsicherheiten (Details in den Abschnitten 6.1.2 und 6.3.2) zielgerichtet identifiziert und bewertet werden, um die Anforderungen an die Methodik zu erfüllen.

Vorgehen zur Ermittlung bzw. Generierung der Modelle

Aufbauend auf der Festlegung bzgl. der Metamodellierung zur Generierung von Prozessmodellen wurde zur Unterstützung von Anwendenden im Rahmen der Methodikentwicklung ein schrittweises Vorgehen zur Ermittlung bzw. Generierung der Modelle zur Prognose der relevanten Bauteileigenschaften abgeleitet. Der Ablauf dieses Vorgehens ist in Abbildung 6-4 dargestellt. In den ersten beiden Schritten wird geprüft, ob geeignete Modelle oder Daten vorhanden sind. Ist dies nicht der Fall, folgen in den Schritten 3 und 4 das Variablen Screening sowie die Datenerhebung. Sind Daten vorhanden oder wurden diese erhoben, folgt im fünften Schritt die Generierung des Metamodells. Die einzelnen Schritte werden im Folgenden detailliert. Diesbezüglich werden insbesondere für die Schritte 3 und 5 Methoden zur Unterstützung der Anwendenden erläutert. Um vorhandenes technologisches Wissen zu nutzen, ist in ***Schritt 1*** durch die Anwendenden zu prüfen, ob mindestens ein geeignetes Modell zur Vorhersage der Bauteileigenschaft (bspw. in Literaturquellen oder Datenbanken) vorhanden ist und angewendet werden kann. Inwiefern ein Modell als geeignet bezeichnet wird, hängt u. a. von den folgenden beiden Kriterien ab. Zum einen ist es erforderlich, dass das Modell dem abzubildenden Fertigungsprozess sowie der zu prognostizierenden Bauteileigenschaft entspricht. Zum anderen müssen der Lösungsraum des Modells bzw. die erreichbaren Werte der Bauteileigenschaft entweder den Anforderungen an eine finale Bauteileigenschaft entsprechen oder die Schnittmenge mit dem Gültigkeitsbereich (potenzielle Input-Zustände) des bzw. der nachfolgenden Modelle bilden. Ist ein geeignetes Modell vorhanden, wird dieses in die erweiterte Fertigungshistoriendarstellung (vgl. Abbildung 6-1) eingetragen. Sind mehrere geeignete Modelle vorhanden, wählen Anwendende anhand der Modellgenauigkeit (vgl. Abschnitt 6.1.2 zu Bewertung von Unsicherheiten) sowie des Gültigkeitsbereichs das Modell aus, um ein hohes Nutzen-Aufwand-Verhältnis zu erzielen.

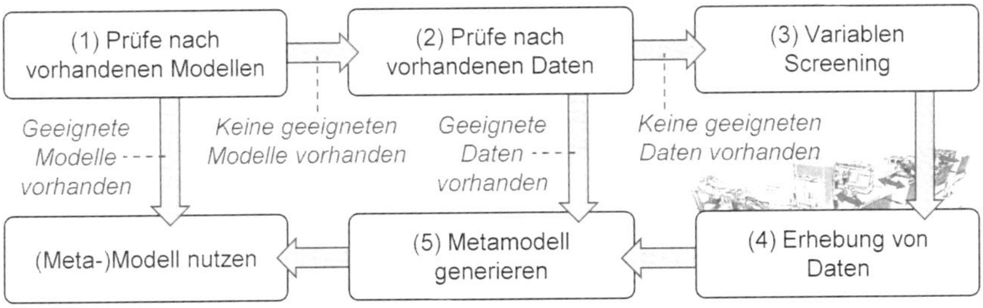

Abbildung 6-4: Vorgehen zur Ermittlung bzw. Generierung der Modelle zur Prognose relevanter Bauteileigenschaften

Procedure for Determining or Generation the Models for the Prediction of Relevant Component Characteristics

Ist kein geeignetes Modell vorhanden, prüfen Anwendende in ***Schritt 2***, ob Daten zur Generierung eines Modells mittels der Metamodellierung vorhanden sind. Sind keine Daten vorhanden, erheben Anwendende die benötigten Daten durch experimentelle Untersuchungen. Da diese Untersuchungen i. d. R. mit einem erhöhten Aufwand verbunden sind, werden diese nicht unmittelbar durchgeführt. Daher wird in ***Schritt 3*** des entwickelten Vorgehens zunächst ein Variablen Screening durchgeführt. Darin werden Experten*innenwissen sowie Literaturquellen angewandt, um Inputgrößen für das Modell (Bauteileigenschaften und Prozessparameter), durch die ein Einfluss auf das Ergebnis bzw. die zu modellierende Bauteileigenschaft erwartet wird, zu identifizieren. Wurden die Inputgrößen (auch als Faktoren bezeichnet) identifiziert, werden diese in die erweiterte Fertigungshistoriendarstellung eingetragen, wobei das Modell zunächst als Black-Box aufgeführt wird, und das rückwärtsgerichtete Vorgehen zur Ermittlung der Modelle wird fortgeführt. Der Vorteil des Variablen Screenings ist, dass mit vergleichsweise geringem Aufwand (vgl. formale Anforderungen an die Methodik) ermittelt wird, für welche und wie viele Modelle Daten in experimentellen Untersuchungen zu erheben sind. Somit kann die Versuchsplanung (anstelle einer prozessindividuellen Auslegung) auf alle fehlenden Daten zur Fertigungsprozessfolge ausgelegt und in ***Schritt 4*** durchgeführt werden.

Zur Unterstützung von Methodikanwendenden bei der Versuchsplanung werden im Folgenden ***Methoden der (statistischen) Versuchsplanung*** erläutert und für die entwickelte Methodik adaptiert. Für Grundlagen der statistischen Versuchsplanung (bspw. zur Festlegung der Anzahl an Wiederholungen gleicher Versuche) wird auf SIEBERTZ et al. [SIEB17] und SCHNEIDER [SCHN20, S. 255 ff.] verwiesen. Erfahrungsgemäß sind experimentelle Untersuchungen von Fertigungsprozessfolgen sehr aufwändig, wobei der Aufwand mit steigender Prozessanzahl exponentiell steigt. Dies stellt insbesondere bei vollfaktoriellen Versuchsplänen eine große Herausforderung dar, weil eine hohe Anzahl unterschiedlicher Faktorkombinationen untersucht werden, vgl. Abbildung 6-5 (a). Um den Versuchsaufwand zu reduzieren, sollten Anwendende prüfen, ob die Prozessfolge in mehrere, featurebezogene Prozessfolgen unterteilt werden kann. Bspw. kann eine Prozessfolge zur Herstellung von Ritzelwellen in eine Folge zur Fertigung der Lagerabsätze (Drehen, Härten, Außenrundschleifen) sowie in eine Folge zur Fertigung der Verzahnung (Drehen, Vorverzahnen, Härten, Verzahnungsschleifen) aufgeteilt werden. Die dem Drehen nachfolgenden Schritte (mit Ausnahme des Härteprozesses) beeinflussen ledig einzelne Feature (Lagerabsätze oder Verzahnung), sodass keine Abhängigkeiten zwischen den beiden Prozessfolgen vorliegen. Somit können einzelne Parameter der beiden featurebezogenen Prozessfolgen gleichzeitig und unabhängig voneinander variiert und untersucht werden.

Entsprechend der Zielstellung der entwickelten Methodik (prozessübergreifende Optimierung) wird eine teilfaktorielle Versuchsplanung empfohlen. Als Methode für die initiale Versuchsplanung wurde das sog. ***Latin Hypercube Verfahren*** identifiziert. Innerhalb dieses Verfahrens wird ein Faktorraum (als Kombination der Faktorbereiche) durch die zufällige Verteilung von Stützstellen (spätere Versuchspunkte) abgebildet. Die einzelnen Faktorbereiche werden jeweils in n gleich große Intervalle unterteilt, sodass eine Matrix entsteht. Die Stützstellen werden im Faktorraum so verteilt, dass in jedem Intervall genau eine Stützstelle liegt. Abbildung 6-5 (b) zeigt eine entsprechende Verteilung im zweidimensionalen Raum. Die Verteilung der Stützstellen erfolgt automatisiert, wobei unterschiedliche Kriterien (z. B. Minimierung der maximalen Distanz oder Maximierung der minimalen Distanz zwischen den Stützstellen) zur Füllung des Faktorraumes ausgewählt werden können [MYER16, S. 568]. Die als klassisch bezeichnete Variante des Latin Hypercube Verfahrens ist nachteilig, wenn einzelne Faktoren oder Faktorbereiche unterschiedlich detailliert aufgelöst werden sollen. Ein Grund hierfür liegt z. B. darin, dass Experten*innen optimierte Prozessparameter in einem bestimmten Bereich erwarten und zeitgleich keine potenziellen

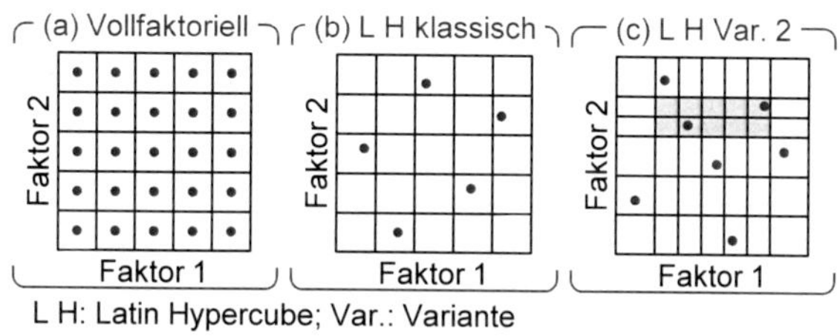

Abbildung 6-5: Versuchsplanung mit Latin Hypercube

Design of Experiments with Latin Hypercube

Lösungen ausschließen wollen. Ein geeigneter, neu entwickelter Lösungsansatz ist eine Anpassung bzw. Erweiterung des Latin Hypercube Verfahrens um zwei Aspekte: Das Kriterium, dass alle Intervalle dieselbe Größe aufweisen, entfällt. Ebenso wird das Kriterium, das festlegt, dass in jedem Intervall genau eine Stützstelle liegt, dahingehend angepasst, dass mehrere (möglichst gleichverteilte) Stützstellen möglich sind.

Nach der Definition des Versuchsplans durch Methodikanwendende werden die experimentellen Untersuchungen in Schritt 4 durchgeführt, um die notwendigen Daten zu erheben. Für detaillierte Informationen zur Datenerhebung in Fertigungsprozessfolgen, zur Zuordnung von Daten zu Bauteilen sowie zur Datenspeicherung sei auf BECKERS et al. [BECK22] verwiesen. Nach der Datenerhebung folgt in ***Schritt 5*** die Metamodellierung auf der Basis der erhobenen Daten. Hierfür stehen Anwendenden die verschiedenen zuvor beschriebenen Modellierungsmethoden zur Verfügung, vgl. HITZ [HITZ12]. Da die Daten in experimentellen Untersuchungen erhoben wurden und Zufallsfehlern unterliegen, sind Regressionen zur Approximation von Stützstellen (bspw. lineare oder quadratische (multivariate) Regressionen) zu priorisieren.

In diesem Zusammenhang ist aufzuführen, dass viele der Ansätze zur Approximation von Stützstellen auf der Methode der kleinsten Fehlerquadrate basieren. Diese etablierte Methode ist insbesondere geeignet für homogene Datensätze, wie bspw. Daten aus experimentellen Untersuchungen einer Versuchsreihe [SIEB17, S. 232 ff.]. Ziel der im Rahmen dieser Arbeit entwickelten Methodik ist, ausreichend gute Vorhersagen bei geringen Datenmengen zu treffen. Hierfür bieten neben den Ergebnissen experimenteller Untersuchungen auch heuristische Modelle bzw. Technologiewissen hohes Potenzial. So könnte bspw. ein*e Experte*in weitere Stützstellen ergänzen (siehe Abbildung 6-6), die nicht durch vorhandene Daten abgedeckt werden.

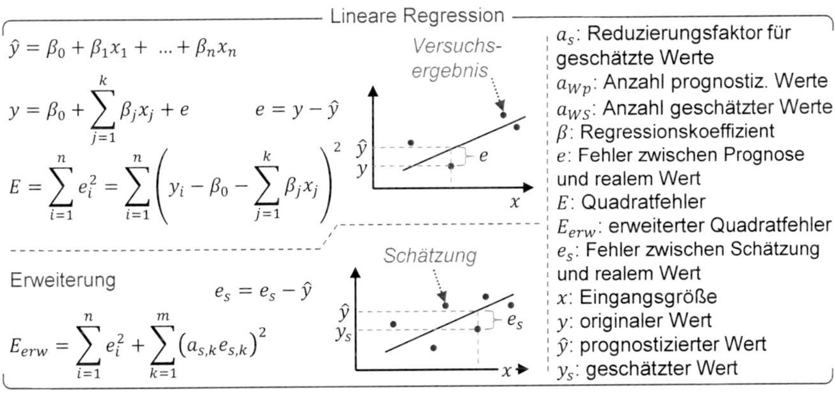

Abbildung 6-6: Lineare Regression mit Erweiterung durch geschätzte Werte

Linear Regression Extended by Estimated Values

Da Informationen aus heuristischen Modellen bzw. Technologiewissen mit Unsicherheiten behaftet sind (vgl. REY [REY20]) wurde im Rahmen der Methodikentwicklung in dieser Arbeit ein Ansatz zur ***Erweiterung der Methode der kleinsten Fehlerquadrate*** entwickelt. Wie die Formeln in Abbildung 6-6 zeigen, werden Fehler zwischen Prognose und originalem Wert (e) sowie Fehler zwischen Prognose und (durch Experten*innen) geschätztem Wert (e_s) unterschieden. Diese Unterscheidung ermöglicht, dass die Gewichtung des Fehlers e_s auf die Bestimmung der Koeffizienten und somit auf das Modell durch einen sog. Reduzierungsfaktor a_s angepasst werden kann. Somit wird das Experten*innenwissen bei der Modellierung berücksichtigt, jedoch unabhängig von den Versuchsergebnissen gewichtet. Auf diese Weise kann der Reduzierungsfaktor a_s je nach Glaubwürdigkeit der Information angepasst werden. Wie die Glaubwürdigkeit von Informationsquellen im Rahmen der Technologieplanung bewertet werden kann, wird detailliert in der Dissertation von REY erläutert [REY20].

Verknüpfung zu prozessübergreifenden Modellen

Nachdem für alle relevanten Bauteileigenschaften mithilfe des rückwärtsgerichteten, systematischen Vorgehens Modelle generiert bzw. vorhanden sind, folgt die Verknüpfung der einzelnen Modelle zu einem prozessübergreifenden Modell durch die Anwendenden. Hierfür müssen alle Modelle in einer analytischen Form vorliegen. Mit Modellen, die nicht in analytischer Form vorliegen, sind Stützstellen zu generieren, welche zur Metamodellierung genutzt bzw. somit in eine analytische Form überführt werden. Aufgrund des systematischen Vorgehens und insbesondere der Berücksichtigung der Input-Zustände in den Modellen wird es ermöglicht, dass die Input-Bauteileigenschaften durch Modelle vorgelagerter Prozesse ersetzt werden, sodass ein prozessübergreifendes Modell resultiert. Abbildung 6-7 zeigt ein abstrahiertes Beispiel für die Generierung eines prozessübergreifenden Modells. Dargestellt sind zwei Fertigungsprozesse mit je einem Prozessparameter (*f*, *g*), zwei relevante Bauteileigenschaften (A_x und B_x) sowie die Modelle (A2, B1 und B2) zur Prognose der Bauteileigenschaften. Während die finale Bauteileigenschaft A_2 unmittelbar durch das Modell A2 (Input-Größen *g* und A_0) abgebildet wird, ist für die Modellierung der Eigenschaft B_2 ein verknüpftes Modell notwendig. Die für das Modell B2 erforderliche Bauteileigenschaft B_1 wird als Übergabegröße durch das Modell B1 abgebildet, wobei *f* sowie A_0 Input-Größen sind. Das resultierende, verknüpfte Modell hängt somit ausschließlich von Prozessparametern sowie den Bauteileigenschaften am Anfang der Fertigungsprozessfolge ab.

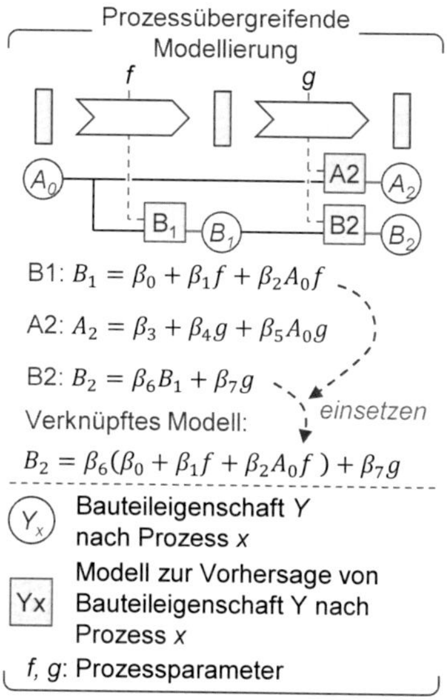

Abbildung 6-7: Prozessübergreifende Modellierung

Cross-process Modelling

Insgesamt ermöglichen das entwickelte (rückwärtsgerichtete) Vorgehen zur Generierung prozessübergreifender Modelle, das Vorgehen zur Ermittlung und Generierung von Metamodellen sowie der Ansatz zur Verknüpfung von Metamodellen Anwendenden, Bauteileigenschaften in Fertigungsprozessfolgen (auch bei geringer Datengrundlage) zu prognostizieren. Hierdurch wird der erste Teil der Forschungsfrage hinsichtlich der Ermittlung der finalen Bauteileigenschaften beantwortet.

6.1.2 Bewertung von Unsicherheiten entlang von Fertigungsprozessfolgen

Evaluation of Uncertainties along Manufacturing Process Sequences

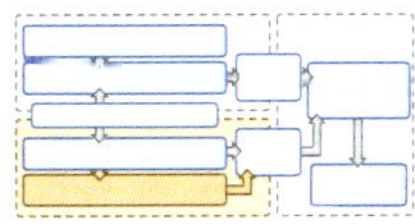

Durch Anwendung der Entwicklungen aus Abschnitt 6.1.1 werden prozessübergreifende Modelle zur Prognose finaler Bauteileigenschaften generiert. Insbesondere bei geringer Datengrundlage, der Integration von heuristischen Modellen und Experten*innenwissen sowie durch die Verknüpfung von Modellen innerhalb von Prozessfolgen unterliegen die getroffenen Prognosen Unsicherheiten. Nach einer Erläuterung des dieser Arbeit zugrundeliegenden Verständnisses von Unsicherheiten wird die Entwicklung einer Methode zur Bewertung von Unsicherheiten in bzw. entlang von Fertigungsprozessfolgen (vgl. Forschungsfrage 1) vorgestellt.

KLIR beschreibt Unsicherheit als Maß für ein Informationsdefizit, das dazu führt, dass Resultate von Vorgängen nicht exakt vorhergesagt werden können. Die Ursachen für Unsicherheiten sind vielfältig und umfassen u. a. fehlende, ungenaue oder widersprüchliche Informationen. [KLIR06, S. 6 ff.] Unsicherheiten werden dabei in die zwei Kategorien aleatorisch (zufallsbezogen) und epistemisch (wissensbezogen) unterteilt, vgl. Abbildung 6-8. ***Aleatorische Unsicherheiten*** beziehen sich auf systeminhärente Phänomene wie natürliche Schwankungen eines Systems oder seiner Umgebung. [SULL15, S. 3] Da diese Schwankungen zufällig auftreten, können aleatorische Unsicherheiten nicht reduziert werden. Bei ausreichender Informationsgrundlage sind diese Informationen durch Wahrscheinlichkeitsverteilungen beschreibbar. [MIGN18] Demgegenüber resultiert eine ***epistemische Unsicherheit*** aus unzureichendem Wissen bezüglich eines Phänomens, eines System oder seiner Umgebung [FLAG13]. Diese Unsicherheiten können durch zusätzliche Informationen reduziert werden, wie auch der Ansatz von REY zeigt [REY20]. Für die Bewertung von Unsicherheiten in der vorliegenden Arbeit sind beide Kategorien zu berücksichtigen, da zufällige Schwankungen (z. B. Prozessstreuungen) sowie unzureichend modellierbare Systemverhalten (z. B. wegen unzureichender Datengrundlage) die Systemantwort (Bauteileigenschaften) von Prozessen beeinflussen.

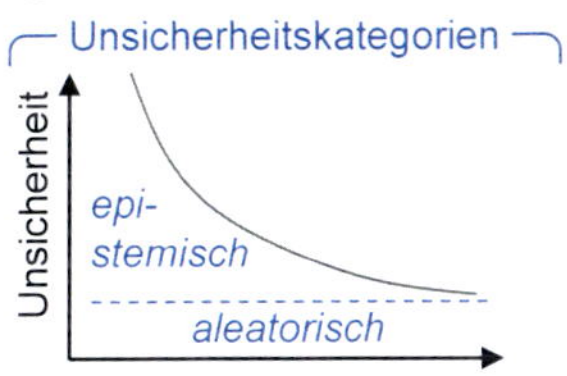

Abbildung 6-8: Unsicherheiten

Uncertainties

Die Erklärung der im Rahmen der entwickelten Methodik relevanten Unsicherheiten erfolgt anhand des Beispiels einer linearen Regression. Die Regression bzw. das ermittelte Modell basiert auf den in Abbildung 6-6 dargestellten Formeln (zur linearen

Regression) sowie zufällig gewählten Datenpunkten. Wie oben erläutert, werden zur Prognose von Output-Bauteileigenschaften eines Fertigungsprozesses sog. Prozessmodelle eingesetzt. Für die Generierung dieser Prozessmodelle und insbesondere die in dieser Arbeit schwerpunktmäßig angewandten empirischen Modelle werden i. d. R. Regressionen der Datenpunkte angewandt (vgl. Abschnitt 6.1.1), sodass eine lineare Regression ein relevantes Beispiel darstellt. Als Maß zur Bewertung der Regressionsgüte wird häufig das Bestimmtheitsmaß (R^2) verwendet, vgl. Abbildung 6-9. Dieses Maß gibt das Verhältnis zwischen der sog. Regressionsquadratsumme (SSR) sowie der Quadratsumme der Gesamtabweichung (SST) an [SIEG16, S. 358]. Hierdurch wird ausgedrückt, welcher Anteil der Gesamtabweichung der Systemantworten durch das Modell erklärt wird. Wie die Abbildung zeigt, weichen die prognostizierten Werte $\hat{y}$ von den tatsächlichen Werten y ab, sodass keine exakten Prognosen sichergestellt werden können. Die Wahrscheinlichkeit und das Ausmaß, mit welchem tatsächliche Werte von prognostizierten Werten abweichen, definiert die ***Unsicherheiten*** innerhalb der entwickelten Methodik. Dabei setzt sich die Gesamtunsicherheit prozessübergreifender Modelle, wie oben beschrieben, aus den aleatorischen und epistemischen Unsicherheiten zusammen.

Bestimmtheitsmaß R^2

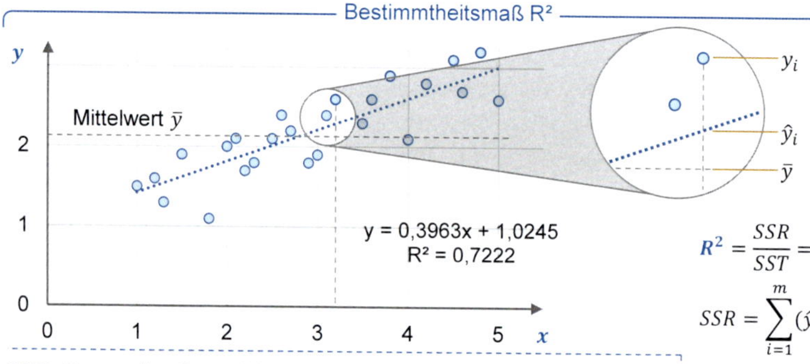

$$R^2 = \frac{SSR}{SST} = 1 - \frac{SSE}{SST}$$

$$SSR = \sum_{i=1}^{m} (\hat{y}_i - \bar{y})^2$$

$$SST = \sum_{i=1}^{m} (y_i - \bar{y})^2$$

$$SSE = \sum_{i=1}^{m} (y_i - \hat{y}_i)^2$$

SSR: Regression Sum of Squares (Regressionsquadratsumme)
SST: Total Sum of Squares (Quadratsumme der Gesamtabweichung)
SSE: Error Sum of Squares (Residuenquadratsumme)
$\bar{y}$: Mittelwert der Systemantworten y_i: Systemantwort i
$\hat{y}_i$: Prognostizierte Systemantworten i m: Anzahl Systemantworten

Abbildung 6-9: Ermittlung des Bestimmtheitsmaßes R^2

Calculation of the Coefficient of Determination (R-Squared, R^2)

Entsprechend Forschungsfrage 1 galt es zu ermitteln, wie einzelne Modellunsicherheiten bezogen auf die finalen Bauteileigenschaften zu bewerten sind. Hierfür sollen Anwendende dazu befähigt werden, die Unsicherheit hinsichtlich einer prognostizierten Bauteileigenschaft zu bewerten und Stellhebel für die effiziente Reduzierung von Unsicherheiten zu identifizieren. Das Maß für die Unsicherheit, stellt wie oben erläutert, die Wahrscheinlichkeit sowie das Ausmaß von Abweichungen des prognostizierten zum tatsächlichen Prozessergebnis (Bauteileigenschaft) dar. Für die Bewertung von Unsicherheiten wird angenommen, dass Streuungen normalverteilt sind. Liegt keine Normalverteilung vor, ist das grundsätzliche Vorgehen ebenfalls anwendbar, wobei die im Folgenden erläuterten Formeln zur Berechnung prozessübergreifender Unsicherheit nicht unmittelbar anwendbar sind. In diesem Fall ist durch Anwendende in Abhängigkeit der vorliegenden Verteilungen zu prüfen, ob eine Annäherung an die Normalverteilung möglich ist (bspw. bei einer t Verteilung oder einer Poissonverteilung mit hoher Ereignisrate [RUMS16, S. 267 ff.]), ob alternative Verrechnungsregeln bekannt sind oder ob rechnergestützte Methoden genutzt werden können. Bspw. nutzt MÜLLER in seiner Dissertation die Monte-Carlo-Simulation zur Verrechnung von Verteilungen [MÜLL18, S. 108 f.].

Entwicklung der Methode zur Bewertung der Unsicherheit

Bei der Entwicklung einer Methode zur Bewertung der Unsicherheit bezogen auf eine prognostizierte Output-Bauteileigenschaft wurden zunächst verschiedene Unsicherheitsbestandteile, die in nachfolgenden Schritten zu berücksichtigen sind, identifiziert und untersucht. Zu diesen Bestandteilen zählt die Standardabweichung der Residuen (Differenz zwischen der realen Systemantwort y_i und der prognostizierten Systemantwort $\hat{y}_i$), welche aus der Residuenquadratsumme (SSE) abgeleitet wird. Wie in Abbildung 6-10 (a) dargestellt ist, kann diese Abweichung ohne eine Streuung der Input-Variablen (z. B. bei konstanten Prozessparametern und gleichen Input-Bauteileigenschaften) entstehen. Ursachen hierfür können sowohl ein ungenaues Modell (epistemische Unsicherheit) als auch zufällige Prozessstreuungen (aleatorische Unsicherheit) sein. Um den Anteil der aleatorischen Unsicherheit an einem Arbeitspunkt zu ermitteln, können Anwendende Wiederholversuche (bei konstanten Input-Größen) durchführen und die Varianz der Systemantworten bewerten. Dabei wird angenommen, dass die Messmittelfähigkeit bei der Ermittlung von Bauteileigenschaften in ausreichendem Ausmaß gegeben ist. Für die Ermittlung von Varianzen wird auf MITTAG [MITT12, S. 64 ff.] verwiesen.

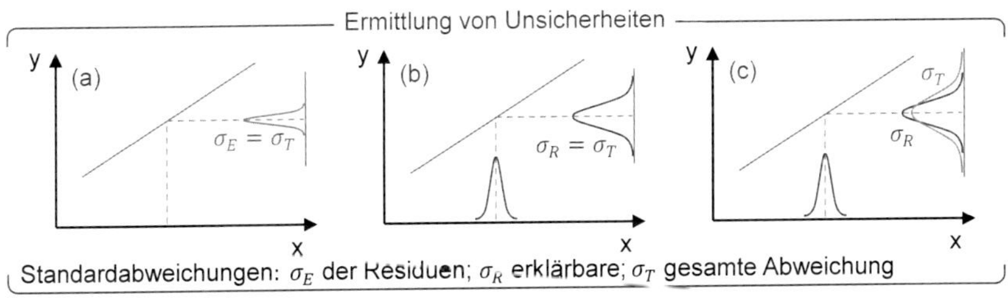

Abbildung 6-10: Alternative Fälle hinsichtlich der Standardabweichung von Modell-Outputs

Alternative Cases Regarding the Standard Deviation of Model-Outputs

Des Weiteren existieren Unsicherheiten bzgl. einer Systemantwort, wenn die Input-Größen unsicherheitsbehaftet sind (z. B. bei schwankenden Werkstoffkennwerten des Rohmaterials). Diesbezüglich ist in Abbildung 6-10 (b) der Fall dargestellt, dass durch das Modell die gesamte Streuung der Systemantworten erklärt wird ($\sigma_R = \sigma_T$, da SSE = 0). Da die Input-Größe streut, liegt hierbei eine Streuung der Output-Größe vor. Der dritte Fall (c) in der Abbildung zeigt die Verknüpfung der Fälle (a) und (b). Hierbei resultiert die Gesamtunsicherheit bzgl. einer prognostizierten Systemantwort sowohl aus der erklärbaren als auch nicht erklärbaren Streuung. Etablierte Kennwerte für die Beschreibung des SSE stellen der sog. Mean Squared Error (MSE) sowie Root Mean Squared Error (RMSE) dar [RYBE15, S. 45 ff.]. Für die Berechnung des MSE wird der SSE bei linearen Regressionen durch die Anzahl an Beobachtungen [RYBE15, S. 47 f.] und bei multivariaten Regressionen durch die Anzahl der Beobachtungen abzüglich der Anzahl an erklärenden Parametern geteilt [ABDU21].

Da das Ziel der entwickelten Methode die Bewertung von Unsicherheiten entlang von Prozessfolgen ist, reicht die prozessindividuelle Unsicherheitsbewertung nicht aus. Die Ursache dafür liegt in der Verkettung der einzelnen Modelle bzw. in der Verwendung von Bauteileigenschaft als Übergabegrößen zwischen den Modellen. Entsprechend etablierter Ansätze zur ***Fehlerfortpflanzung*** wie die von ARRAS oder SURI und OTTO ist der Einfluss eines Fehlers bzw. einer Streuung einer Input-Größe abhängig davon, welchen Einfluss die entsprechende Größe auf den Modell-Output hat, vgl. ARRAS [ARRA98] sowie SURI und OTTO [SURI01]. Wie in Abbildung 6-11 links beispielhaft dargestellt ist, weisen die resultierenden Streuungen a und b trotz gleicher Input-Streuung bei a_0 und b_0 signifikante Unterschiede auf, da die Steigung der Funktion (der Einfluss des Inputs auf den Output) nicht konstant ist. Durch die Übergabe des Outputs von Modell 1 an Modell 2 wird deutlich, wie sich die Streuung fortpflanzt. Aufgrund unterschiedlich starker Einflüsse von Prozessparametern und Input-Bauteileigenschaften auf Output-Bauteileigenschaften sowie der Weitergabe von Unsicherheiten dadurch, dass die Output-Bauteileigenschaften eines Prozesses Input für den Folgenden sind, wurde das Konzept der Fehlerfortpflanzung für die Entwicklung der Methode zur Bewertung von Unsicherheiten in Fertigungsprozessfolgen zugrunde gelegt.

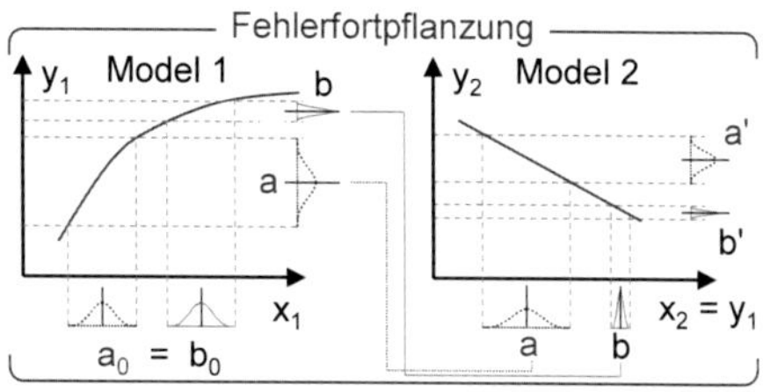

Abbildung 6-11: Grundlagen der Fehlerfortpflanzung i. A. a. SURI and OTTO [SURI01]

Foundations Error Propagation Referring to SURI and OTTO [SURI01]

Entwicklungsansatz für die o. g. Herausforderung war die Untersuchung, ob und (falls möglich) wie ein prozessübergreifendes Bestimmtheitsmaß R^2 ermittelt werden kann und wie dieses Maß von den Bestimmtheitsmaßen der einzelnen Prozesse abhängt. Ziel davon war, dass die Unsicherheit durch die Fehlerfortpflanzung und die Prozessstreuungen bewertbar wird. Dabei ist zu berücksichtigen, dass das Bestimmtheitsmaß die Güte von Regressionen beschreibt und nicht für jedes Modell geeignet ist. Ein Ergebnis dieser Untersuchungen hinsichtlich des zuvor genannten Ansatzes ist in Abbildung 6-12 dargestellt. Neben der in Abbildung 6-9 vorgestellten Regression wurde eine weitere Regression 2 für einen beispielhaften Fertigungsprozess ermittelt. Hierbei bildet die Output-Größe y von Regression 1 (Modell für den ersten Fertigungsprozess) den Input für Regression 2. Ergänzend ist in der Abbildung die Regression 3 dargestellt, welche x direkt auf z abbildet. Der den Regressionen zugrundeliegende Datensatz ist in Abbildung 10-1 im Anhang enthalten. Abbildung 6-12 zeigt, dass das Bestimmtheitsmaß R^2 der prozessübergreifenden Regression 3 geringer als die Bestimmtheitsmaße der einzelnen Regressionen ist, was auf die oben erläuterte Fortpflanzung von Unsicherheiten zurückzuführen ist. Außerdem wurde die Gleichung von Regression 1 in Regression 2 eingesetzt, um entsprechend des in Abschnitt 6.1.1 erläuterten Vorgehens ein prozessübergreifendes Modell A zu bilden. Auf Basis dieses Modells wurden ein Bestimmtheitsmaß R^2 sowie der RMSE ermittelt und mit dem R^2 sowie RMSE von Regression 3 verglichen. Dieser Vergleich zeigt Unterschiede bzgl. der Funktionsgleichungen auf. Zudem weist das Modell A ein höheres Bestimmtheitsmaß und einen höheren RSME (je niedriger desto besser) als die Regression 3 auf, wodurch ein Widerspruch verdeutlicht wird. Das R^2 eignet sich für die Beschreibung prozessübergreifender Regressionen, gilt jedoch nicht für verknüpfte Regressionen (wie das prozessübergreifende Modell A). Die direkte Ermittlung einer prozessübergreifenden Regression (wie in der Abbildung gezeigt) ist nicht ausreichend, da weder die Identifikation von prozessindividuellen Stellhebeln noch die Bewertung der Auswirkungen einzelner Modellunsicherheiten auf die Prozessfolge ermöglicht werden.

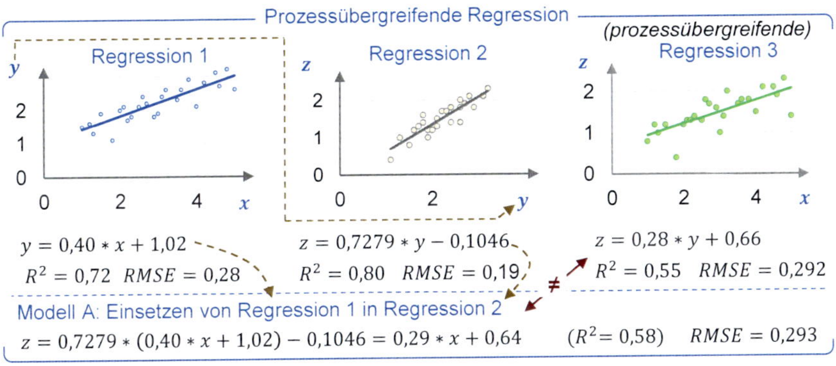

Abbildung 6-12: Prozessübergreifende Regression und Modellierung

Cross-process Regression and Modelling

Da das Bestimmtheitsmaß allein somit nicht alle Anforderungen erfüllt, wurden alternative Entwicklungsansätze (vgl. ARRAS [ARRA98], SIEBERTZ et al. [SIEB17, S. 236 ff.] und RYBERG et al. [RYBE15, S. 45 ff.]) sowie die Kombination von Ansätzen hinsichtlich ihrer Eignung für die vorliegende Fragestellung zur prozessübergreifenden Modellierung und Unsicherheitsbewertung untersucht. Als am besten geeigneter Ansatz wurden die Fehlerfortpflanzung bzw. die Fortpflanzung von Varianzen nach ARRAS für lineare, multivariate Modelle bewertet. In diesem Ansatz wird die durch die Regression erklärbare Standardabweichung σ_R mittels der Input-Varianz sowie der Steigung der

Funktion ermittelt [ARRA98], vgl. Abbildung 6-13 (b). Durch die Integration des Bestimmtheitsmaßes in den Ansatz von ARRAS wird es ermöglicht, die Gesamtvarianz $\sigma_{y,T}^2$ (im vorliegenden Beispiel 0,29) zu ermitteln, welche die Input-Varianz für das nachfolgende Modell darstellt. Da diese Output-Varianz wiederum Input für den nachfolgenden Prozess ist, wird diese zur Ermittlung der Gesamtvarianz $\sigma_{z,T}^2$ genutzt (im Beispiel 0,19, siehe (d) in der Abbildung). Der in der Abbildung dargestellte Fall mit jeweils einer Input-Variablen ist unmittelbar auf den multivariaten Fall übertragbar [ARRA98]. Der Vergleich der ermittelten Varianzen mit den Varianzen der Datenpunkte (vgl. auch Abbildung 10-1 im Anhang) zeigt, dass die korrekten Werte ermittelt wurden und somit die Weitergabe von Varianzen aus einzelnen Modellen grundsätzlich bewertbar ist, vgl. Abbildung 6-13 (a) rechts.

Berechnung der Varianzfortpflanzung

(a)

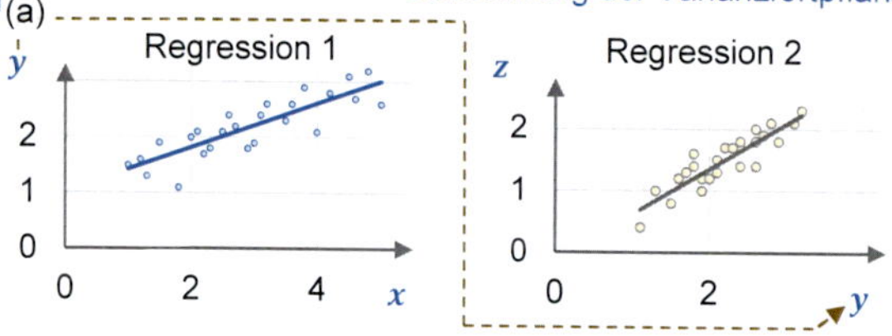

$y = 0{,}3963 * x + 1{,}0245$

$R_{xy}^2 = 0{,}72 \; RMSE = 0{,}28$

$z = 0{,}7279 * y - 0{,}1046$

$R_{yz}^2 = 0{,}80 \; RMSE = 0{,}19$

	x	y	z
...	...	...	...
...	...	...	...
...	...	...	...
$\bar{x}, \bar{y}, \bar{z}$	2,94	2,19	1,49
$\sigma_{i,T}$	1,15	0,54	0,44
$\sigma_{i,T}^2$	1,32	0,29	0,19

(b)

$$\boldsymbol{\sigma_{y,R}} = \left.\frac{\delta f_{xy}}{\delta x}\right|_{x=\bar{x}} * \sigma_{x,T} = 0{,}3963 * 1{,}15 = 0{,}46 \qquad \boldsymbol{\sigma_{y,T}}^2 = \frac{{\sigma_{y,R}}^2}{R_{xy}^2} = \frac{0{,}46^2}{0{,}72} = 0{,}29$$

(c)

$$\boldsymbol{\sigma_{z,T}}^2 = \frac{{\sigma_{z,R}}^2}{R_{yz}^2} = \frac{\left(\left.\frac{\delta f_{yz}}{\delta y}\right|_{y=\bar{y}} * \sigma_{y,T}\right)^2}{R_{yz}^2} = \frac{\left(\left.\frac{\delta f_{yz}}{\delta y}\right|_{y=\bar{y}} * \frac{1}{\sqrt{R_{xy}^2}} * \left.\frac{\delta f_{xy}}{\delta x}\right|_{x=\bar{x}} * \sigma_{x,T}\right)^2}{R_{yz}^2}$$

(d)

$$\boldsymbol{\sigma_{n,T}}^2 = \frac{\left(\sigma_{0,T} * \prod_{i=1}^{n} \left.\frac{\delta f_i}{\delta v_i}\right|_{v=\bar{v}_i}\right)^2}{\prod_{i=1}^{n} R_i^2} \qquad \boldsymbol{\sigma_{z,T}}^2 = \frac{\left(0{,}7279 * \frac{1}{\sqrt{0{,}72}} * 0{,}3963 * 1{,}15\right)^2}{0{,}8} = 0{,}19$$

R_{ij}^2: Bestimmtheitsmaß für i als Input- und j als Outputgröße
$\bar{a}$: Mittelwert von a
$\sigma_{i,R}$: Erklärbare Standardabweichung von i
$\sigma_{i,T}^2$: Erklärbare Varianz von i
$\sigma_{i,T}$: Gesamtstandardabweichung von i
$\sigma_{i,T}^2$: Gesamtvarianz von i

Abbildung 6-13: Formale Zusammenhänge zur Ermittlung der Fortpflanzung von Varianzen

Formal Interrelationships for the Determination of Variance Propagation

Methode zur Bewertung von Unsicherheiten entlang von Fertigungsprozessfolgen

Durch die Kombination verschiedener Ansätze zur Bewertung von Regressionsmodellen sowie zur Fehlerfortpflanzung wurde die Methode zur Bewertung von Unsicherheiten entlang von Fertigungsprozessfolgen auf Basis der Ausführungen oben entwickelt.

Die Methode basiert auf der Annahme, dass die Streuungen von Bauteileigenschaften normalverteilt (wie oben erläutert) und näherungsweise konstant bezogen auf eine Input-Größe sind. Für die Anwendung benötigen Anwendende neben den Modellen der einzelnen Fertigungsprozesse die jeweiligen (Root) Mean Squared Error für die Modelle sowie (falls existent) die Streuung der Input-Größen. Ein Beispiel für eine streuende Input-Größe sind geringfügig schwankende Aufmaße beim Eingangsmaterial. Unterschieden werden die Fälle, in denen Inputgrößen wie Prozessparameter oder Bauteileigenschaften einen spezifischen Wert bzw. keine messbare Streuung aufweisen (Fall A) oder einer Verteilung (Fall B) unterliegen.

Fall A (keine messbare Streuung von Input-Größen) ist in Abbildung 6-14 links dargestellt. Unter der Annahme, dass die Streuung der Output-Größen näherungsweise konstant um die prognostizierten Werte verteilt ist (gleich breite Streuung an allen Arbeitspunkten), entspricht die Varianz der Residuen dem MSE. Hierbei entspricht die Unsicherheitsbewertung eines Arbeitspunktes bei linearen Modellen der Bewertung aller weiteren Arbeitspunkte. Gilt die getroffene Annahme nicht, ist die Methode weiterhin anwendbar. Allerdings steigt der Aufwand der Anwendung, da die erwartete Verteilung der Residuen für die verschiedenen Arbeitspunkte (z. B. durch Wiederholversuche) zu ermitteln ist. Als Maß für die zu prognostizierende Unsicherheit der Bauteileigenschaften verwenden Anwendende innerhalb der entwickelten Methodik den RMSE.

Falls eine Streuung der Input-Größe vorliegt (Fall B), müssen Anwendende die Input-Varianz mit der durch das Modell erzeugten Varianz kombinieren. Hierfür sind (entsprechend der Rechenregeln für Varianzen [KOSF19, S. 356 ff.]) die Varianzen vom Input sowie des Modells (entsprechend der MSE) zu summieren, wobei die Einflussstärke der Inputgröße auf den Output (entsprechend der Steigung des Modells) zu berücksichtigen ist. Die Steigung ist entsprechend der obigen Ausführungen zu quadrieren, siehe Abbildung 6-13. Die daraus abgeleitete Formel zur Ermittlung der summierten Varianz ist in der Abbildung 6-14 für Fall B angegeben.

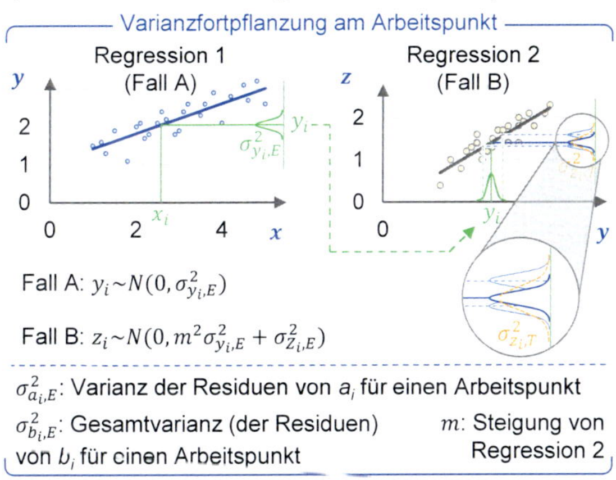

Abbildung 6-14: Varianzfortpflanzung am Arbeitspunkt

Variance Propagation at an Operation Point

An dieser Stelle (der Multiplikation der Streuung bzw. Unsicherheit mit der Steigung) wird deutlich, dass die ***Varianzfortpflanzung bei Funktionen höherer Ordnungen*** sowie bei Interaktionstermen zwischen zwei Variablen nicht, wie im linearen Fall, konstant über den gesamten Gültigkeitsbereich der Funktion ist, da die Steigung variiert bzw. vom Arbeitspunkt abhängt. Hierfür ist es seitens der Anwendenden zur Lösung der Herausforderung notwendig, die Funktion an ausgewählten Arbeitspunkten bzw. für definierte Bereiche zu linearisieren. Beispiele zur Linearisierung einer Funktion sind in Abbildung 6-15 dargestellt. In Beispiel (A) unterteilen Anwendende die Funktion in gleich breite Intervalle und linearisieren die Funktion jeweils in der Intervallmitte. Dieses Vorgehen ist mit geringem Aufwand (auch bei multivariaten Funktionen) anwendbar, wobei die verschiedenen Intervalle der einzelnen Variablen zu kombinieren sind. Bei der zweiten Möglichkeit (B) wird die Funktion an einem Startpunkt linearisiert. Anschließend werden die Abweichung der linearisierten von der ursprünglichen Funktion ermittelt und das Intervall bei Erreichung einer definierten Abweichung festgelegt. Vorteil hiervon ist, dass die ursprüngliche Funktion i. d. R. mit weniger Intervallen als in Fall (A) abgebildet wird. Zu beachten ist, dass für multivariate Funktionen weitere Regeln für Fall (B) zu definieren sind, sodass hier die konstanten Intervalle (A) im Sinne des Aufwand-Nutzen-Verhältnisses sowie für die Vermeidung von Fehlern zu präferieren sind. Liegen neben dem Modell (bzw. der Funktion) die einzelnen, ursprünglichen Datenpunkte vor, besteht ebenso die Möglichkeit diese als Linearisierungspunkte (Mittelpunkte) zu nutzen, vgl. Abbildung 6-15 (C). Wurde ein Modell linearisiert, können Anwendende entsprechend der o. g. Formeln die Fortpflanzung der Varianz für die einzelnen Intervalle ermitteln und anschließend den Durchschnitt bilden. Hierbei ist zu beachten, dass in Fall (B) die einzelnen Intervalle entsprechend ihrer Breite bei der Ermittlung der durchschnittlichen Fortpflanzung der Varianz zu gewichten sind. Dies gilt ebenso für den Fall (C) falls die einzelnen Daten eine ungleiche Verteilung im Gültigkeitsbereich aufweisen. Ein Anwendungsbeispiel hierfür ist im nachfolgenden Abschnitt 6.1.3 dargestellt.

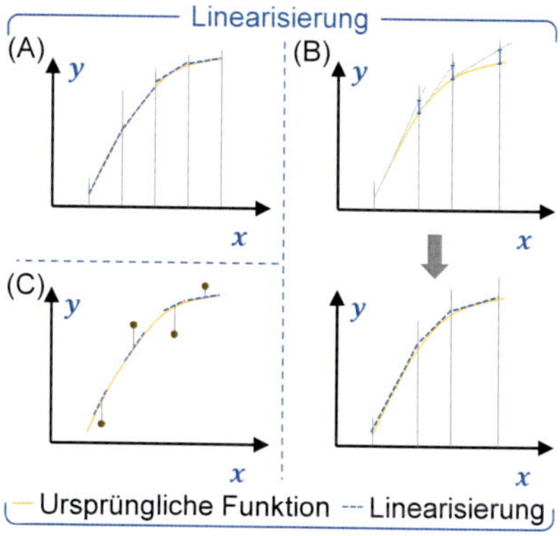

Abbildung 6-15: Beispiele der Linearisierung

Examples of Linearization

Wie in Abschnitt 6.1.1 beschrieben, können Modelle und Daten aus der Fertigung ähnlicher Bauteile und Feature für die Generierung proessübergreifender Modelle genutzt werden, wobei der Werkstoff, die Werkzeuge sowie die Fertigungsmittel der auszulegenden Prozessfolge entsprechen müssen. In diesem Fall ist es bei der Unsicherheitsbewertung notwendig, zusätzliche experimentelle Untersuchungen durchzuführen, um die Eignung der angewandten Modelle abzusichern. Da die Fertigungsprozessfolge entsprechend des Untersuchungsbereiches dieser Arbeit vorhanden ist, sind die Untersuchungen am neu zu fertigenden Bauteil durchzuführen. Zeigen die Untersuchungen, dass die Modelle oder Daten nicht ausreichend geeignet sind, wenden Anwendende das erläuterte Vorgehen zur Ermittlung der Modelle bzw. zur Generierung der Metamodelle für die Prognose relevanter Bauteileigenschaften an, vgl. Abbildung 6-4.

Bewertung von Stellhebeln zur Verbesserung der Prognose

Insgesamt unterstützt die entwickelte Methode zur Bewertung der Unsicherheiten entlang von Fertigungsprozessfolgen Anwendende bei der Ermittlung der Unsicherheit der finalen Bauteileigenschaften auf Basis einzelner Modellunsicherheiten. Die Methode kann ebenfalls eingesetzt werden, um die Auswirkungen theoretischer Modellverbesserungen (bspw. eine Reduktion des RMSE) auf die Gesamtvorhersage zu ermitteln. Daher wurde untersucht, wie die theoretischen Modellanpassungen zur Identifikation von Stellhebeln zur Verbesserung der Prognose bzw. zur Verringerung der Unsicherheiten genutzt werden können. Ansatz hierfür ist, dass Anwendende diese theoretischen Modellanpassungen als Input für eine Sensitivitätsanalyse nutzen, in der die Einflüsse der RMSE verschiedener Prozessparameter und Bauteileigenschaften auf die finalen Bauteileigenschaften verglichen werden. Abbildung 6-16 zeigt eine Sensitivitätsanalyse auf Basis einer angenommenen Funktion y sowie unterschiedliche RMSE für die Funktion sowie die beiden Input-Größen x_1 und x_2. Dabei wird stets der RMSE einer Input-Größe oder des Modells zur Vorhersage von y variiert und die übrigen beiden RMSE konstant gehalten. Entsprechend der o. g. Formeln wurde für die verschiedenen Kombinationen der RMSEs der finale RMSE (bzgl. der Gesamtprognose von y) ermittelt. Die drei Graphen zeigen jeweils die Auswirkungen der Variation des RMSE einer Input-Größe oder des Modells y auf den finalen RMSE. Durch die Analyse wird deutlich, dass eine Verringerung des RMSE um 0,1 bzgl. der Input-Größe x_1 den höchsten (und x_2 den niedrigsten) Einfluss auf den finalen RMSE aufweist. Dies ist auf die Steigung von 1,1 (bzw. 0,6 für x_2) zurückzuführen.

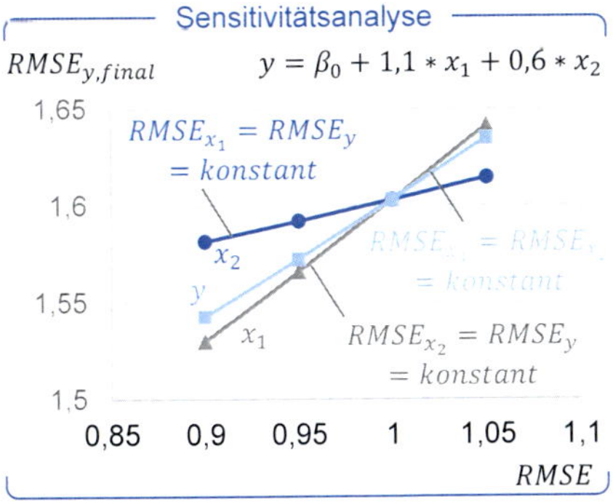

Abbildung 6-16: Bespiel für eine Sensitivitätsanalyse

Example for a Sensitivity Analysis

Das Ergebnis der Sensitivitätsanalyse ermöglicht einen Vergleich der Auswirkungen durch die Verringerung der einzelnen RMSE auf die Unsicherheit bzgl. der Prognose finaler Bauteileigenschaften, ist jedoch nicht ausreichend zur Bewertung von Stellhebeln geeignet, da Aufwände für die Modellverbesserungen unberücksichtigt bleiben. Ist bspw. ein hoher Anteil der Unsicherheit einer Input-Größe aleatorisch, ist diese nur mit hohem Aufwand und nur im Rahmen der epistemischen Unsicherheit zu reduzieren. Zur Ermittlung des Verhältnisses aus aleatorischer und epistemischer Unsicherheit bedarf es, wie oben erläutert, Wiederholversuche. Der Aufwand (Zeit und Kosten) für die Verbesserung eines Modells (Reduzierung des RMSE), welche ebenfalls Unsicherheiten hinsichtlich der Zielerreichung unterliegt, ist gemeinsam mit Expert*innen der einzelnen Technologien zu bewerten. Indikatoren für diese Bewertung sind (falls vorhanden) das Verhältnis aus aleatorischer sowie epistemischer Unsicherheit.

Ebenso sind der Aufwand sowie die erzielte Modellverbesserung aus vorherigen Untersuchungen (bspw. vorherige Modellverbesserungen) sowie der Vergleich mit ähnlichen Modellen/Untersuchungen relevante Indikatoren.

6.1.3 Validierung und Zwischenfazit

Validation and Interim Conclusion

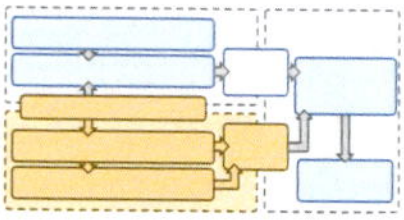

Entsprechend der in Abschnitt 4.2.2 erläuterten Grundlagen zum kritischen Rationalismus sind die durch einen Forschungsprozess gewonnenen Erkenntnisse sowie die entwickelten Modelle und Methoden zu überprüfen [ULRI76a, S. 345 f.]. Ziele dieser Überprüfung sind die Sicherstellung der Anwendbarkeit, die Bewertung der entwickelten Modelle und Methoden bezogen auf die formalen und inhaltlichen Anforderungen sowie die Identifikation potenzieller Anpassungs- oder Erweiterungsbedarfe. Bezogen auf die Sicherstellung der Anwendbarkeit wird insbesondere die Widerspruchslosigkeit (logische Wahrheit [NEEM81]) geprüft. Für die Bewertung der Erfüllungsgrade hinsichtlich der gestellten Anforderungen erfolgt eine empirische Überprüfung (faktische Wahrheit [NEEM81]). Aus den Resultaten dieser Überprüfungen werden potenzielle Anpassungsbedarfe abgeleitet. Zur Validierung der in den Abschnitten 6.1.1 und 6.1.2 entwickelten Vorgehen, Modelle und Methoden wurden diese auf ein Fallbeispiel angewandt.

Das ***Fallbeispiel*** basiert auf einem am WERKZEUGMASCHINENLABOR WZL DER RWTH AACHEN vorliegenden Datensatz[b]. Dieser Datensatz enthält Prozessparameter, Prozessdaten sowie Bauteileigenschaften von 200 Wendeschneidplatten, welche mittels der Prozesse Sintern, Schleifen, Bürsten und Beschichten gefertigt wurden. Dabei wurden nach jedem Fertigungsprozess die Kantenschartigkeit, der Kantenradius sowie die Rauheit auf der Spanfläche vermessen, vgl. Abbildung 6-17.

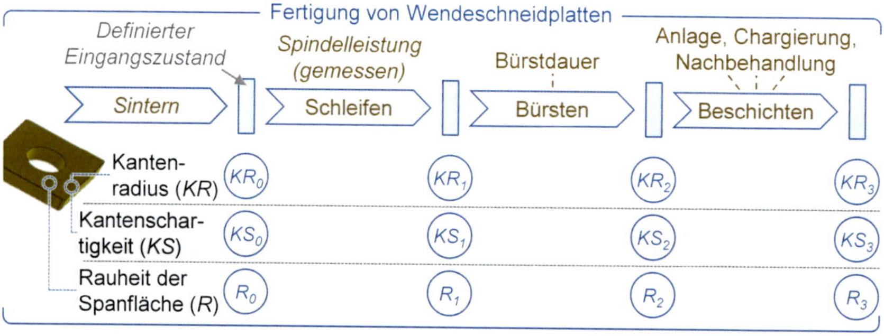

Abbildung 6-17: Fertigungsprozessfolge zur Herstellung von Wendeschneidplatten

Manufacturing Process Sequence for the Production of Indexable Inserts

---

[b] Die hier zur Validierung eingesetzten Daten wurden 2019 im Rahmen eines Projektes „Vorgehen für die Auslegung eines datenbasierten Systems zur Optimierung der Werkzeugfertigung" innerhalb des INDUSTRIEARBEITSKREISES WERKZEUGTECHNIK durch Dr.-Ing. LENNARD HERMANN erhoben.

Während der Schleifbearbeitung der Spanfläche sowie Freiflächen der Wendeschneidplatten wurden Spindelleistungen gemessen und die Schleifscheiben nach jeweils 50 Bauteilen abgerichtet. Im Bürstprozess wurden die Prozesszeiten variiert, wobei die Reihenfolge der Versuchsdurchführungen randomisiert erfolgte. In Abstimmung mit den Prozessexperten*innen, welche die experimentellen Untersuchungen durchführten, ist aufgrund der geringen Stückzahl an Wendeschneidplatten keine verschleißbedingte Veränderung zu erwarten. Die Beschichtung der Platten erfolgte auf zwei Anlagen. Des Weiteren wurden die Chargierung (geringer und hoher Abstand zwischen den Platten) sowie die Nachbehandlung (ja oder nein) variiert. Aufgrund der Verwendung von Bauteilen zur Prozesseinrichtung und fehlenden Datenpunkten konnten die vollständigen Datensätze von 180 Bauteilen für die nachfolgenden Analysen genutzt werden. Wegen der durchgängigen, vollständigen Datenerfassung (insbesondere der Bauteileigenschaften) entlang der Prozessfolge sowie der Variation von Prozessparametern eignet sich die vorliegende Datenbasis zur Validierung der entwickelten Vorgehen, Modelle und Methoden zur Generierung prozessübergreifender Modelle sowie zur Bewertung von Unsicherheiten der Modelle.

Generierung prozessübergreifender Modelle

Im ersten Schritt wurden für das Fallbeispiel, entsprechend des in Abschnitt 6.1.1 entwickelten, rückwärtsgerichteten Vorgehens zur Generierung prozessübergreifender Modelle, die relevanten Modelle zur Prognose der finalen Bauteileigenschaften ermittelt. Modelle zur Abbildung der gesuchten Bauteileigenschaften waren nicht vorhanden, sodass die vorhandenen Daten zur Modellierung genutzt wurden. Da Daten vorhanden waren, bestand keine Notwendigkeit zur Datenerhebung und der damit verbundenen Versuchsplanung. Als Modellierungsmethode wurden lineare Regressionen auf Basis der vorhandenen Daten durchgeführt, wobei für die Auswahl der erklärenden Variablen (Prädiktoren) ein p-Wert kleiner 0,05 (95 prozentiges Konfidenzintervall) vorausgesetzt wurde. Ein p-Wert kleiner 0,05 bedeutet, dass eine erklärende Variable mit einer Wahrscheinlichkeit von über 95 % einen signifikanten Einfluss auf die zu erklärende Variable aufweist. Für die Modellierung wurde die Software MINITAB ® 2018 (im Folgenden als Minitab bezeichnet) der MINITAB GMBH eingesetzt. Abbildung 6-18 zeigt das Modell zur Prognose des Kantenradius nach dem Bürsten KR_3. Dieser korreliert mit den Parametern (Anlage, Chargierung und Nachbehandlung) sowie dem Kantenradius vor dem Beschichten. Des Weiteren wurden der RMSE sowie das Bestimmtheitsmaß der Regression ermittelt. Die Datenanalyse ergab, dass die prognostizierte Rauheit nach dem Beschichten R_3

Prognose Kantenradius

$$\boldsymbol{Kantenradius\ nach\ Beschichten} = KR_3 = 1{,}68 + 0{,}95 * KR_2 - 1{,}56 * Anlage + 1{,}59 * Charge + 0{,}68 * Nachbehandlung$$

$RMSE$: 1,49 [μm] R^2: 0,88

	p-Wert
Konstante	*0,005*
Input-Kantenradius	*0,000*
Anlage	*0,000*
Charge	*0,000*
Nachbehandlung	*0,003*

Abbildung 6-18: Regressionsmodell zur Prognose des Kantenradius nach dem Beschichten

Regression Model for the Prediction of Edge Radius after Coating

in dem generierten Modell mit definiertem Gültigkeitsbereich (Parameterraum aus dem Datensatz) ausschließlich von den Parametern der Beschichtung abhängt. Dem gegenüber ist der Kantenradius vor dem Beschichten eine Input-Größe für das Modell zur Prognose der Kantenschartigkeit KS_3. Entsprechend des entwickelten, rückwärtsgerichteten Vorgehens wurde im nächsten Schritt das Modell zur Vorhersage des Kantenradius nach dem Bürsten ermittelt.

Nachdem alle relevanten Modelle (siehe Definition der Relevanz in Abschnitt 6.1.1) mit MINITAB generiert und in das entwickelte Beschreibungsmodell übertragen wurden, erfolgte die Verknüpfung der einzelnen Modelle zu prozessübergreifenden Modellen, vgl. Abbildung 6-19. Hierbei wurden die Bauteileigenschaften, welche als Input für ein Modell genutzt wurden, jeweils durch das Modell zur Prognose der entsprechenden Bauteileigenschaft des vorgelagerten Prozesses ersetzt. Wie das prozessübergreifende Modell zur Abbildung des Kantenradius zeigt, besteht ein Zusammenhang zwischen der beim Schleifen gemessenen Spindelleistung (als Indikator für den Verschleißzustand [TÖNS02a]) und dem finalen Kantenradius nach dem Beschichtungsprozess (ebenso zwischen der Bürstdauer und dem Kantenradius). Dies unterstreicht die Notwendigkeit der prozessübergreifenden Modellierung. Weiter wurde ein Zusammenhang zwischen der Kantenschartigkeit nach dem Beschichten sowie dem Input-Kantenradius und somit zwei verschiedenen Bauteileigenschaften modelliert. Da die Rauheit bezogen auf den vorliegenden Datensatz nach dem Schleifen im untersuchten Parameterbereich (Gültigkeitsbereich des Modells) nicht von Input-Bauteileigenschaften abhängt, wurde kein prozessübergreifendes Modell abgeleitet.

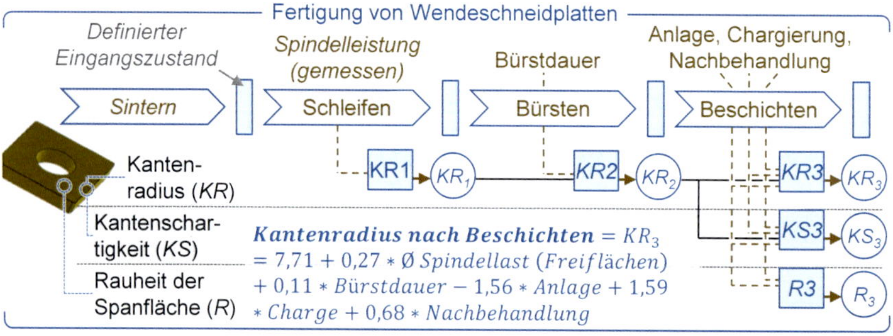

Abbildung 6-19: Relevante Modelle innerhalb der Fertigungsprozessfolge sowie Beispiel eines prozessübergreifenden Modells

Relevant Models in the Manufacturing Process Sequence and an Example for a Cross-process Model

Bewertung von Unsicherheiten entlang von Fertigungsprozessfolgen

Nach der Generierung der prozessübergreifenden Modelle wurde die entwickelte und in Abschnitt 6.1.2 vorgestellte Methode zur Bewertung von Unsicherheiten entlang von Fertigungsprozessfolgen angewandt. Hierfür wurden für alle relevanten Modelle sowie für das prozessübergreifende Modell zur Prognose des Kantenradius KR_3 der Mean

Squared Error (MSE) durch den Vergleich der Prognosen mit den realen Ergebnissen aus dem Datensatz berechnet, vgl. Abbildung 6-20. Des Weiteren wurden die MSE der einzelnen Modelle anhand der entwickelten Methode unter Berücksichtigung ihres Einflusses auf das jeweils nachfolgende Modell kumuliert, sodass prozessübergreifende, berechnete MSEs ermittelt wurden. Anschließend wurden aus den MSEs die RMSEs als Maß für die Unsicherheit einer Prognose ermittelt.

Bewertung der Prognosefehler

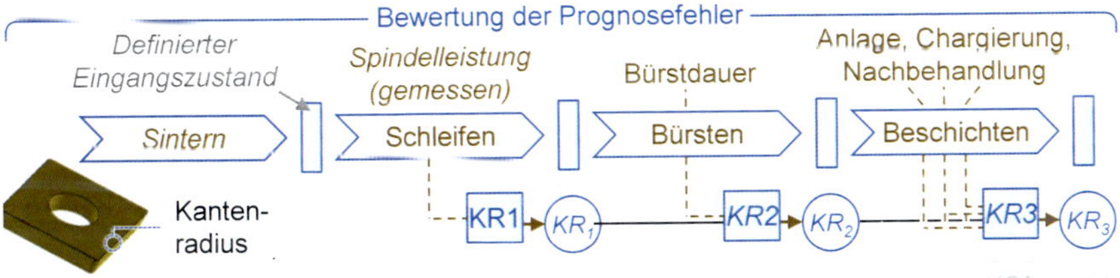

$KR_1 = 4{,}08 + 1{,}7 * \emptyset\, Spindellast\ (Freiflächen);\ MSE_{KR_1}: 0{,}71$

$KR_2 = 5{,}65 + 0{,}17 * KR_1 + 0{,}12 * Bürstdauer;\ MSE_{KR_2}: 1{,}02$

$KR_3 = 1{,}68 + 0{,}95 * KR_2 - 1{,}56 * Anlage + 1{,}58 * Charge + 0{,}82 * Nachbehandlung;$
$MSE_{KR_3}: 2{,}21$

Prozessübergreifende Modellierung

$KR_{2,PÜ} = 6{,}3 + 0{,}29 * \emptyset\, Spindellast\ (Freiflächen) + 0{,}12 * Bürstdauer;\ MSE_{KR_2,PÜ}: 1{,}03$

$$MSE_{KR_2,PÜ,Berechnet} = MSE_{KR_2} + \left(\frac{\delta f_{KR_2}}{\delta KR_1}\right)^2 * MSE_{KR_1} = 1{,}04$$

$KR_{3,PÜ} = 7{,}67 + 0{,}28 * \emptyset\, Spindellast\ (Freiflächen) + 0{,}11 * Bürstdauer - 1{,}56 * Anlage$
$+1{,}58 * Charge + 0{,}82 * Nachbehandlung;\ MSE_{KR_3}: 2{,}62$

$$MSE_{KR_3,PÜ,Berechnet} = MSE_{KR_3} + \left(\frac{\delta f_{KR_3}}{\delta KR_2}\right)^2 * MSE_{KR_2,PÜ} = 3{,}15$$

$RMSE_{KR_2,PÜ} = 1{,}01$ ≈ 1 % Abweichung $RMSE_{KR_3,PÜ} = 1{,}62$ ≈ 8 % Abweichung
$RMSE_{KR_2,PÜ,Berechnet} = 1{,}02$ $RMSE_{KR_3,PÜ,Berechnet} = 1{,}77$

KR_i: Kantenradius nach Prozess i (Schleifen =1) $PÜ$: Prozessübergreifendes Modell
$(R)MSE_j$: (Root) Mean Squared Error des Modells zur Prognose von j

Abbildung 6-20: Bewertung der Unsicherheit bei der Prognose von Bauteileigenschaften

Evaluation of Uncertainties Concering the Prediction of Component Characteristics

Für das Fallbeispiel bedeutet dies, dass der durch das prozessübergreifende Modell prognostizierte, finale Kantenradius zu 68,27 % (bzw. 95,45 %) in einem Intervall der Breite 3,24 µm (bzw. 6,48 µm) liegt. Die 68,27 % beziehen sich auf die einfache Standardabweichung (Abweichung vom Mittelwert um σ in beide Richtungen; Sigma-Regeln, vgl. STRICK [STRI18, S. 7 ff.]) und die 3,24 µm sind die zweifache Standardabweichung bzw. der doppelte RMSE (siehe $RMSE_{KR3,PÜ}$ = 1,62 in der Abbildung). Bezogen auf den durchschnittlichen Kantenradius nach dem Beschichten von ca. 21,02 µm stellt dies jeweils eine 7,7 (bzw. 15,4) prozentige Abweichung (in beide Richtungen) vom Mittelwert dar und gibt somit die Unsicherheit der Prognose an.

Welche Anteile der Unsicherheit aleatorisch oder epistemisch ist, wird durch die Angabe des RMSE nicht erklärt. Zur Bestimmung dieser Anteile ist eine erhöhte Anzahl an Wiederholversuchen notwendig, um die Streuung (aleatorische Unsicherheit) bei gleichen Inputs zu ermitteln. Wie der Vergleich der aus den prozessübergreifenden Modellen ermittelten sowie der berechneten RMSE in Abbildung 6-20 zeigt, liegen Abweichungen bezogen auf den Kantenradius von ca. 1 % (nach dem Bürsten) und 8 % (nach dem Beschichten) vor. Diese Abweichung sind auf die vergleichsweise geringe Datengrundlage (insbesondere für einzelne Parameterkombinationen) und damit nicht-normalverteilten Bauteileigenschaften zurückzuführen. Bspw. ist die Kombination (Bürstdauer: 96 Sekunden; Anlage: 1; Chargierung: geringer Abstand; Nachbehandlung: ja) dreimal im Datensatz enthalten, sodass keine exakte Normalverteilung vorliegt. Insgesamt zeigt der Vergleich, dass die entwickelte Methode gut geeignet ist, um Unsicherheiten in prozessübergreifenden Modellen von Fertigungsprozessfolgen auch bei vergleichsweise geringen Datenmengen zu bewerten, da eine entsprechend der inhaltlichen und formalen Anforderungen ausreichende Prognosegüte erreicht wird. Ebenso wird die Notwendigkeit der Zusammenarbeit mit Technologieexperten*innen unterstrichen, um potenzielle Ausreißer, welche einen hohen Einfluss auf die Unsicherheitsbewertung haben können, zu identifizieren.

An dieser Stelle sei nochmals darauf hingewiesen, dass die Berechnung der prozessübergreifenden RMSE auf Basis der Unsicherheiten der einzelnen Modelle für die Bewertung des Einflusses einzelner Modelle auf das prozessübergreifende Modell notwendig ist. Nur so wird bspw. deutlich, dass die Unsicherheit hinsichtlich der Prognose des Kantenradius nach dem Schleifen nur einen sehr geringen Einfluss auf das nachfolgende Modell (MSE + 0,01) hat. Einen höheren Einfluss (MSE + 0,41) weist das Modell zur Vorhersage des Kantenradius nach dem Bürsten auf das nachfolgende Modell auf. Neben den Regressionen für die einzelnen Prozesse wurden in MINITAB ebenfalls prozessübergreifende Regressionen auf Basis der gesamten Datengrundlage durchgeführt, um die Güte der verknüpften Modelle im Vergleich zu einem direkt ermittelten prozessübergreifenden Modell zu bewerten. Die Regression zur Prognose des finalen Kantenradius als Beispiel ergab dabei einen RMSE von ca. 1,59 µm und ist somit nur geringfügig (ca. 2 %) besser (bzgl. der Unsicherheit) als das durch Verknüpfung von einzelnen Modellen generierte Modell (mit einem RMSE von ca. 1,61 µm). Entsprechend des vorgestellten Fallbeispiels überwiegen die Vorteile des Ansatzes der Verknüpfung der einzelnen Modelle, da die Unsicherheit bei der Verknüpfung nur geringfügig höher ist, gleichzeitig aber die Verknüpfung unterschiedlicher Modelle und Datensätze ermöglicht wird. Für eine prozessübergreifende Regression sind umfassende Daten zur vollständigen Prozessfolge inkl. der Vielzahl an Prozessparameterkombinationen erforderlich.

Neben der linearen Regression wurde im Fallbeispiel quadratische Regressionen inklusive der Interaktionsterme zwischen den Variablen entsprechend des entwickelten Vorgehens zur Generierung prozessübergreifender Modelle durchgeführt, um die Anwendbarkeit der Methodik für diesen Fall zu zeigen. Die Modelle für die Vorhersage des finalen Kantenradius sind in Abbildung 6-21 (a) aufgeführt und zeigen, dass die enthaltenen quadratischen Terme sowie die Interaktion bei der Modellbildung als signifikant identifiziert wurden. Der Vergleich der linearen und quadratischen Regression zeigt, dass die RMSE bei der quadratischen Regression um 5-15 % (8,5 % im Mittel) geringer sind als bei der linearen Regression. Wie die Abbildung im Feld (b) verdeutlicht, erfolgte zur Berechnung der prozessübergreifenden Fehler bzw. des Einflusses der Streuung des Kantenradius auf den nachfolgenden Prozess eine Linearisierung an den einzelnen Arbeitspunkten (hier am Beispiel aller Datenpunkte). Somit wurde die Varianzweitergabe arbeitspunktbezogen ermittelt und durch anschließende Mittelwertbildung auf den vorliegenden Gültigkeitsbereich des Modells übertragen.

Bewertung der Prognosefehler (quadratische Regression)

(a)

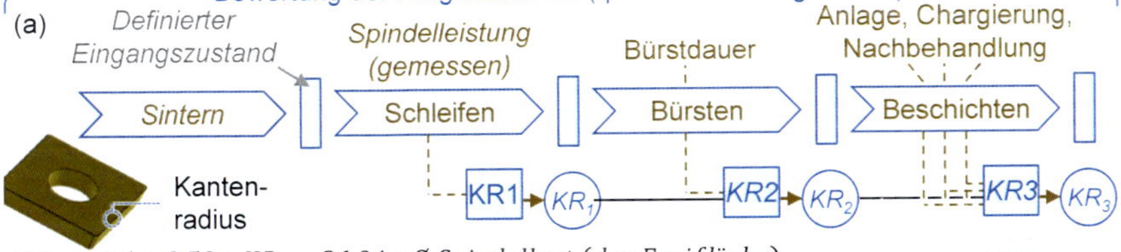

$$\boldsymbol{KR_1} = 3{,}5 + 2{,}58 * KR_0 - 26{,}04 * Ø\,Spindellast\ (der\ Freifläche) + 24{,}24 * Ø\,Spindellast\ (der\ Freifläche) * Ø\,Spindellast\ (der\ Spanfläche) - 2{,}23 * KR_0 * Ø\,Spindellast\ (der\ Spanfläche);\ MSE_{KR_1}: 0{,}65$$

$$\boldsymbol{KR_2} = -8{,}47 + 4{,}21 * KR_1 + 0{,}12 * Bürstdauer - 0{,}01 * KR_1 * Bürstdauer - 0{,}24 * KR_1^2 + 0{,}0002 * Bürstdauer^2;\ MSE_{KR_2}: 0{,}93$$

$$\boldsymbol{KR_3} = 2{,}11 + 0{,}87 * KR_2 + 3{,}06 * Charge + 0{,}04 * KR_2 * Anlage - 2{,}96 * Anlage * Charge + 0{,}07 * KR_2 * Nachbehandlung - 1{,}51 * Anlage * Nachbehandlung;\ MSE_{KR_3}: 1{,}57$$

(b) Prozessübergreifende Modellierung (ersetzten der Bauteileigenschaften in den Zwischenzuständen durch die Modelle des/der vorherigen Prozesse)

$$KR_{2,PÜ} = [\ldots];\ MSE_{KR_2,PÜ}: 0{,}99$$

$$MSE_{KR_2,PÜ,Berechnet} = MSE_{KR_2} + \left(\frac{1}{a_D} * \sum_{i=1}^{a_D} \frac{\delta f_{KR_2}}{\delta KR_1}\bigg|_{KR_1 = KR_{1,i}}\right)^2 * MSE_{KR_1} = 1{,}01$$

(c) $RMSE_{KR_2,PÜ} = 0{,}995$ ≈ 1 % Abweichung $RMSE_{KR_2,PÜ,Berechnet} = 1{,}006$

$RMSE_{KR_3,PÜ} = 1{,}39$ ≈ 10 % Abweichung $RMSE_{KR_3,PÜ,Berechnet} = 1{,}56$

KR_i: Kantenradius nach Prozess i (Schleifen =1) $PÜ$: Prozessübergreifendes Modell

$(R)MSE_j$: (Root) Mean Squared Error des Prognosemodells j a_D: Anzahl Datenpunkte

Abbildung 6-21: Bewertung der Unsicherheit bei der Prognose (quadratische Regressionen) von Bauteileigenschaften

Evaluation of Uncertainties Concering the Prediction (Quadratic Regression) of Component Characteristics

Die Ergebnisse zeigen, dass die Methode zur Bewertung der Unsicherheiten bei quadratischen Funktionen vergleichbare Ergebnisse (Abweichung der RMSE zwischen Berechnung und Ermittlung aus den Daten bzgl. des Kantenradius; ca. 1 % nach dem Bürsten und 10 % nach dem Beschichten) zum zuvor erläuterten Fall bei der linearen

Regression ermöglicht, vgl. Abbildung 6-21 (c). Die Ermittlung des Mittelwertes war in diesem Fall (vgl. Abbildung 6-15 C) ohne weitere Gewichtungsfaktoren möglich, da die Arbeitspunkte/Daten aufgrund des Versuchsplandesigns konstant im Gültigkeitsbereich verteilt sind. Weitere Untersuchungen, bei denen nicht alle Arbeitspunkte, sondern einzelne Modellbereiche (Intervalle) linearisiert wurden, resultierten in vergleichbaren Ergebnissen. Somit zeigen die Untersuchungen im Rahmen des Fallbeispiels, dass das entwickelte Vorgehen zur Generierung prozessübergreifender Modelle und die Methode zur Bewertung von Unsicherheiten entlang von Fertigungsprozessfolgen bei quadratischen Regressionen mit Interaktionstermen anwendbar sind.

Bewertung von Stellhebeln zur Verbesserung des prozessübergreifenden Modells

Die Methode zur Bewertung der Auswirkungen einzelner Modellunsicherheiten auf die Prognose der finalen Bauteileigenschaften bildet die Basis zur Identifikation von Stellhebeln zur Verbesserung des prozessübergreifenden Modells, vgl. Abschnitt 6.1.2. Hierfür wurden Sensitivitätsanalysen hinsichtlich der prozessübergreifenden Modelle des Fallbeispiels durchgeführt. Das Ergebnis der Analyse bzgl. der Prognose des finalen Kantenradius ist in Abbildung 6-22 dargestellt.

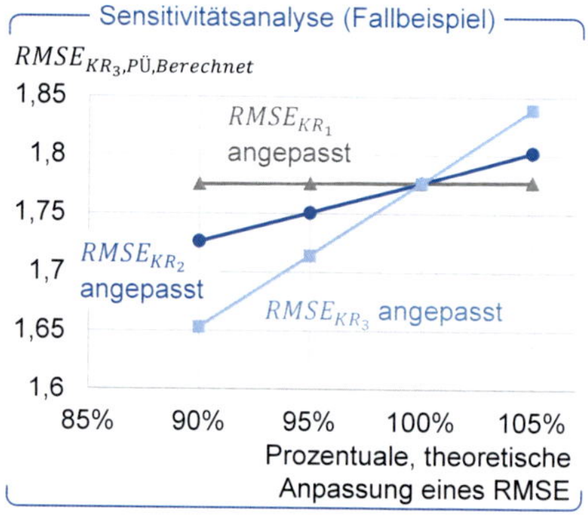

Abbildung 6-22: Sensitivitätsanalyse bzgl. des prozessübergreifenden RMSE bei der Prognose des Kantenradius

Sensitivity Analysis Regarding the Cross-process RMSE for the Egde Radius Prediction

Der prozessübergreifende RMSE bzgl. des Kantenradius wird, wie oben erläutert, aus dem RMSE des Modells aus dem Beschichten sowie den Unsicherheiten der Input-Bauteileigenschaften (Kantenradius nach dem Schleifen sowie nach dem Bürsten) berechnet. Die Sensitivitätsanalyse zeigt die Verringerung des prozessübergreifende RMSE für den Fall, dass einzelne Unsicherheiten um 5 % oder 10 % reduziert werden. Dabei wird deutlich, dass die Unsicherheit des Modells zur Prognose des Kantenradius im Beschichtungsprozess den höchsten Einfluss (bei prozentual gleicher Veränderung) auf die prozessübergreifende Unsicherheit aufweist, gefolgt von dem Modell zur Prognose des Kantenradius nach dem Bürsten.

Zwischenfazit

Forschungsfrage 1 bezieht sich auf die Verknüpfung von Daten und Modellen zur Prognose der finalen Bauteileigenschaften sowie auf die Bewertung von Unsicherheiten entlang von Fertigungsprozessfolgen. Zur Beantwortung dieser Frage wurden ein

Vorgehen entwickelt und ein Beschreibungsmodell weiterentwickelt, die Anwendende bei der Generierung prozessübergreifender Modelle und somit der Prognose der finalen Bauteileigenschaften in Abhängigkeit von alternativer Prozessparameterkombinationen unterstützen (vgl. Abschnitt 6.1.1). Die entwickelte Methode zur Bewertung von Unsicherheiten ermöglicht die Ermittlung der prozessübergreifenden Unsicherheit auf der Basis der Unsicherheiten einzelner Modelle (vgl. Abschnitt 6.1.2). Diese Methode bildet die Basis für die erläuterte Sensitivitätsanalyse zur Bewertung von Stellhebeln zur Modellverbesserung. Wie die Validierung zeigt, wurden bei den Entwicklungen alle formalen Anforderungen und die inhaltlichen Anforderungen 1-3 berücksichtigt. So wurden bei der Entwicklung des Vorgehens zur Generierung prozessübergreifender Modelle (Anforderung 1) unterschiedliche Informationsstände (hinsichtlich des Vorhandenseins sowie des Umfangs von Daten und Modellen) entsprechend der inhaltlichen Anforderung zur Anwendbarkeit bei geringer Datengrundlage einbezogen (Anforderung 2). Die Validierung der Methode zur Ermittlung der prozessübergreifenden Unsicherheit (Anforderung 3) zeigt, dass die formalen Anforderungen u. a. bzgl. empirischer Richtigkeit, geringem Aufwand und Zweckbezogenheit erfüllt wurden. Somit wird Forschungsfrage 1 durch die Erläuterungen in Abschnitt 6.1 beantwortet.

6.2 Bewertung der Wirtschaftlichkeit von Fertigungsprozessfolgen

Evaluation of the Economic Efficiency of Manufacturing Process Sequences

Ergänzend zur Prognose der finalen Bauteileigenschaften auf der Grundlage alternativer Prozessparameterkombinationen besteht die Notwendigkeit, die entsprechenden Kombinationen wirtschaftlich zu bewerten, um wirtschaftlich-technologisch optimierte Fertigungsprozessfolgen auszulegen. Daher wird in Abschnitt 6.2[c] die Entwicklung von Modellen und Methoden zur Beantwortung der zweiten Forschungsfrage beschrieben:

> ***Forschungsfrage 2:*** **Wie ist eine Methodik zu gestalten, um Fertigungsprozessfolgen in Abhängigkeit unterschiedlicher Prozessparameterkombinationen wirtschaftlich zu bewerten und dabei Abhängigkeiten zwischen den Prozessen zu berücksichtigen?**

Hierzu wird in Abschnitt 6.2.1 die Entwicklung eines Bewertungsmodells vorgestellt, das die Basis für die Ermittlung der Wirtschaftlichkeit von Fertigungsprozessfolgen innerhalb der entwickelten Methodik bildet. Fokus in Abschnitt 6.2.2 ist die Verknüpfung des entwickelten Modells mit den Prozessparametern der Fertigungsprozessfolge, um in einem nachfolgenden Schritt die Bewertung der Wirtschaftlichkeit mit der Prognose von Bauteileigenschaften zu verknüpfen. Hierfür wird ein entwickeltes Vorgehen erläutert, welches Anwendende bei der o. g. Verknüpfung von Modellen und Parametern unterstützt. Anschließend werden die entwickelten Modelle und Methoden in Abschnitt 6.2.3 zur Validierung auf ein Fallbeispiel angewandt.

---

[c] Einzelne Lösungsansätze aus Abschnitt 6.2 wurden im CIRP JOURNAL OF MANUFACTURING SCIENCE AND TECHNOLOGY [BECK21] veröffentlicht.

6.2.1 Bewertungsmodell für die Wirtschaftlichkeit von Fertigungsprozessfolgen

Evaluation Model for the Economical Efficiency of Manufacturing Process Sequences

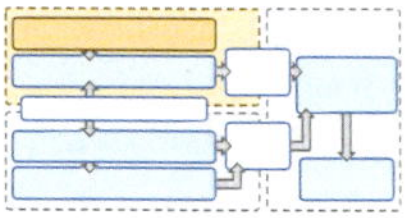

Wie in Abschnitt 2.2.1 erläutert, beschreibt die Wirtschaftlichkeit das Verhältnis aus Ertrag und Mitteleinsatz. Zielprinzipien sind hierbei, mit gegebenen Mitteln den größtmöglichen Ertrag zu erzielen oder für einen definierten Ertrag den geringstmöglichen Mitteleinsatz zu benötigen [WEBE21]. ***Ertrag*** beschreibt in diesem Zusammenhang die Wertschöpfung, welche durch die Fertigung der Bauteile erzielt wird. In dem neu entwickelten Bewertungsmodell wird die Wertschöpfung durch die Multiplikation der Anzahl hergestellter Bauteile a mit dem Preis eines Bauteils P berechnet, vgl. Abbildung 6-23. Dabei kann der Preis fixiert oder variabel, bspw. in Abhängigkeit von erzielten Bauteilqualitäten oder Absatzmengen, sein. Grundsätzlich ermöglicht das entwickelte Modell Anwendenden variable Preise zu berücksichtigen, wobei der Preis für die weiteren Erläuterungen als extern vorgegeben (bspw. durch den Vertrieb) und als fixiert angenommen wird. Der ***Mitteleinsatz*** umfasst alle Aufwände des Unternehmens, die der Fertigungsprozessfolge zugeordnet werden. Diese Aufwände werden unterteilt in Einzelaufwände, welche direkt einem Bauteil zugeordnet werden und von der Stückzahl abhängen, sowie Gemeinaufwände, die näherungsweise unabhängig von der Stückzahl sind (bspw. Entwicklungs- oder Zertifizierungsaufwände). Die beschriebenen Aufwände werden im Folgenden als Einzel- K_{ein} bzw. Gemeinkosten K_{gem} bezeichnet. [KLOC18b, S. 444 ff.]

Wirtschaftlichkeit (W)

Bauteilpreis — Bauteilanzahl

$$W = \frac{P * a}{K_{ein} + K_{gem}}$$

Einzelkosten — Gemeinkosten

Abbildung 6-23: Wirtschaftlichkeit

Economical Efficiency

Wie in Kapitel 4 zum Stand der Forschung erläutert, existieren verschiedene Ansätze zur Bewertung und Optimierung der Größe Wirtschaftlichkeit (oder einzelner Elemente dieser Größe wie Kosten) in der Fertigung. Bestehende Ansätze fokussieren entweder die Bewertung von Kosten einzelner Fertigungsprozesse oder übergeordnete Kenngrößen in Fertigungssystemen und -folgen. Die Ansätze zur Bewertung der Kosten einzelner Fertigungsprozesse weisen einen hohen Detailgrad auf und berücksichtigen bspw. den Einfluss unterschiedlicher Prozesszeiten auf die Fertigungskosten, vgl. KLOCKE [KLOC18b, S. 444 ff.]. Kostenbezogene Abhängigkeiten zwischen einzelnen Prozessen der Fertigungsprozessfolge (z. B. Kosten bei Maschinenstillständen resultierend aus verschiedenen Prozessdauern) werden in diesen Ansätzen jedoch nicht berücksichtigt. Umgekehrt berücksichtigen Ansätze zur Auslegung von Fertigungssystemen die Abhängigkeiten zwischen den Prozessen und nehmen Fertigungsprozesse als fixiert bzw. ausgelegt an. Somit wird u. a. die Ermittlung von Engpässen unterstützt, jedoch sind diese Ansätze aufgrund des fehlenden Detailgrades nicht zur Auslegung von Prozessfolgen geeignet.

Modell zur Bewertung der Wirtschaftlichkeit von Fertigungsprozessfolgen

Für die Entwicklung des Modells zur Bewertung der Wirtschaftlichkeit von Fertigungsprozessfolgen wurden einzelne Elemente der o. g. Ansätze weiterentwickelt und verknüpft. Ausgehend von dem in Abbildung 6-23 dargestellten Ansatz zur Bewertung der Wirtschaftlichkeit wurden die einzelnen Kostenbestandteile detailliert und somit das Model abgeleitet. Die Schritte der Detaillierung sowie das abgeleitete Modell sind in Abbildung 6-24 dargestellt und werden im Folgenden erläutert. Als Bewertungsgrößen werden die oben vorgestellte Wirtschaftlichkeit sowie der erzielte Gewinn verwendet, Abbildung 6-24 (a). Während die Anzahl hergestellter Bauteile *a* bei den Modellen zur Ermittlung der Kosten eines Fertigungsprozesses eine untergeordnete Bedeutung aufweist, ist diese Anzahl bei der Bewertung der Wirtschaftlichkeit von Fertigungsprozessfolgen von hoher Relevanz. Der Grund hierfür ist, dass die Anzahl der hergestellten Bauteile innerhalb eines Bezugszeitraums T_{BZ} unmittelbar den Ertrag und somit die Wirtschaftlichkeit *W* bei bspw. konstanten Gemeinkosten K_{gem} positiv beeinflusst. Ein Beispiel für Gemeinkosten, welche näherungsweise unabhängig von der Anzahl hergestellter Bauteile anfallen, sind Verwaltungskosten in einem Unternehmen.

In dem Bewertungsmodell wählen Anwendende, ob sie einen Bezugszeitraum oder eine Anzahl an herzustellenden Bauteilen festlegen. Bei der Festlegung eines Bezugszeitraums wird angenommen, dass alle hergestellten Bauteile abgesetzt werden, vgl. Abbildung 6-24 (b). Andernfalls ist das Modell um eine entsprechende Randbedingung (maximale Absatzmenge) zu erweitern. Die Einzelkosten K_{ein} für die Herstellung der Bauteile setzen sich aus Kosten, welche einmalig pro Bauteil (z. B. für Rohmaterial und Lagerhaltung) auftreten, sowie den Fertigungskosten K_F aller relevanten Prozesse zusammen. Fertigungskosten werden untergliedert in Lohn-, Maschinen-, Werkzeug- und Betriebsmittelkosten sowie sonstige Fertigungskosten, vgl. Abbildung 6-24 (c).

Wie im Bereich (d) der Abbildung dargestellt, werden Lohnkosten K_L durch eine Multiplikation der Zeit pro Bauteil t_E mit dem Stundenlohn und dem Bedienverhältnis ermittelt. Das Bedienverhältnis *BV* gibt an, wie viele Mitarbeitende gleichzeitig aktiv eine Maschine bedienen. Zum Beispiel hat das Bedienverhältnis einen Wert von 0,5, wenn eine Person zeitgleich zwei Maschinen bedient. Für die Berechnung der Maschinenkosten K_M wird der Maschinenstundensatz (nach KLOCKE [KLOC18b, S. 444 ff.]) mit der Zeit pro Bauteil multipliziert. Werkzeugkosten K_W resultieren aus den Beschaffungskosten sowie Standmenge bzw. der Einsatzdauer geteilt durch die Standzeit. Werden Werkzeuge (z. B. Feinschneidstempel) wiederaufbereitet, addieren die Anwendenden die Aufbereitungskosten sowie die zusätzliche Standmenge. Die Kosten für Hilfs- und Betriebsstoffe K_{BSF} werden wie die Werkzeugkosten mittels Beschaffungskosten und Standzeit/-menge ermittelt. Für den Fall, dass die Kosten für diese Stoffe zeitabhängig sind (bspw. regelmäßige und von der Bauteilanzahl unabhängige Wechsel), sind diese als Gemeinkosten entsprechend des Bezugszeitraums zu betrachten. Zu sonstigen Fertigungskosten K_{SF} gehören u. a. Kosten durch verursachtes CO_2, für Prüfschritte oder Kosten, die aufgrund von erzeugtem Ausschuss resultieren.

Modell zur Bewertung der Wirtschaftlichkeit

(a)

$$W = \frac{P * a}{K_{ein} + K_{gem}} \qquad G = P * a - (K_{ein} + K_{gem})$$

(b)

$$a = \frac{T_{BZ}}{t_{E,1}} * a_{M,1} \qquad K_{ein} = (K_{RH} - E_{RM} + K_{SE}) * a + \sum_{j=1}^{a_P} K_{F,j} * a$$

(c)

$$K_{RH} = P_{RH} * M_{RH}$$

$$E_{RM} = P_{RM} * M_{RM}$$

$$K_{SE} = K_{Transport} + K_{Lagerung} + \ldots$$

$$K_{F,j} = K_{L,j} + K_{M,j} + K_{W,j} + K_{BSF,j} + K_{SF,j}$$

$$K_{SF,j} = K_{CO_2,j} + \ldots$$

(d)

$$K_{L,j} = K_{LH,j} * t_E * BV_j \qquad K_{M,j} = t_{E,j} * K_{MH,j}$$

$$K_{W,j} = \sum_{k=1}^{a_{W,j}} \frac{K_{BW,k}}{T_{SZ,j,k}} * t_{PA,j,k} \qquad K_{BSF,j} = \sum_{l=1}^{a_{BS,j}} \frac{P_{BS,l} * M_{BS,j,l}}{T_{SZ,j,l}}$$

(e)

$$t_{E,j} = t_{G,j} + t_{V,j} + t_{Er,j} + t_{W,j} \qquad K_{MH,j} = 1/T_{LJ,j} * (K_{MA,j} + K_{MR,j} + K_{MI,j} + K_{MZ,j} + K_{ME,j})$$

(f)

$$t_{W,j} = a_{M,j} * \left(Max\left(\frac{t_{G,1} + t_{V,1} + t_{Er,1}}{a_{M,1}}, \ldots, \frac{t_{G,a_P} + t_{V,a_P} + t_{Er,a_P}}{a_{M,a_P}}\right) - \left(\frac{t_{G,j} + t_{V,j} + t_{Er,j}}{a_{M,j}}\right)\right)$$

$$t_{G,j} = \left(\frac{t_{P,j}}{a_{BP,j}} + \frac{t_{R,j}}{a_{L,j}} + \sum_{k=1}^{a_{W,j}} \frac{t_{WWZ,j,k}}{T_{SZ,j,k}} * t_{PA,j,k} + \frac{t_{WWS,j}}{a_{BP,j}}\right)$$

Ermittlung des Engpasses

a: Anzahl hergestellter Bauteil
a_{BS}: Anzahl der Hilfs-/Betriebsstoffe
a_{BP}: Anzahl parallel bearbeiteter Bauteile
a_L: Losgröße
a_M: Anzahl an Maschinen für einen Prozess
a_P: Anzahl der Prozesse
a_W: Anzahl der Werkzeuge
BV: Bedienverhältnis
E_{RM}: Ertrag durch rückgeführtes Materials
G: Gewinn
j: Laufvariable für den entsprechenden Fertigungsprozess in der Prozessfolge
K_{BSF}: Kosten für Hilfs-/Betriebsstoffe
$K_{BW,k}$: Beschaffungskosten Werkzeug k
K_{CO_2}: Kosten für die CO_2-Emissionen
K_{ein}: Einzelkosten
K_F: Fertigungskosten
K_{gem}: Gemeinkosten
K_L: Lohnkosten
K_{LH}: Kosten für Mitarbeitende pro Stunde
K_M: Maschinenkosten
K_{MA}: Kosten für Maschinenabschreibung
K_{ME}: Energiekosten der Maschine
K_{MH}: Maschinenstundensatz
K_{MI}: Instandhaltungskosten der Maschine
K_{MR}: Raumkosten der Maschine
K_{MZ}: Zinskosten der Maschine
K_{RH}: Kosten des Rohmaterials oder Halbzeugs je Bauteil
K_{SE}: Sonstige Einzelkosten
K_{SF}: Sonstige Fertigungskosten
K_W: Werkzeugkosten
$M_{BS,l}$: Menge an Hilfs-/Betriebsstoff l
M_{RH}: Menge an Rohmaterial oder Halbzeug je Bauteil
M_{RM}: Menge an rückgeführtem Material je Bauteil
P: Preis des hergestellten Bauteils
$P_{BS,l}$: Preis für Hilfs-/Betriebsstoff l
P_{RH}: Preis für Rohmaterial oder Halbzeug
P_{RM}: Preis für rückgeführtes Material
T_{BZ}: Bezugszeitraum
$t_{E,j}$: Zeit pro Bauteil im Prozess j
t_{Er}: Erholzeit
t_G: Grundzeit
$T_{LJ,j}$: Jährliche Laufzeit der Maschine j
t_P: Prozessdauer
$t_{PA,k}$: Eingriffsdauer pro Bauteil von Werkzeug k (entfällt wenn T_{SZ} als Standmenge angeben wird)
t_R: Rüstzeit
T_{SZ}: Standzeit oder Standmenge für Werkzeug oder Hilfs-/Betriebsstoff
t_V: Verteilzeit
t_W: Wartezeit
t_{WWS}: Werkstückwechselzeit
t_{WWZ}: Werkzeugwechselzeit
W: Wirtschaftlichkeit

Abbildung 6-24: Bewertungsmodell für die Wirtschaftlichkeit von Fertigungsprozessfolgen

Evaluation Model for the Economical Efficiency of Manufacturing Process Sequences

Aufgrund des Untersuchungsbereiches der vorliegenden Arbeit (Fertigungsprozessfolgen) werden Prüfschritte oder die o. g. Lagerhaltungskosten nicht weiter detailliert. Der Maschinenstundensatz zur Ermittlung der Maschinenkosten wird unterteilt in Abschreibungs-, Raum-, Instandhaltungs-, Zins- und Energiekosten, vgl. Abbildung 6-24 (e).

Die durchschnittliche Zeit pro Bauteil t_E ergibt sich aus der Addition der Grund-, Verteil-, Erhol- und Wartezeit. Dabei werden in der (anteiligen) Verteilzeit alle unregelmäßig auftretenden Vorgänge (z. B. die Bereitstellung nötiger Betriebsmittel oder Maschinenstörungen) berücksichtigt. Erholzeiten wie bspw. Pausen sind regelmäßig und ebenfalls anteilig zu integrieren. Basis für die Modellierung der Grundzeit t_G sind die Formeln zur Grundzeitermittlung für Zerspanprozesse nach KLOCKE [KLOC18b, S. 446 ff.]. Diese Formeln wurden so weiterentwickelt, dass alle Fertigungstechnologien abgebildet werden können. So wird bspw. durch die Erweiterung um die Anzahl parallel bearbeiteter Bauteile als Variable ermöglicht, dass Prozesse modelliert werden können, bei denen mehrere Bauteile gleichzeitig bearbeitet werden (z. B. Härten oder Feinschneiden) und mehrere gleiche Werkzeuge im Einsatz sind, vgl. Abbildung 6-24 (f). Hierfür wird die Prozesszeit t_P, welche die Bearbeitungsdauern sowie Zeiten für Verfahrwege umfasst, durch die Anzahl der parallel bearbeiteten Bauteile geteilt. Des Weiteren werden anteilige Rüst-, Werkstückwechsel- und Werkzeugwechselzeiten berücksichtigt. Ebenfalls als Summand für die Berechnung der Zeit je Bauteil t_E wird die sog. Wartezeit t_W modelliert. Diese gibt die Zeit an, in welcher auf den Engpass-Prozess (maximale Summe aus Grund-, Verteil- und Wartezeit geteilt durch die Anzahl an Maschinen für einen Prozess) gewartet werden muss. Wird ein Fertigungsmittel (bspw. ein Härteofen) dauerhaft mehreren Fertigungsprozessfolgen zugewiesen, reduzieren Anwendende die Anzahl an Maschinen für einen Prozess a_M. In diesem Fall kann a_M Werte kleiner eins annehmen (bspw. 0,25, wenn ein Fertigungsmittel gleichermaßen vier Prozessfolgen zugeordnet wird).

Das entwickelte Modell wurde so generisch gestaltet, dass eine schnelle Anbindung an alternative Ansätze wie bspw. zur Losgrößenplanung realisierbar ist (vgl. Abschnitt 3.1.1 zur Gestaltung von Fertigungssystemen und Fertigungsfolgen). Außerdem wird durch diesen generischen Aufbau ermöglicht, das Modell fallspezifisch anzupassen bzw. zu erweitern (Erläuterung im folgenden Abschnitt 6.2.2).

Fallspezifische Anpassung des Bewertungsmodells

Anpassungen sind notwendig, wenn Anwendende die Wartezeiten von Prozessen zur ***Herstellung alternativer Bauteile*** bzw. für einzelnen Fertigungsschritte alternativer Bauteile nutzen. Hierfür ist das Modell zur Bewertung der Wirtschaftlichkeit von Prozessfolgen entsprechend der in Abbildung 6-25 dargestellten formalen Zusammenhänge um einen Term für zusätzliche Gewinne oder Verluste zu erweitern. Zur einfachen Unterscheidung werden zusätzliche Bauteile auf einzelnen Fertigungsmitteln im Folgenden als Alternativbauteile bezeichnet. Der Preis bzw. der Wert für die Durchführung eines Fertigungsprozesses für ein Alternativbauteil ist durch Anwendende festzulegen. Die Kosten für die Nutzung des Fertigungsmittels für ein Alternativbauteil $K_{a,j}$

bestehen aus den Fertigungskosten, Zusatzkosten für den Bauteilwechsel sowie eingesparten Kosten für das ursprüngliche Bauteil (der Prozessfolge). Diese eingesparten Kosten resultieren daraus, dass die Wartezeit eines Fertigungsmittels reduziert wird und somit anteilige Lohn-, Maschinen- und sonstige Fertigungskosten für das Bauteil entfallen bzw. auf das Alternativbauteil umgelegt werden.

Fertigung von Alternativbauteilen

$$G' = P * a - (K_{ein} + K_{gem}) + \sum_{j=1}^{a_P} (P_{a,j} - K_{a,j}) * a_{a,j}$$

Zusätzlicher Gewinn/ Verlust

$$K_{a,j} = K_{F,a,j} + a_{WB,j} * K_{WB,j} - T_{ges,a,j} * (K_{L,j} + K_{M,j} + K_{SF,j,ant})$$

Eingesparte Kosten

$$T_{ges,a,j} = a_{a,j} * t_{E,a,j} \leq a * t_{W,j}$$

$$t_{E,a,j} = t_{G,a,j} + t_{V,a,j}$$

$$a_{L,a,j} = \frac{T_{ges,a,j}}{a_{WB,j}}$$

$$a_{WB,j} = \frac{T_{ges,a,j}}{T_{MU,j}}$$

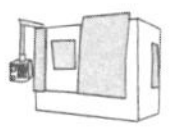

a: Anzahl an ursprünglichen Bauteilen

$a_{a,j}$: Anzahl an Alternativbauteilen

$a_{L,a,j}$: Losgröße der Alternativbauteile

a_p: Anzahl der Prozesse

$a_{WB,j}$: Anzahl der Wechsel von Bauteilen

G': Angepasster Gewinn

$K_{a,j}$: Kosten für Alternativbauteile

K_{ein}: Einzelkosten

K_{gem}: Gemeinkosten

$K_{L,j}$: Lohnkosten

$K_{M,j}$: Maschinenkosten

$K_{SF,j,ant}$: Sonstige Kosten für Prozess j (anteilig)

$K_{WB,j}$: Zusätzliche Kosten für den Wechsel von Bauteilen

P: Preis des ursprünglichen Bauteils

$P_{a,j}$: Anteiliger, reduzierter Preis für Alternativbauteil

$T_{ges,a,j}$: Gesamtzeit zur Fertigung der Alternativbauteile

$T_{MU,j}$: Dauer der maximalen Unterbrechung des Prozesses j

Abbildung 6-25: Erweiterung des Modells zur Bewertung der Wirtschaftlichkeit von Prozessfolgen um die Fertigung von Alternativbauteilen

Extension of the Model for the Evaluation of the Economic Efficiency of Process Sequences to Include the Manufacture of Alternative Components

Bei der Herstellung von Alternativbauteilen ist zu beachten, dass die notwendige Gesamtzeit kleiner oder gleich der Wartezeit ($a*t_{W,j}$) des entsprechenden Fertigungsprozesses ist. Für den Fall, dass generell mehrere Bauteile gefertigt werden sollen, würde diese Einschränkung entfallen, jedoch wären Anpassungen des Bewertungsmodells (bspw. die Ermittlung der Anzahl der im Bezugszeitraum herstellbarer Bauteile, vgl. Abbildung 6-24 (b)) erforderlich. Die Losgröße der Alternativbauteile berechnen Anwendende durch die Anzahl an Bauteilwechseln, die wiederum durch eine sog. Dauer der maximalen Unterbrechung des Prozesses T_{MU} bezogen auf das ursprüngliche Bauteil ermittelt wird. Hierdurch stellen Anwendende sicher, dass hohe Lagerkosten und fehlende Bauteile in der Prozessfolge vermieden werden. Rüstkosten für das ursprüngliche Bauteil, welche ausschließlich durch die Fertigung von Alternativbauteilen entstehen, werden den Alternativbauteilen zugeordnet. Sollten verschiedene Alternativbauteile gefertigt werden, sind die Kosten aufzuteilen. Somit ermöglicht die Modellanwendung ebenfalls die Bewertung bzgl. der Nutzung einzelner Fertigungsmittel für Alternativbauteile, wobei die ursprünglichen Bauteile prioritär behandelt werden.

Weitere Anpassungen des Modells wie die Detaillierung einzelner Variablen (bspw. die Integration variabler Preise in Abhängigkeit von den erzielten Bauteilqualitäten oder variable Instandhaltungskosten) sind individuell durch Anwendende durchzuführen. Insgesamt ermöglicht das entwickelte Modell die Bewertung der Wirtschaftlichkeit sowie des Gewinns von Fertigungsprozessfolgen. Dabei sind entsprechend der inhaltlichen Anforderungen an die Methodik die wirtschaftlichen Abhängigkeiten zwischen den einzelnen Fertigungsprozessen (siehe Wartezeiten durch Engpässe) abbildbar. Außerdem sind die Schnittstellen zu weiteren Planungsebenen (siehe Schnittstelle zu den Losgrößen) modelliert.

6.2.2 Verknüpfung der Wirtschaftlichkeitsbewertung mit den Prozessparametern

Linking of the Evaluation of the Economical Efficiency with the Manufacturing Process Parameters

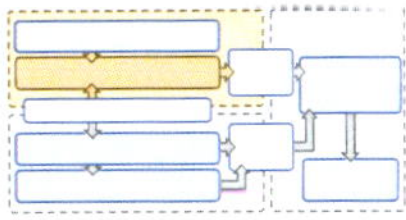

Das im vorherigen Abschnitt entwickelte Modell bildet die Grundlage zur Bewertung der Wirtschaftlichkeit von Fertigungsprozessfolgen. Um die zweite Forschungsfrage hinsichtlich der Gestaltung einer anwendbaren Methodik zur Ermittlung der Wirtschaftlichkeit alternativer Prozessparameterkombinationen zu beantworten, bedarf es ergänzend zum Bewertungsmodell der Entwicklung eines systematischen Vorgehens zur Verknüpfung des Modells mit Prozessparametern. Hierdurch wird ermöglicht, die einzelnen Parameterkombinationen sowohl technologisch (Prognose von Bauteileigenschaften; Abschnitt 6.1) als auch wirtschaftlich zu bewerten.

Vorgehen zur Verknüpfung des Modells zur Bewertung der Wirtschaftlichkeit von Fertigungsprozessfolgen mit Prozessparametern

Im Rahmen der vorliegenden Arbeit wurde ein Vorgehen zur Verknüpfung des Modells zur Bewertung der Wirtschaftlichkeit von Fertigungsprozessfolgen mit Prozessparametern entwickelt, welches aus zwei Schritten besteht. Im ersten Schritt identifizieren Anwendende ausgehend von der obersten Ebene des Bewertungsmodells, welche Größen der Wirtschaftlichkeitsbewertung von Prozessparametern abhängen und somit mit diesen zu verknüpfen sind. Der schematische Ablauf dieses Schrittes ist in Abbildung 6-26 am Beispiel des Bewertungsmodells ohne die Nutzung einzelner Prozesse für Alternativprodukte dargestellt, wobei eine Übertragung auf weitere Anwendungsfälle gleichermaßen erfolgt. Zur vereinfachten Darstellung werden die einzelnen Größen des Bewertungsmodells in der Abbildung durch Punkte ersetzt. Dabei wird zwischen Größen mit festem Wert, durch eine Formel erklärbare Größen und von mindestens einem Prozessparameter (bzw. einem variablen Input) abhängigen Größen unterschieden. Die Festlegung, zu welcher der genannten Gruppen eine Größe gehört, erfolgt fallspezifisch durch Anwendende des Vorgehens. Bspw. ist der Preis des Bauteils im vorliegenden Fall als feste Größe bekannt und daher nicht weiter zu detaillieren, vgl. Abbildung 6-26 (a). Ist eine Detaillierung einer Größe notwendig, müssen Anwendende entsprechend des Bewertungsmodells die Formel zur Ermittlung der Größe anwenden. Ein Beispiel hierfür sind die Fertigungskosten für einen Prozess, welche die Summe verschiedener Größen/Kostengruppen sind, vgl. (b) in der Abbildung.

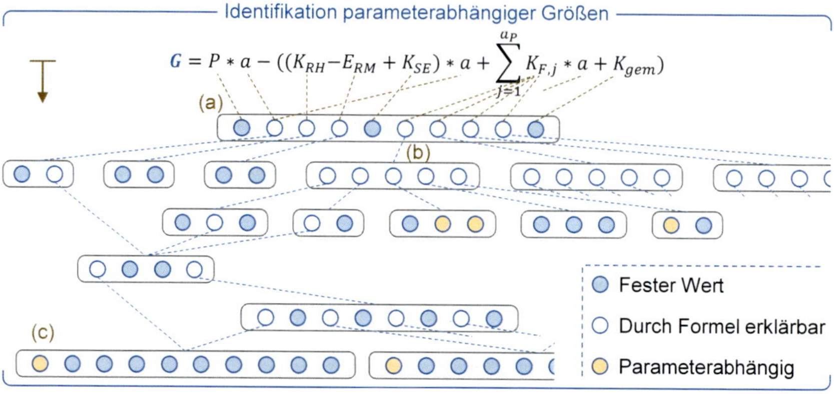

Abbildung 6-26: Vorgehen zur Identifikation von parameterabhängigen Größen

Procedure for the Identification of Process Parameter-Dependent Values

Ist eine Größe nicht bekannt und ist kein formaler Zusammenhang durch das Bewertungsmodell gegeben (bspw. für die Prozesszeit, vgl. Abbildung 6-26 (c)), markieren Anwendende diese Größe als prozessparameterabhängig. Ausgenommen hiervon sind zum Zeitpunkt der Anwendung des Vorgehens unbekannte Größen, die aber unabhängig von Prozessparametern durch Anwendende ermittelt werden können. Schritt 1 des Vorgehens wird so lange durchgeführt, bis alle Größen durch einen festen Wert oder Prozessparameter beschrieben werden.

Als parameterabhängig markierte Größen können je nach Fertigungsprozess bspw. Prozesszeiten, Standmengen oder Energieverbräuche sein. Die Untersuchungen für die Entwicklung des Bewertungsmodells und für das Vorgehen zur Identifikation der parameterabhängigen Größen haben ergeben, dass der überwiegende Anteil der Größen durch feste Werte beschreibbar ist. Dies deckt sich mit den Erfahrungen aus verschiedenen Industrieprojekten der Abteilung TECHNOLOGIEMANAGEMENT IN DER FERTIGUNG am WERKZEUGMASCHINENLABOR WZL DER RWTH AACHEN. In der überwiegenden Anzahl der untersuchten Beispiele blieben ausschließlich Prozesszeiten sowie Standmengen als parameterabhängige Größen übrig, wobei diese Größen Input für verschiedene Kostenbestandteile sind.

Im Rahmen der Methodikentwicklung wurde definiert, dass die prozessparameterabhängigen Größen in Schritt 2 des Vorgehens durch Anwendende mittels Modellen zu erklären sind. Die Modelle zur Ermittlung dieser Größen werden im Folgenden als ***Verknüpfungsmodelle*** bezeichnet, da sie die Prozessparameter, welche ebenfalls Inputgröße für die technologischen Modelle zur Prognose der Bauteileigenschaften sind, mit dem Modell zur Bewertung der Wirtschaftlichkeit verknüpfen. Beispiele hierfür sind die Prognose der Prozesszeit eines Schleifprozesses auf der Grundlage alternativer Vorschübe sowie Zustellungen oder die Ermittlung der Standmenge auf der Basis von Abrichtintervallen. Für die Ermittlung der Verknüpfungsmodelle wird das in Abschnitt 6.1.1 vorgestellte Vorgehen zur Ermittlung von Modellen sowie zur

Generierung von Metamodellen für die Prognose von Bauteileigenschaften (vgl. Abbildung 6-4) angewandt. Der Unterschied ist, dass die Modelle für diese Anwendung nicht zur Prognose von Bauteileigenschaften, sondern zur Prognose der gesuchten Größen für die Wirtschaftlichkeitsbewertung zu ermitteln sind.

Im ersten Schritt prüfen Anwendende gemeinsam mit Experten*innen der einzelnen Fertigungsprozesse, ob die zu erklärenden Größen durch vorhandene Modelle beschrieben werden können. Entsprechend des o. g. Beispiels kann die Standmenge einer Schleifscheibe durch die Prozessparameter für das Abrichten modelliert werden. Auswirkungen durch die Anpassung der entsprechenden Parameter auf Bauteileigenschaften, sind Bestandteil der prozessübergreifenden Prognose aus Abschnitt 6.1.1. Sind keine geeigneten Modelle vorhanden, ist in einem zweiten Schritt zu prufen, ob geeignete Daten (bspw. aus vergangenen Fertigungsprozessen oder Untersuchungen) vorhanden sind. Ein Beispiel hierfür sind Untersuchungen des fortlaufenden Stempelverschleißes beim Feinschneiden unter alternativen Prozessparametern. Hierbei ist auch die in Abschnitt 6.1.1 vorgestellte Kombination von Daten und heuristischem Wissen zielführend, um experimentelle Aufwände zu reduzieren. Sind keine geeigneten Daten vorhanden, sind diese in einem dritten Schritt zu erheben oder abzuschätzen. Neben experimentellen Untersuchungen bspw. zu Standzeiten oder der Vorhersage von Prozesszeiten mittels entsprechender Software können Daten auch abgeschätzt werden. Sind geeignete Daten vorhanden oder wurden diese erhoben, folgt in einem fünften Schritt die Modellgenerierung. Hierfür wird auf den Abschnitt 6.1.1 zur Metamodellierung verwiesen.

Unsichere Informationen bei der Bewertung der Wirtschaftlichkeit von Fertigungsprozessfolgen

Im Gegensatz zur unsicherheitsbehafteten Prognose der finalen Bauteileigenschaften (vgl. Abschnitt 6.1) ist der Anteil unsicherer Informationen bei der Bewertung der Wirtschaftlichkeit von Fertigungsprozessfolgen gering. Insbesondere die o. g. festen Werte, wie bspw. Anschaffungspreise von Maschinen, Stundenlöhne von Mitarbeitenden, Werkzeugpreise oder Erholzeiten, sind aufgrund der vorhandenen Fertigungsmittel gesichert oder mit geringem Aufwand zu ermitteln. Dennoch können Restunsicherheiten bspw. resultierend aus einem Verknüpfungsmodell zur Ermittlung von Prozess- oder Standzeiten als prozessparameterabhängige Größen vorliegen. Zum Umgang mit diesen Unsicherheiten bei der Wirtschaftlichkeitsbewertung wurden verschiedene Ansätze wie bspw. die Fuzzy-Logik [KRUS95] oder die Unsicherheitstheorie nach DEMPSTER und SHAFER [SHAF76] hinsichtlich ihrer Eignung für den vorliegenden Anwendungsfall untersucht, da der in Abschnitt 6.1.2 angewandte RMSE hier nicht zweckbezogen ist. Dabei wurden Ansätze, bei denen Unsicherheiten aufwändig modelliert und alternative Informationsquellen bewertet werden, aufgrund des hohen Anwendungsaufwands sowie der Unzweckmäßigkeit als ungeeignet bewertet (vgl. formale Anforderungen an die Methodik). Als vielversprechendste Lösungsansätze wurden die Anwendung von Intervallen, Szenarien sowie Mittelwerten identifiziert, da angenommen wurde, dass diese für den Vergleich alternativer Prozessparameterkombinationen eine ausreichende Genauigkeit aufweisen und somit zweckbezogen sind. Der Nachweis hierfür folgt im folgenden Abschnitt innerhalb der Validierung.

Auf Basis der o. g. Analyse wurde eine ***Methode zur Berücksichtigung von Unsicherheiten bei der Bewertung der Wirtschaftlichkeit*** von Fertigungsprozessfolgen abgeleitet. Innerhalb dieser ist eine Unterscheidung für zwei Fälle vorzunehmen. Liegt Unsicherheit bzgl. einer relevanten Größe (bspw. der Standmenge eines Werkzeuges) aufgrund von Prozessstreuung vor, nutzen Anwendende den Mittelwert oder den um ein Sicherheitsaufmaß angepassten Mittelwert (Fall 1). Für die Anwendung des Mittelwerts liegt die Annahme einer normalverteilten Streuung zu Grunde, sodass der Mittelwert bei einer ausreichend hohen Stückzahl eine gute Näherung darstellt. Wie oben erläutert, sind aleatorische Unsicherheiten (Prozessstreuungen) nur beschreibbar. In den übrigen Fällen, z. B. bei unsicheren festen Größen (bspw. Materialpreisen) oder Größen, für die keine Verteilung bekannt ist (bspw. Prozesszeiten), werden Szenarien zur Beschreibung dieser Größe durch Anwendende angegeben (Fall 2). In diesem Fall wird die Wirtschaftlichkeitsbewertung jeweils für die Szenarien durchgeführt. Der Vergleich der berechneten Ergebnisse für die sog. Extrem-Szenarien (Szenarien mit maximalen Ausprägungen) gibt an, wie groß der Einfluss der Unsicherheit/Szenarien auf die Wirtschaftlichkeit ist. Dies wird in der Methodik als Indikator für relevante Stellhebel zur Unsicherheitsreduktion genutzt. Weitere Erläuterungen zur Bewertung von Unsicherheiten bzgl. der Prozessauslegung sind in Abschnitt 6.3 enthalten.

Haben Anwendende alle Verknüpfungsmodelle ermittelt und eine Bewertung der Unsicherheiten einzelner Größen durchgeführt, ermöglicht dies, dass die Wirtschaftlichkeit für alternative Prozessparameterkombinationen der Fertigungsprozessfolge bewertet werden kann. Dabei stellt das wirtschaftliche Ergebnis einer Prozessfolge die Zielgröße für die Optimierung der Prozessfolge in Abschnitt 6.3 dar.

An dieser Stelle ist herauszustellen, dass das entwickelte Vorgehen ebenso auf weitere Zielgrößen, welche nicht unmittelbar wirtschaftlich zu bewerten sind, übertragbar ist. Wie die Untersuchungen im Rahmen der Modellentwicklung und verschiedene Anwendungsbeispiele aus dem Technologiemanagement (z. B. die Untersuchung einer Prozessfolge zur Fertigung von Ritzelwellen [BECK22]) zeigen, entsprechen die durch Verknüpfungsmodelle zu erklärenden Größen der Wirtschaftlichkeitsbewertung im hohen Maße den prozessparameterabhängigen Größen, die für eine Ökologiebewertung notwendig sind. Die grundlegenden Modelle zur Bewertung der ökologischen Auswirkungen von Fertigungsprozessen sind in der Dissertation von GRÜNEBAUM enthalten, vgl. Abschnitt 4.1.2. Diese Modelle bestehen (wie auch das Modell zur Wirtschaftlichkeitsbewertung) überwiegendaus festen Werten, welche bspw. das Verhältnis aus eingesetzter elektrischer Energie oder Betriebsstoffen sowie dem emittiertem CO_2 beschreiben und durch die Anwendung von Datenbanken zu ermitteln sind. Variable, prozessparameterabhängige Größen für diese Modelle sind insbesondere Standmengen, mittels derer die den Werkzeugen oder Betriebsstoffen zugeordneten Emissionen auf die einzelnen Bauteile verteilt werden. Ebenso gehören Prozesszeiten und die damit korrelierten Energieverbräuche von Prozessen zu den prozessparameterabhängigen Größen der Ökologiebewertung. Diese Beispiele zeigen, dass das entwickelte Vorgehen ebenso zur Verknüpfung von Prozessparametern mit Modellen zur Ökologiebewertung anwendbar ist.

6.2.3 Validierung und Zwischenfazit

Validation and Interim Conclusion

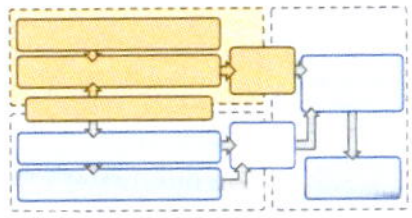

Aufbauend auf der in den Abschnitten 6.2.1 und 6.2.2 vorgestellten Entwicklungen zur Bewertung der Wirtschaftlichkeit von Fertigungsprozessfolgen folgt in diesem Abschnitt die Überprüfung des entwickelten Modells zur Bewertung der Wirtschaftlichkeit von Fertigungsprozessfolgen, des Vorgehens zur Verknüpfung des Bewertungsmodells mit Prozessparametern sowie der Methode zur Berücksichtigung von Unsicherheiten bei der Wirtschaftlichkeitsbewertung. Hierfür wird, wie in Abschnitt 6.1.3, die Erfüllung der inhaltlichen und formalen Anforderungen sowie Anwendbarkeit anhand eines Fallbeispiels bewertet.

Das ***Fallbeispiel*** basiert auf den Ergebnissen verschiedener Projekte sowie Technologieexperten*innenwissen am WERKZEUGMASCHINENLABOR WZL DER RWTH AACHEN[d]. Das Beispiel wurde für die Überprüfung der Entwicklungen zur Bewertung der Wirtschaftlichkeit von Fertigungsprozessfolgen konstruiert. Im Fallbeispiel ist die Prozessfolge mit den Fertigungsmitteln der Technologien Feinschneiden, Flachschleifen und Gleitschleifen entsprechend des Untersuchungsbereiches der vorliegenden Arbeit vorhanden, vgl. Abbildung 6-27. Mittels dieser Prozessfolge werden Zahnräder in hoher Stückzahl (entsprechend der Serienfertigung) hergestellt.

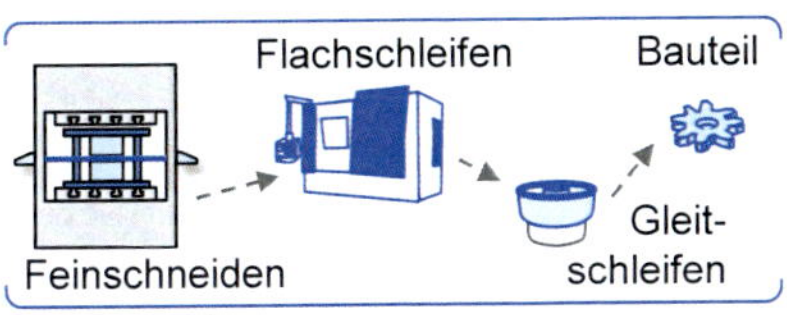

Abbildung 6-27: Fertigungsprozessfolge zur Herstellung von Zahnrädern

Manufacturing Process Sequence for the Production of Gear Wheels

Mittels Feinschneiden aus Bandmaterial wird die Kontur des Zahnrades erzeugt. Da Feinschneiden einen sehr hohen Glattschnittanteil ermöglicht, wird die Kontur des Zahnrades bzw. werden die Flächen der einzelnen Zähne nicht nachbearbeitet. Durch das Feinschneiden entstehen am Bauteil ein Kanteneinzug und ein Grat auf der dem Kanteneinzug gegenüberliegenden Seite. Je nach Anwendung ist es notwendig, dass der Kanteneinzug reduziert oder entfernt wird, da dieser bspw. in Ölpumpen eine Leckagestelle darstellt oder zu einem erhöhten Gewicht des Zahnrades bezogen auf die nutzbare Fläche des Zahnkontaktes führt. Im vorliegenden Fallbeispiel liegt diese Anforderung vor, sodass der Kanteneinzug durch einen Flachschleifprozess (Schruppen) entfernt wird. Durch einen anschließenden Gleitschleifprozess werden der beim

[d] Die hier zur Überprüfung der entwickelten Teilmethodik eingesetzten Daten sowie technologischen Zusammenhänge wurden gemeinsam mit den Technologieexperten Dr.-Ing. HERMAN VOIGTS (Feinschneiden), MARC BREDTHAUER (Flachschleifen) sowie Dr.-Ing. MARIUS OHLERT (Gleitschleifen) ermittelt.

Feinschneiden entstandene Grat entfernt sowie die Oberflächenrauheit auf der mittels Flachschleifen bearbeiteten Seite verbessert. Das Ziel, welches innerhalb des Fallbeispiels verfolgt wird, ist die Bewertung der Wirtschaftlichkeit der Fertigungsprozessfolge in Abhängigkeit von unterschiedlichen Prozessparameterkombinationen.

Verknüpfung des Modells zur Bewertung der Wirtschaftlichkeit mit Prozessparametern im Fallbeispiel

Entsprechend des in Abschnitt 6.2.2 erläuterten Vorgehens zur Verknüpfung des Modells zur Bewertung der Wirtschaftlichkeit mit Prozessparametern wurden im ersten Schritt alle parameterabhängigen Größen identifiziert. Hierfür wurde die Funktion zur Ermittlung des Gewinns detailliert, bis alle Größen entweder durch eine Formel oder einen fixen Wert erklärt oder als prozessparameterabhängig markiert wurden. Ein Ausschnitt des Ergebnisses, in dem das Feinschneiden (Prozess 1) detailliert gezeigt wird, ist in Abbildung 6-28 dargestellt.

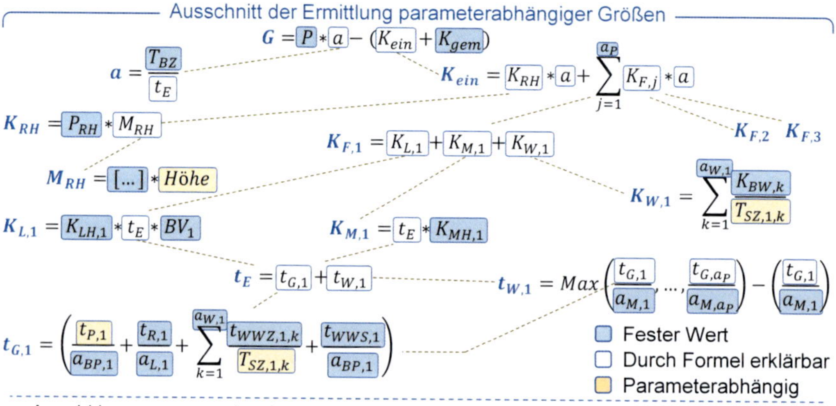

a: Anzahl hergestellter Bauteil
a_{BP}: Anzahl parallel bearbeiteter Bauteile
a_L: Losgröße
a_M: Anzahl an Maschinen für einen Prozess
a_P: Anzahl der Prozesse
a_W: Anzahl der Werkzeuge
BV: Bedienverhältnis
G: Gewinn
j: Laufvariable für den entsprechenden Fertigungsprozess in der Prozessfolge
$K_{BW,k}$: Beschaffungskosten Werkzeug k
K_{ein}: Einzelkosten
K_F: Fertigungskosten
K_{gem}: Gemeinkosten
K_L: Lohnkosten
K_{LH}: Kosten für Mitarbeitende pro Stunde
K_M: Maschinenkosten
K_{MH}: Maschinenstundensatz
K_{RH}: Kosten des Rohmaterials oder Halbzeugs je Bauteil
K_W: Werkzeugkosten
M_{RH}: Menge an Rohmaterial oder Halbzeug je Bauteil
P: Preis des hergestellten Bauteils
P_{RH}: Preis für Rohmaterial oder Halbzeug
T_{BZ}: Bezugszeitraum
t_E: Zeit pro Bauteil
t_G: Grundzeit
t_P: Prozessdauer
T_{SZ}: Standzeit oder Standmenge für Werkzeug oder Hilfs-/Betriebsstoff
t_W: Wartezeit
t_{WWS}: Werkstückwechselzeit
t_{WWZ}: Werkzeugwechselzeit
W: Wirtschaftlichkeit

Abbildung 6-28: Ermittlung der prozessparameterabhängigen Größen (Ausschnitt)

Determination of Process Dependent Values (Extract)

Innerhalb des Fallbeispiels wurden im ersten Schritt die verschiedenen festen Werte ermittelt. So wurden bspw. der Bezugszeitraum T_{BZ} festgelegt sowie der Maschinenstundensatz auf der Grundlage vorhandener Informationen (Maschinenanschaffungspreis, Flächenbedarf, Instandhaltungskosten etc.) berechnet. Die für die Wirtschaftlichkeitsbewertung genutzten Werte der einzelnen Fertigungsprozesse sind im Anhang in Abbildung 10-2 enthalten. Größen, wie bspw. die Zeit je Einheit t_E, werden entsprechend des entwickelten Bewertungsmodells (vgl. Abschnitt 6.2.1) durch die entsprechende Formel erklärt.

Die restlichen Größen sind solche, bei denen eine Abhängigkeit von Prozessparametern bzw. der Prozessauslegung (bspw. Definition der Anforderungen an das Halbzeug) erwartet wird. Beim Feinschneiden betrifft dies die Standmenge des Stempels sowie die Standmenge der Matrize, die Prozessdauer und die Höhe des Bandmaterials. Im Fallbeispiel wird die Standmenge des Stempels durch die Bauteilanzahl, nach welcher der Stempel nachgesetzt oder ausgetauscht wird, ersetzt. Dabei ist diese Anzahl, welche nicht zwangsläufig der maximalen realen Standmenge entspricht, eine Stellgröße innerhalb der Prozessauslegung, wobei eine maximale Anzahl entsprechend der realen Standmenge des Stempels berücksichtigt wird. In Abstimmung mit Experten*innen wurde die Annahme getroffen, dass die Standmenge der Matrize dreimal so hoch ist, wie die Standmenge des Stempels. Die Prozesszeit beim Feinschneiden wird durch den Prozessparameter Anzahl der Hübe pro Minute festgelegt. Die Höhe des Bandmaterials ist ebenfalls als Parameter innerhalb der Prozessauslegung festzulegen. Bei den anderen beiden Prozessen sind die Prozesszeiten sowie die Standmenge der Schleifscheibe beim Flachschleifen prozessparameterabhängig.

Da nicht alle prozessparameterabhängigen Größen, wie bspw. der Standweg beim Flachschleifen, direkt einstellbare Parameter darstellen, war die Generierung von Verknüpfungsmodellen entsprechend des entwickelten Vorgehens (vgl. Abschnitt 6.2.2) notwendig. Für das Fallbeispiel wurden diese Modelle (bspw. die Ermittlung der Prozesszeit oder des Standweges beim Flachschleifen auf Basis der Werkstückgeschwindigkeit und der Zustellung sowie des resultierenden bezogenen Zeitspanungsvolumens) gemeinsam mit den o. g. Technologieexperten auf der Basis von vorhandenen Daten sowie Wissen abgeleitet. Ein Überblick über alle im Fallbeispiel einzustellenden Parameter inklusive der Parameterbereiche ist in Abbildung 6-29 dargestellt.

Prozessparameter im Fallbeispiel

Feinschneiden:
Standmenge des Stempels [14.000-38.000 Bauteile]
Prozessgeschwindigkeit [50-100 Hübe/min]
Höhe des Bandmaterials [7-8 mm]
Flachschleifen:
Werkstückgeschwindigkeit [400-900 mm/min]
Gleitschleifen:
Prozesszeit [38-48 min]

Abbildung 6-29: Prozessparameter im Fallbeispiel

Process Parameters in the Case Study

Zur Erfüllung der formalen Anforderungen Nutzungsfreundlichkeit sowie geringer Aufwand bei der Methodikanwendung wurden das Modell zu Bewertung der Wirtschaftlichkeit von Fertigungsprozessfolgen und die Verknüpfungsmodelle in die Software MICROSOFT EXCEL ® 2016 (im Folgenden als Excel bezeichnet) implementiert.

Berechnung der Wirtschaftlichkeit

Das Ergebnis der Berechnung der Wirtschaftlichkeit für eine spezifische Prozessparameterkombination ist in der Abbildung 6-30 dargestellt. Als Kennwert für die Wirtschaftlichkeit wird im Folgenden der Gewinn bzw. Verlust durch die Fertigungsprozessfolge ermittelt. Die Abbildung zeigt die ausgewählten Prozessparameter sowie den mit der Prozessfolge erzielbaren Gewinn und die fertigbaren Bauteile innerhalb eines Bezugszeitraumes. Im vorliegenden Beispiel wurde ermittelt, dass innerhalb eines Bezugszeitraumes von 2.000 Stunden (entspricht der jährlichen Maschinenlaufzeit) ca. 245.500 Bauteile gefertigt werden, womit beim angenommenen Bauteilpreis von 1,60 € ein Gewinn von ca. 7.589 € erzielt wird. Die Berechnung der fertigbaren Bauteile wird durch eine integrierte Engpassermittlung ermöglicht. Für die gewählte Prozessparameterkombination wird hierzu deutlich, dass der Flachschleifprozess den Engpass bildet und die übrigen Prozesse freie Kapazitäten haben, vgl. Abbildung 6-30. Des Weiteren werden die Gesamtkosten untergliedert, sodass diese den einzelnen Prozessen sowie dem Rohmaterial und den Gemeinaufwänden zugeordnet werden können. Insbesondere die in der Abbildung dargestellten, theoretischen Bauteilmengen (entsprechend der der Kapazitäten der Fertigungsmittel) unterstreichen die Notwendigkeit der prozessübergreifenden Bewertung der Wirtschaftlichkeit.

Gewinnbewertung als Kennwert für die Wirtschaftlichkeit

Feinschneiden:	
34.000	Standmenge [Bauteile]
50	Prozessgeschwindigkeit [Hübe/min]
7,4	Höhe des Bandmaterials [mm]
Flachschleifen:	
400	Werkstückgeschwindigkeit [mm/min]
Gleitschleifen:	
46	Prozesszeit [min]

Theoretische Mengen [Bauteile]:	
343.738	Feinschneiden
245.482	Flachschleifen
275.354	Gleitschleifen

Ergebnis:	
7.589 €	**Gewinn**
245.482	**Bauteile**
(innerhalb T_{BZ} von 2.000 h sowie Verkaufspreis von 1,6 €/Bauteil)	

Kosten:	
1,57 €	**Fertigungskosten**
0,24 €	Rohmaterial
0,21 €	Gemeinkosten
0,16 €	Feinschneiden
0,68 €	Flachschleifen
0,27 €	Gleitschleifen

Abbildung 6-30: Ermittlung des Gewinns für eine Prozessparameterkombination auf Basis der theoretisch herstellbaren Bauteilmengen im Bezugszeitraum

Determination of the Profit of One Process Parameter Combination on the Basis of the Theoretically Producible Component Quantities in the Reference Period

Zum Vergleich zu den in Abbildung 6-30 dargestellten Kosten (mit Berücksichtigung prozessübergreifender Abhängigkeiten) wurden die Kosten der einzelnen Prozesse ohne Berücksichtigung wirtschaftlicher und prozessübergreifender Abhängigkeiten (also ohne Berücksichtigung von Wartezeiten) berechnet, vgl. Abbildung 6-31. Diese Berechnung zeigt, dass in diesem Fall (fälschlicherweise) geringere Kosten durch günstigeres Feinschneiden und Gleitschleifen erzielt würden, weil Wartezeiten, die aufgrund fehlender Bauteile durch den Engpass Flachschleifen, unberücksichtigt bleiben bzw. keine Kapazitäten berücksichtigt werden. Der theoretische Gewinn im bei gleicher Bauteilmenge für den Fall ohne die aufgrund von Wartezeiten vorhandenen Kosten beträgt 20.470 € und ist somit mehr als doppelt so hoch wie der berechnete Gewinn bei Berücksichtigung der prozessübergreifenden Abhängigkeiten. Dies verdeutlicht die Notwendigkeit der prozessübergreifenden Bewertung, da die isolierte Betrachtung und Auslegung einzelner Fertigungsprozesse nicht realitätsnah ist und zu einer Überschätzung des zu erwartenden Gewinns führt.

Wirtschaftlichkeitsbewertung ohne prozessübergreifende Abhängigkeiten

Kosten (ohne Abhängigkeiten):	
1,52 €	**Fertigungskosten**
0,24 €	Rohmaterial
0,21 €	Gemeinkosten
0,13 €	Feinschneiden
0,68 €	Flachschleifen
0,25 €	Gleitschleifen

Abbildung 6-31: Wirtschaftlichkeitsbewertung ohne prozessübergreifende Abhängigkeiten

Evaluation of the Economic Efficiency Without Cross-process Dependencies

Wirtschaftlichkeitsbewertung inklusive der Berücksichtigung fertigungstechnologischer Randbedingungen

Wie oben gezeigt, ermöglicht das entwickelte Vorgehen die Berechnung der Wirtschaftlichkeit von Fertigungsprozessfolgen. Im Rahmen des Fallbeispiels wurde diese Wirtschaftlichkeitsbewertung um die Berücksichtigung fertigungstechnologischer Randbedingungen in Anlehnung an den Abschnitt 6.1 erweitert. So wurden bspw. gemeinsam mit den o. g. Technologieexperten Modelle zur Prognose des Kantenradius sowie des entstehenden Grats in Abhängigkeit von der Standmenge des Feinschneidstempels (entspricht der Bauteilanzahl, nach welcher der Stempel nachgesetzt oder ausgetauscht wird, vgl. Abbildung 6-32) sowie unterschiedlicher Prozessgeschwindigkeiten generiert. Grundlage hierfür waren die Ergebnisse eines Industrieprojektes zur Untersuchung des Verschleißverhaltens des Stempels beim Feinschneiden sowie das Erfahrungswissen des Technologieexperten für das Feinschneiden. Es wurden Randbedingungen eingeführt, dass die Höhe des Bandmaterials der Summe aus der Höhe des Zielbauteils und der Höhe des Kanteneinzugs entspricht und die gesamte Höhe des Kantenradius durch den Flachschleifprozess entfernt wird. Da die Höhe des Kanteneinzugs abhängig von der Standmenge ist (vgl. Abbildung 6-32), sind somit die Höhe des Bandmaterials sowie das im Flachschleifen zu zerspanende Volumen auch von dieser Standzeit abhängig. Daher wird die Bandmaterialhöhe, wie oben beschrieben, als Prozessparameter definiert. Des

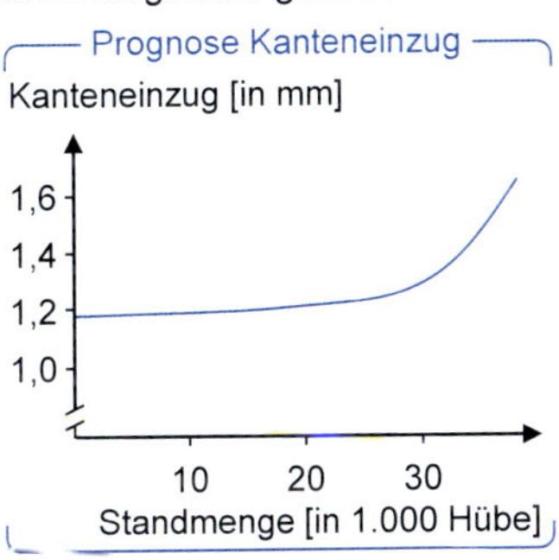

Abbildung 6-32: Prognose Kanteneinzug (Feinschneiden)

Prediction Die Roll Height (Fine Blanking)

Weiteren wurde die Prozesszeit beim Gleitschleifen mit den Experten so modelliert, dass der Grat nach dem Feinschneiden und dass die geforderte Oberflächenrauheit (auf der flachgeschliffenen/geschruppten Oberfläche) erreicht werden. Aus den Modellierungen dieser technologischen Randbedingungen folgt somit unter anderem, dass höhere Standmengen beim Feinschneiden, welche zur Reduktion der Feinschneidkosten beitragen, zu einem erhöhten Kantenradius sowie höherer Gratbildung führen. Hierdurch steigen die Höhe des Bandmaterials sowie die im Flachschleifen zu zerspanenden Volumina an, woraus höhere Material- und Schleifkosten resultieren. Des Weiteren bestehen Abhängigkeiten zwischen der Werkstückgeschwindigkeit beim Flachschleifen, dem Schleifscheibenverschleiß sowie der resultierenden Oberflächenrauheit, welche eine Input-Größe für den Gleitschleifprozess darstellt.

Zur Identifikation einer optimierten Prozessfolgenauslegung erfolgte die Bewertung der Wirtschaftlichkeit unterschiedlicher Prozessparameterkombinationen, für welche die fertigungstechnologischen Randbedingungen zur Erreichung der geforderten Bauteileigenschaften eingehalten werden. Ausgewählte graphische Darstellungen des Gewinns der Prozessfolge in Abhängigkeit von der gewählten Standmenge beim Feinschneiden sowie der Werkstückgeschwindigkeit beim Flachschleifen sind in der Abbildung 6-33 visualisiert. Wie die Abbildung zeigt, führt die Optimierung der Wirtschaftlichkeit eines Fertigungsprozesses (z. B. hohe Standmengen beim Feinschneiden oder hohe Geschwindigkeit beim Schleifen) nicht zur Optimierung der Wirtschaftlichkeit der gesamten Prozessfolge. Wie die Abbildung zeigt, existieren unterschiedliche lokale Optima für den Fall, dass ein Prozessparameter (bspw. die Werkstückgeschwindigkeit beim Flachschleifen) als konstant angenommen bzw. isoliert ausgelegt wird. So sind bspw. bei geringen Werkstückgeschwindigkeiten beim Flachschleifen (400 oder 525 mm/min) höhere Standmengen beim Feinschneiden (jeweils ca. 30.000 und 34.000 Bauteile) vorteilhafter als geringere Mengen.

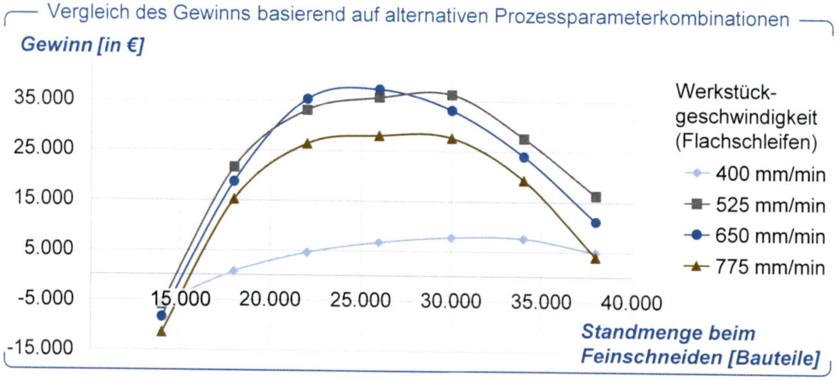

Abbildung 6-33: Gewinne aus der Fertigungsprozessfolge bei alternativen Prozessparameterkombinationen und fertigungstechnologischen Randbedingungen

Profits from the Manufacturing Process Sequence with Alternative Process Parameter Combinations and Manufacturing Technology Boundary Conditions

Liegen höhere Werkstückgeschwindigkeiten beim Schleifen (650 oder 775 mm/min) vor, sind geringere Standmengen beim Feinschneiden (ca. 26.000 Bauteile) vorteilhafter. Erklärungen hierfür sind, dass die Kombination aus hohen Kanteneinzügen, die aus hohen Standmengen beim Feinschneiden resultieren, gemeinsam mit hohen Werkstückgeschwindigkeiten beim Schleifen zu großen bezogenen Zeitspanungsvolumina und damit zu vergleichsweise hohem Schleifscheibenverschleiß sowie hoher Oberflächenrauheit führt. Daher ist eine ganzheitliche Optimierung erforderlich, um die Wirtschaftlichkeit von Fertigungsprozessfolgen global zu optimieren.

Unsicherheiten bei der Bewertung der Wirtschaftlichkeit

Wie in Abschnitt 6.2.2 erläutert, wurde eine Methode zur Berücksichtigung von Unsicherheiten bei der Bewertung der Wirtschaftlichkeit entwickelt. Diese wurde zur Überprüfung ebenfalls auf das Fallbeispiel angewandt, wobei die Einflüsse der Unsicherheiten verschiedener Größen bewertet wurden. Im Folgenden werden zwei Beispiele exemplarisch vorgestellt. Für die Berechnung der Grundzeit des Flachschleifprozesses wurde für die oben gezeigten Ergebnisse u. a. eine Verfahrdauer von drei Sekunden angenommen. Im Rahmen des Fallbeispiels wurde untersucht, welchen Einfluss eine Unsicherheit bzgl. dieser Dauer auf das Gesamtergebnis aufweist. Zur verbesserten Darstellung wurde angenommen, dass eine hohe Unsicherheit und somit ein breites Intervall hinsichtlich der Verfahrdauer zwischen 1,5 und 4,5 Sekunden vorliegt. Die Ergebnisse der Untersuchung zeigen, dass bei einer Werkstückgeschwindigkeit beim Flachschleifen von 525 mm/min unterschiedliche Verfahrdauern zu unterschiedlichen Gewinnen führen. Die Erhöhung der Verfahrdauer in dem Bereich, in welchem das Flachschleifen den Engpass bildet und somit keine Kompensation durch die Wartezeit möglich ist, führt zu einer Reduktion des Gewinns der Prozessfolge. Bei einer Verringerung der Verfahrdauer steigt der Gewinn, vgl. Abbildung 6-34.

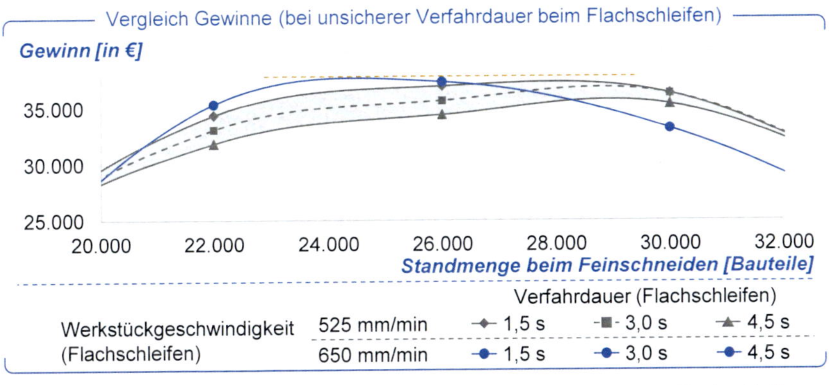

Abbildung 6-34: Analyse der Auswirkungen alternativer Verfahrdauern beim Flachschleifen auf die Wirtschaftlichkeit der Fertigungsprozessfolgen

Analysis of the Effects of Alternative Travel Durations in Surface Grinding on the Economic Efficiency of the Manufacturing Process Sequences

Des Weiteren zeigt die Abbildung, dass die Unsicherheit hinsichtlich der Verfahrdauer keinen Einfluss auf die Gewinnermittlung bei einer Werkstückgeschwindigkeit von 650 mm/min aufweist. Grund hierfür ist, dass das Gleitschleifen den Engpassprozess bildet und der Einfluss der Verfahrdauer bezogen auf die zu bearbeitenden Bauteile vergleichsweise gering ist. Die Erhöhung der Verfahrdauer verlängert die Prozesszeit, was jedoch durch die entsprechende Verringerung der Wartezeit kompensiert wird. Der Vergleich der Kurve (für 650 mm/min) und des Intervalls (für 525 mm/min) zeigt, dass die Werkstückgeschwindigkeit von 650 mm/min unabhängig von der unsicheren Verfahrdauer das optimierte Ergebnis liefert.

Als zweites Beispiel für die Ermittlung des Einflusses unsicherer Größen auf die Wirtschaftlichkeitsbewertung wurde untersucht, welchen Einfluss ein Sicherheitsaufmaß für die Formel zur Ermittlung des Kanteneinzugs nach dem Feinschneiden auf die Wirtschaftlichkeit der Prozessfolge hat. In diesem Fall wurde davon ausgegangen, dass der Kanteneinzug jeweils bis zu 10 % höher (Sicherheitsaufmaß) als ursprünglich ermittelt sein kann. Das Ergebnis dieser Erweiterung zeigt, dass der Gewinn der Fertigungsprozessfolge erwartungsgemäß für alle dargestellten Parameterkombinationen sinkt, vgl. Abbildung 6-35. Gründe hierfür sind unter anderem, dass die Materialkosten aufgrund der Notwendigkeit des höheren Bandmaterials sowie die Kosten des Flachschleifprozesses wegen mehr zu zerspanendem Volumen steigen.

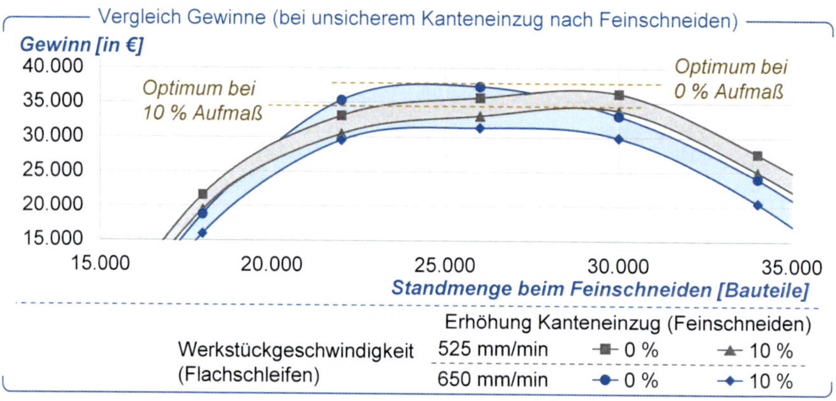

Abbildung 6-35: Analyse der Auswirkungen alternativer Modelle zur Ermittlung des Kantenradius nach dem Feinschneiden auf die Wirtschaftlichkeit der Prozessfolgen

Analysis of the Effects of Alternative Models for the Prediction of the Die Roll Height after Fine Blanking on the Economic Efficiency of the Process Sequences

Wie in der Abbildung dargestellt ist, sinkt der Gewinn bei einer Werkstückgeschwindigkeit im Flachschleifprozess von 525 mm/min weniger als bei 650 mm/min. Dies führt dazu, dass sich die Intervalle der Prozessparameterkombinationen überschneiden und keine (wie im vorherigen Bespiel) eindeutig, optimierte Prozessparameterkombination ermittelt werden kann. Grund für dafür, dass der Gewinn bei 650 mm/min stärker sinkt ist, dass eine höhere Rauheit nach dem Flachschleifen vorliegt und diese zu höheren Prozesszeiten beim Gleitschleifen führt. Im Falle von 525 mm/min wird die Prozesszeit beim Gleitschleifen durch den Grat nach dem Feinschneiden festgelegt, sodass hier der Einfluss höherer Kanteneinzüge auf die Kosten geringer ist.

Durch die Implementierung des Modells zur Berechnung der Wirtschaftlichkeit in Excel konnte bzgl. der vorliegenden Unsicherheit mit geringem Aufwand ermittelt werden, dass bei einer Erhöhung des Kanteneinzugs um ca. 4 % der Punkt vorliegt, bei welchem die Vorteilhaftigkeit der Prozessparameterkombinationen wechselt. Wie Anwendende in dem Fall der Überschneidung von Intervallen vorgehen sowie ein grundsätzlicher Optimierungsansatz zur Identifikation einer wirtschaftlich-technologisch optimierten Prozessparameterkombination zu gestalten ist, wird in Abschnitt 6.3 detailliert.

Zwischenfazit

Die Ergebnisse des Fallbeispiels stützen die Forschungshypothese und unterstreichen die Notwendigkeit einer prozessübergreifenden Optimierung von Fertigungsprozessfolgen, bei welcher sowohl fertigungstechnologische und wirtschaftliche Randbedingungen und Abhängigkeiten eingehalten werden. Die zweite Forschungsfrage bezieht sich auf die Bewertung der Wirtschaftlichkeit von Fertigungsprozessfolgen auf der Grundlage unterschiedlicher Prozessparameterkombinationen sowie unter Berücksichtigung von prozessübergreifenden Abhängigkeiten. Hierfür wurde in Abschnitt 6.2.1 das entwickelte Modell vorgestellt, welches eine Grundlage für die Bewertung der Wirtschaftlichkeit von Fertigungsprozessfolgen bildet (Anforderung 4). Außerdem wurde ein Vorgehen (vgl. Abschnitt 6.2.2) entwickelt, welches bei der Anwendung des Bewertungsmodells bzw. die Verknüpfung des Modells mit Prozessparametern unterstützt, sodass insgesamt die Bewertung der Wirtschaftlichkeit von Fertigungsprozessfolgen ermöglicht wird (Anforderung 5). Außerdem wurde die Entwicklung der Methode zur Berücksichtigung von Unsicherheiten bei der Wirtschaftlichkeitsbewertung erläutert. Wie die Anwendung der Entwicklungen auf das vorgestellte Fallbeispiel zeigt, sind diese widerspruchslos anwendbar und berücksichtigen die formalen und inhaltlichen Anforderungen, vgl. Abschnitt 5.3. Somit wird die zweite Forschungsfrage durch die Erläuterungen in Abschnitt 6.2 beantwortet.

6.3 Auslegung wirtschaftlich-technologisch optimierter Fertigungsprozessfolgen

Design of Economically and Technologically Optimized Manufacturing Process Sequences

Das entwickelte Vorgehen zur Generierung prozessübergreifender Modelle befähigt Anwendende zur Prognose der finalen Bauteileigenschaften für alternative Prozessparameterkombinationen, vgl. Abschnitt 6.1.1. Ergänzend hierzu ermöglicht die Anwendung der in Abschnitt 6.1.2 erläuterten Methode, dass die Unsicherheiten hinsichtlich der Prognose der einzelnen Bauteileigenschaften ermittelt werden können. Des Weiteren werden Anwendende durch das Modell zur Bewertung der Wirtschaftlichkeit von Fertigungsprozessfolgen (Abschnitt 6.2.1) sowie das Vorgehen zur Verknüpfung des Bewertungsmodells mit Prozessparametern (Abschnitt 6.2.2) dabei unterstützt, das wirtschaftliche Ergebnis der Prozessfolge für unterschiedliche Prozessparameterkombinationen zu ermitteln. Somit sind Prozessparameterkombinationen sowohl Input für die Wirtschaftlichkeitsbewertung als auch für die Prognose der Bauteileigenschaften. Um wirtschaftlich-technologisch optimierte Prozessparameterkombinationen zu ermitteln bzw. Prozessfolgen auszulegen, ist es erforderlich, das wirtschaftliche Ergebnis (aus Modul 2) sowie die Bauteileigenschaften (aus Modul 1) integriert zu bewerten. Dies bedeutet, dass die ***Prozessparameterkombination, bei welcher die höchste Wirtschaftlichkeit bei der Erfüllung der geforderten Bauteileigenschaften erreicht wird***, zu identifizieren ist. Dafür wird in Abschnitt 6.3 die Entwicklung von Modellen und Methoden zur Beantwortung der dritten Forschungsfrage beschrieben:

> ***Forschungsfrage 3:*** Wie ist ein Vorgehen zu gestalten, um die wirtschaftlich-technologisch optimierte Prozessparameterkombination auf der Basis prozessübergreifender Modelle zur Vorhersage der finalen Bauteileigenschaften sowie eines Modells zur Bewertung der Wirtschaftlichkeit von Prozessfolgen zu ermitteln?

Eine Übersicht über die gesamte Methodik i. A. a. das Grobkonzept aus Abschnitt 5.5 ist in Abbildung 6-36 enthalten. Ausgehend von alternativen Prozessparameterkombinationen (siehe (1) in der Abbildung) werden das wirtschaftliche Ergebnis (2a) sowie die Bauteileigenschaften inklusive Unsicherheiten ermittelt (2b). Anschließend folgt die Ermittlung der wirtschaftlich-technologisch optimierten Prozessparameterkombination in Abhängigkeit von den zuvor ermittelten Größen (3a) und (3b). Hierfür wird in Abschnitt 6.3.1 die Entwicklung eines Optimierungsvorgehens zur Ermittlung der wirtschaftlich-technologisch optimierten Prozessparameterkombination erläutert. Dieses Vorgehen stellt die Verbindung zwischen Wirtschaftlichkeitsbewertung und Prognose der Bauteileigenschaften dar, welche unabhängig voneinander durchgeführt werden können. Neben der Ermittlung der unter dem gegebenen Informationsstand optimierten Prozessparameterkombination ist es erforderlich, die vorliegende Unsicherheit zu bewerten, vgl. (4) in Abbildung 6-36. Hierfür wird in Abschnitt 6.3.2 die Entwicklung einer Methode erläutert, mit welcher die Unsicherheiten aus der Prognose der Bauteileigenschaften und Wirtschaftlichkeitsbewertung kombiniert und bzgl. der Auswahlentscheidung einer Prozessparameterkombination bewertet werden.

Entsprechend des definierten Untersuchungsbereiches wird die entwickelte Methodik nach der Technologiefeinplanung und vor einer finalen Prozessauslegung durch Technologieexperten*innen angewandt. Wie BERGS et al. ausführen, findet diese finale Prozessauslegung innerhalb des Serienanlaufes statt, in dem die geplante Prozessfolge in eine stabile Serienfertigung überführt wird. Hierfür sind u. a. die Reifegrade der angewandten Prozesse kontinuierlich zu erhöhen. [BERG21] Bezogen auf die im Rahmen dieser Arbeit entwickelten Methodik bedeutet dies, dass innerhalb der finalen Prozessauslegung die Restunsicherheit zur reduzieren bzw. Sicherheit so zu erhöhen ist, dass die wirtschaftlichste Prozessparameterkombination, für welche die Qualitätsanforderungen des Unternehmens sicher erfüllt werden, ermittelt wird.

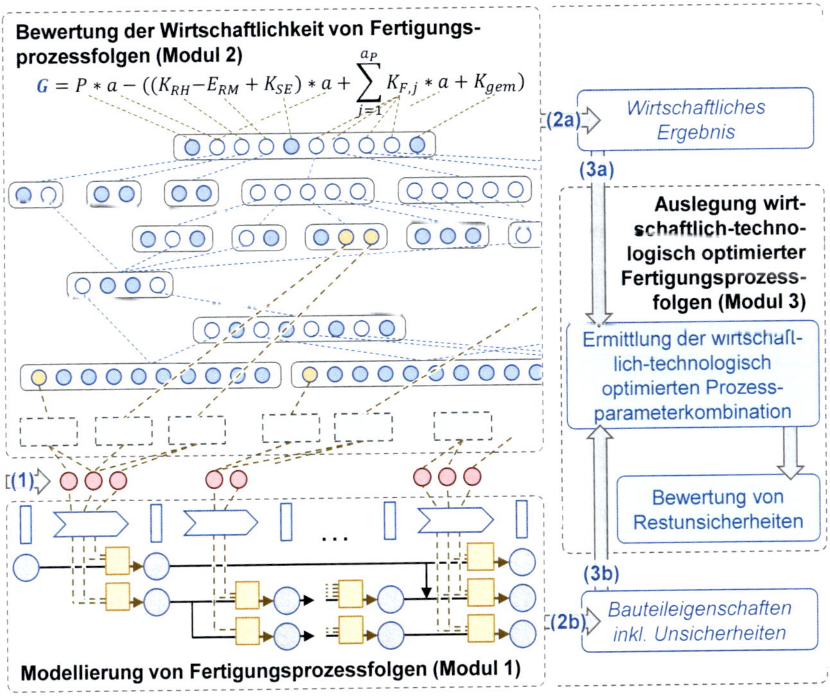

Abbildung 6-36: Verknüpfung der entwickelten Module zur gesamten Methodik

Linking of the Developed Modules to the Overall Methodology

Bezogen auf die o. g. Erhöhung der Sicherheit zur Erfüllung der Qualitätsanforderungen bildet die entwickelte Methodik die Grundlage. Die Erkenntnisse aus der finalen Prozessauslegung bzw. zusätzlichen Informationen können dabei direkt in die zuvor generierten Modelle integriert werden. Ziel hiervon ist es, Sicherheit zu erhöhen und gleichzeitig eine prozessübergreifende Optimierung zu ermöglichen.

6.3.1 Ermittlung der wirtschaftlich-technologisch optimierten Prozessparameterkombination

Determination of the Economically and Technologically Optimized Process Parameter Combination

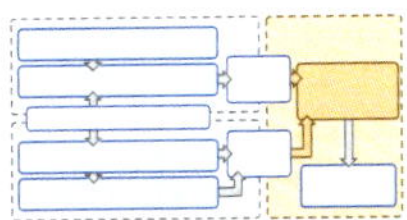

Durch die Entwicklungen in den Abschnitten 6.1 sowie 6.2 werden Anwendende der Methodik bei der Bewertung der Wirtschaftlichkeit (Modul 1) und der Prognose von Bauteileigenschaften für alternative Prozessparameterkombinationen (Modul 2) unterstützt. Um die wirtschaftlich-technologisch optimierte Prozessparameterkombination unter Einhaltung der Bauteilanforderungen zu ermitteln, ist es nötig ein Optimierungsvorgehen zu entwickeln, die beide Größen integriert bewertet, vgl. Abschnitt 5.3.2 – inhaltliche Anforderung 6. Hierzu werden nachfolgend die Rahmenbedingungen für die

Optimierung vorgestellt. Anschließend folgen die Analyse unterschiedlicher Optimierungsansätze in Bezug zur vorliegenden Fragestellung und zum Untersuchungsbereich sowie Erläuterungen zur Anwendung der entwickelten Methode.

Rahmenbedingungen zur Optimierung der Wirtschaftlichkeit von Prozessfolgen

Bezüglich der Rahmenbedingungen zur Optimierung der Wirtschaftlichkeit von Fertigungsprozessfolgen ist das Ziel der Optimierung die Maximierung einer ***Bewertungsfunktion*** [FAUS20]. Die Bewertungsfunktion wird in der entwickelten Methodik durch das Modell zur Bewertung der Wirtschaftlichkeit von Prozessfolgen (vgl. Abschnitt 6.2.1) repräsentiert. Existieren weitere Zielgrößen, wie bspw. durch die Fertigungsprozessfolge verursachte Auswirkungen auf die Umwelt, ist das entwickelte Optimierungsvorgehen ebenfalls anwendbar. In diesem Fall stellen Anwendende ein Zielsystem entsprechend des Analytical Hierarchy Process nach SAATY als Bewertungsfunktion auf, in welchem sie die unterschiedlichen Zielgrößen gewichten und zu einem übergeordneten Zielwert verknüpfen [SAAT90]. Zur vereinfachten Anwendung wurde der Ansatz von SAATY von GOEPEL in eine freie zugängliche Web-Applikation implementiert [GOEP18]. Detaillierte Beschreibungen zur Generierung von Zielsystemen sowie zur Verknüpfung von zu maximierenden und zu minimierenden Zielgrößen sind in der Dissertation von MÜLLER [MÜLL18] enthalten. Außerdem ist bei weiteren Zielgrößen erforderlich, dass Anwendende die Modelle zur Ermittlung dieser Größen ebenfalls mit den Prozessparametern der zu optimierenden Prozessfolge entsprechend des in Abschnitt 6.2.2 vorgestellten Vorgehens verknüpfen.

Bei der Optimierung der Wirtschaftlichkeit ist zu berücksichtigen, dass die fertigungstechnologischen Randbedingungen als ***Nebenbedingungen*** der Optimierung eingehalten werden. Diese Bedingungen legen fest, dass die geforderten Bauteileigenschaften durch die ausgewählte Prozessparameterkombination erzeugt werden. Der bei der Optimierung vorliegende ***Suchraum*** umfasst alle potenziellen Lösungen, welche im vorliegenden Untersuchungsfall durch die verschiedenen Prozessparameterkombinationen abgebildet werden.

Ausgehend von der Zielfunktion, den Nebenbedingungen sowie dem Suchraum ist das vorliegende Optimierungsproblem zu klassifizieren [NOCE99]. Das Optimierungsproblem in der vorliegenden Anwendung weist kontinuierliche Stellgrößen (Prozessparameter wie Vorschub oder Schnittgeschwindigkeit) auf und muss gleichzeitig für diskrete Größen (z. B. Werkzeug A oder Werkzeug B) geeignet sein. Es liegt ein beschränkter Suchraum vor, weil die verschiedenen Prozessparameterbereiche begrenzt sind. Da in Fertigungsprozessfolgen nicht-lineare Zusammenhänge existieren, ist dies bei der Auswahl des Optimierungsansatzes zu berücksichtigen. Durch die prozessübergreifende Betrachtung sollen globale anstelle von lokalen Maxima ermittelt werden, um die bzgl. der Wirtschaftlichkeit bestmögliche Prozessparameterkombination zu identifizieren. Aufbauend auf der Beschreibung der Rahmenbedingungen zur Optimierung von Fertigungsprozessfolgen wurden alternative Optimierungsansätze analysiert. Da sowohl diskrete Parameter (bspw. für die Auswahl zwischen zwei Werkzeugen) als auch kontinuierliche Parameter (z. B. Vorschübe) sowie Interaktionen zwischen den einzelnen Prozessparametern vorliegen können, sind analytische Lösungsverfahren ungeeignet für die zugrundeliegende Problemstellung [PAPA15, S. 24 f.].

Analyse alternativer Optimierungsansätze

Im Rahmen der Analyse wurde ein Ansatz verfolgt, in welchem die Prozessparameterbereiche in eine definierte Anzahl an diskreten Werten unterteilt und anschließend alle resultierenden Prozessparameterkombinationen bzgl. der Wirtschaftlichkeit sowie der Bauteileigenschaften bewertet werden. Hierdurch wird das Optimum näherungsweise ermittelt, wobei mit zunehmender Anzahl an Werten je Prozessparameter eine detaillierte Optimierung durchgeführt wird. Wie Abbildung 6-37 zeigt, steigt die Anzahl der Prozessparameterkombinationen mit der Prozessanzahl exponentiell (logarithmische Skala in Abbildung) an, sodass bei vier Fertigungsprozessen mit jeweils drei Prozessparametern und sechs Werten je Parameter über zwei Milliarden Parameterkombinationen existieren. Bei einer höheren Detaillierung mit bspw. neun Werten je Parameter, existieren über 280 Milliarden Kombinationen. Wird berücksichtigt, dass für die Bewertung jeder Prozessparameterkombination eine Vielzahl an Berechnungen notwendig ist, wird deutlich, dass der Ansatz zur Prüfung aller möglichen Kombinationen für Prozessfolgen mit vielen Prozessen ungeeignet ist. Im Rahmen der Analyse der Optimierungsansätze wurden vielversprechende Ansätze bzw. die zugehörigen Optimierungsalgorithmen in MATLAB implementiert und auf Testfunktionen angewandt[e]. Die Ergebnisse dieser Analysen bestätigen den sehr hohen und bzgl. der formalen Anforderungen an die Methodik nicht zweckbezogenen Rechenaufwand bei der Prüfung aller möglichen Kombinationen an Fertigungsprozessparametern.

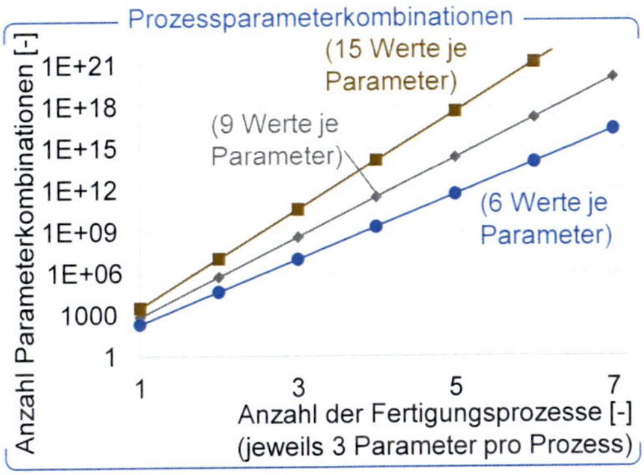

Abbildung 6-37: Anzahl der Prozessparameterkombinationen abhängig von der Prozessanzahl

Process Parameter Combinations Depending on the Number of Processes

Als vielversprechende Ansätze wurden heuristische Optimierungsverfahren (teilweise als stochastische Optimierungsverfahren bezeichnet [SCHR17, S. 377 ff.]) bewertet. Nach PAREJO et al. hat sich die Anwendung dieser Verfahren als geeignetes Werkzeug zur Lösung komplexer Optimierungsprobleme erwiesen [PARE12]. Im Gegensatz zu

[e] Die softwaretechnische Umsetzung in MATLAB, durch welche die Entwicklungen in Abschnitt 6.3.1 sowie die Validierung unterstützt wurden, erfolgte durch EIKE REUTER im Rahmen seiner studentischen Anstellung sowie seiner Masterarbeit.

den exakten, analytischen Verfahren wird die optimale Lösung bei heuristischen Verfahren angenähert, wobei Zufallsgrößen gezielt eingesetzt werden, um das globale Optimum zu ermitteln [SCHR17, S. 377]. Da die Methodik bei der prozessübergreifenden Auslegung von Fertigungsprozessfolgen unterstützen soll, die finale Prozessauslegung im Anschluss durchgeführt wird und die Zielwerte Unsicherheiten unterliegen, ist eine Annäherung an das Optimum zweckbezogen. Aufgrund dessen, dass Heuristiken problemspezifisch auf ein bestimmtes Optimierungsproblem anzuwenden sind, werden Metaheuristiken als heuristische Optimierungsverfahren in dem entwickelten Optimierungsvorgehen eingesetzt. Die Untersuchung alternativer Metaheuristiken, welche die übergeordnete Strategie zur Lösung von Optimierungsproblemen beschreiben und problemunabhängig sind [SÖRE15], wird im Folgenden beschrieben.

Untersuchung alternativer Metaheuristiken

Für die Auswahl einer Metaheuristik wurde eine Literaturrecherche, insbesondere von Literatur-Reviews, welche alternative Heuristiken vergleichen, durchgeführt [HUSS19], [FAUS20], [EZUG20]. Aufgrund der Vielzahl an Ansätzen und teilweise widersprüchlichen Informationen wurde jedoch kein geeigneter Ansatz identifiziert. Zusätzlich enthalten die Ansätze wenig methodische Unterstützung für Anwendende bei der Konfiguration der Algorithmen. Daher wurden aufbauend auf der Literaturrecherche ausgewählte Ansätze softwaretechnisch implementiert, um diese hinsichtlich ihrer Anwendbarkeit auf die zugrundeliegende Fragestellung zu untersuchen. Zu diesen Ansätzen gehören die beiden globalen Suchverfahren Genetischer Algorithmus (GA) sowie Ameisenkolonie-Algorithmus (Ant Colony Optimiziation - ACO), welche, wie im Stand der Forschung erläutert, zu Optimierung einzelner Prozessfolgen genutzt wurden [HEJA15], [BERA16]. Beide Algorithmen basieren darauf, dass im ersten Schritt Prozessparameterkombinationen zufällig ausgewählt und bewertet werden. Die Bewertung erfolgt anhand der vorgegebenen Zielfunktion. Anschließend werden iterativ weitere Prozessparameterkombinationen ausgewählt und bewertet, wobei die Werte von Prozessparameterkombinationen, die zuvor hoch bewertet wurden, mit höherer Wahrscheinlichkeit im nachfolgenden Iterationsschritt enthalten sind. Ebenso werden in jeder Iteration neue Ausprägungen einzelner Parameter zu der zu bewertenden Prozessparameterkombinationen hinzugefügt. [MIRJ19] Weitere Ausführungen zum GA werden in den Ansätzen von D'ADDONA und TETI [D'AD13] sowie MIRJALILI [MIRJ19, S. 43 ff.] erläutert. Für detaillierte Informationen zur ACO sei auf VON RIMSCHA [RIMS17, S. 147 ff.] und MIRJALILI verwiesen [MIRJ19, S. 33 ff.]. Neben dem GA sowie der ACO wurden die Suchverfahren des simulierten Abkühlens (Simulated Annealing – SA) sowie ein Bergsteigeralgorithmus (BA) in einen Softwareprototypen implementiert und weiter untersucht. Beim SA werden sequenziell verschiedene Prozessparameterkombinationen bewertet, welche in einem definierten Suchraum liegen. Die Besonderheit dieses Ansatzes ist, dass der Suchraum kontinuierlich entsprechend der zuvor bewerteten Prozessparameterkombinationen verkleinert wird, um sich somit dem Optimum anzunähern. [AART05] Der BA zählt zu den lokalen, heuristischen Optimierungsverfahren. Ausgehend von einer Start-Prozessparameterkombination prüft der Algorithmus in jeder Iteration, ob die aktuelle Lösung durch die Änderung eines Prozessparameters um eine definierte Schrittweite verbessert werden kann. [RUSS16, S. 122 ff.]

Die Überprüfung der verschiedenen Algorithmen erfolgte anhand von Testfunktionen. Mit diesen Funktionen, welche von JAMIL und YANG als geeignete Funktionen für die Untersuchung globaler Optimierungsprobleme bezeichnet werden, wurden die Algorithmen insbesondere dahingehend untersucht, ob und mit welcher Laufzeit globale Optima ermittelt werden. Bei der Auswahl der Funktionen wurde berücksichtigt, dass die Dimension aller Funktionen (entsprechenden der zu variierenden Prozessparameter) frei festzulegen ist, dass Interaktionen zwischen Parametern und dass lokale Optima enthalten sind. Ausgewählt wurden die in der Abbildung 6-38 dargestellten Trid, Zakharov, Michalewicz und Rastrigin Funktionen. Für weitere Erläuterungen sowie den Formeln zu den Funktionen sei auf JAMIL und YANG verwiesen. [JAMI13]

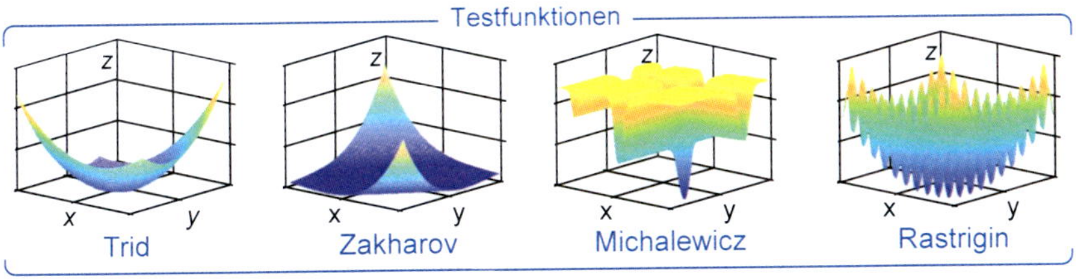

Abbildung 6-38: Testfunktionen zur Bewertung der Optimierungsalgorithmen

Test Functions for the Evaluation of the Optimization Algorithms

Im Rahmen der Entwicklung des Optimierungsvorgehens in dieser Arbeit wurden die o. g. Algorithmen auf jede Testfunktion mit verschiedenen Dimensionen angewandt. Da die metaheuristischen Algorithmen auf Zufallsgrößen basieren, wurde jeder Test zur statistischen Absicherung 50-mal durchgeführt, vgl. Abbildung 6-39. Die Abbildung zeigt für das Beispiel eines genetischen Algorithmus die Entwicklungen der ermittelten besten Lösungen für die einzelnen Durchläufe des Algorithmus entlang der jeweils 200 Iterationen. Wie die Abbildung zeigt, unterscheiden sich die Verläufe der einzelnen Durchgänge sowie die ermittelten besten Lösungen, wodurch die Notwendigkeit zur Durchführung mehrerer Durchgänge unterstrichen wird. In den nachfolgenden Abbildungen sind die Durchschnitte der jeweils 50 Durchläufe dargestellt. Der Genetische Algorithmus mit einer Population von 100 und einer Mutationsrate von 0,1 in wurde auf eine zehndimensionale Rastrigin Funktion angewandt, vgl. Abbildung 6-39.

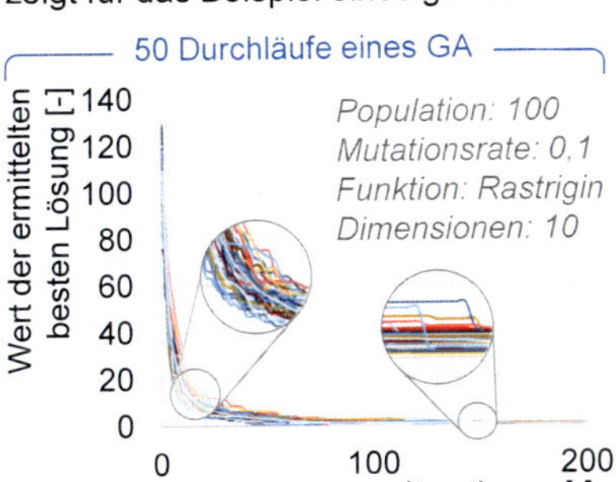

Abbildung 6-39: Wiederholversuche zur statistischen Absicherung

Repeat Tests for Statistical Validation

Neben der Variation der Testfunktionen und Dimensionen wurden alternative Konfigurationen der Algorithmen analysiert. So wurden beim GA verschiedene Populationsgrößen als Menge der bewerteten Prozessparameterkombinationen je Iteration sowie alternative Mutationsraten, die das Maß für die zufällige Änderung von Prozessparameterkombinationen darstellen, überprüft.

Als Beispiel für diese Untersuchungen werden im Folgenden alternative Konfigurationen des Genetischen Algorithmus erläutert, vgl. Abbildung 6-40. Die Abbildung zeigt den Wert der ermittelten besten Lösung entsprechend der Iterationen bezogen auf alternative Konfigurationen des GA. Da die in der Abbildung dargestellten Durchlaufzeiten im hohen Maße von der eingesetzten Rechenleistung abhängen, werden die Zeiten ausschließlich für den Vergleich zwischen den Konfigurationen und nicht für absolute Aussagen eingesetzt. Wie die Untersuchungen zum GA anhand aller Testfunktionen zeigen, ermöglicht der GA eine sehr gute Annäherung an das gesuchte Optimum (Annäherung an null). Jedoch führen zu geringe Populationsgrößen (bspw. 10) dazu, dass insbesondere bei der Rastrigin Funktion, als Extrembeispiel mit vielen, ähnlichen und systematisch verteilten Minima, vielfach nur lokale Optima identifiziert werden. Größere Populationen (bspw. 100 oder 1000) liefern deutlich bessere Resultate. Der notwendige Zeitaufwand für eine Populationsgröße von 1000 ist entsprechend der formalen Anforderungen an die Methodik hier nicht zweckbezogen.

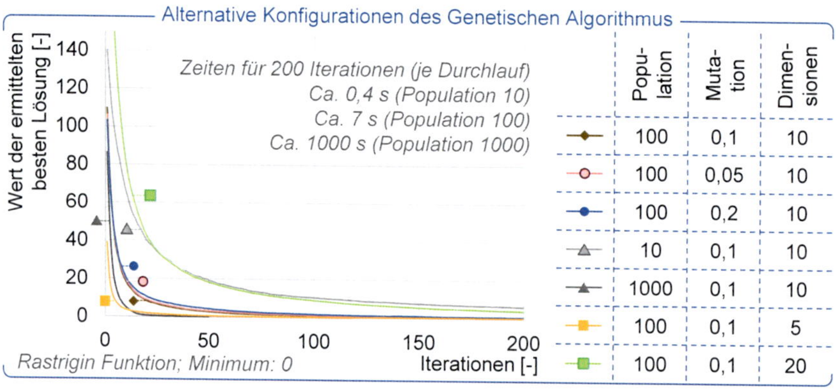

Abbildung 6-40: Beispiel für die Untersuchung alternativer Konfigurationen von Algorithmen

Example for the Examination of Alternative Configurations of Algorithms

Weiter ergaben Die Untersuchungen, dass eine Mutationsrate von 0,1 als zielführend zu bewerten ist. Niedrigere und höhere Mutationsraten bspw. 0,05 und 0,2 führten unter den gegebenen Populationsgrößen und Dimensionen zu geringfügig schlechteren Ergebnissen. Einen hohen Einfluss auf die Anzahl der notwendigen Iterationen hat die Dimension der zu optimierenden Funktion als Menge der auszulegenden Prozessparameter. Wie Abbildung 6-40 zeigt, ist das ermittelte Optimum nach 200 Iterationen bei 20 Dimensionen signifikant schlechter als bei zehn oder fünf Dimensionen bei gleicher Populationsgröße (100). Um bei 20 Dimensionen eine Ergebnisgüte vergleichbar zu zehn Dimensionen und 200 Iterationen zu erhalten, sind ca. 1.000 Iterationen notwendig. Hier kann die Annäherung an das globale Optimum durch eine Erhöhung der Population von 100 auf 250 verbessert werden. Wie zuvor ausgeführt, wurden die Algorithmen auf alle Testfunktionen angewandt. Die Untersuchungen ergaben, dass der GA gut für die Anwendung auf die Rastrigin, Michalewicz und Zakharov Funktion geeignet ist, da in wenigen Iterationen das globale Optimum angenähert wird.

Wie oben beschrieben, wurden weitere Algorithmen entsprechend des gezeigten Vorgehens zur Untersuchung des GA hinsichtlich ihrer Eignung für die vorliegende Problemstellung untersucht. Das Ergebnis der Analyse des Ameisenkoloniealgorithmus ist, dass dieser zeitlich schneller als der GA ist und für die Trid und Zakharov Funktionen sehr gute Ergebnisse (bei einer Koloniegröße von 1.000 und einem sog. Verdampfungswert von 0,5) liefert. Bei der Michalewicz und Rastrigin Funktion erzielte der ACO bei Dimensionen ab ca. zehn allerdings keine ausreichenden Ergebnisse, vgl. Abbildung 6-41. Dazu vergleichbare Ergebnisse ergab die Untersuchung des Simulated Annealings, welche bei der Michalewicz sowie Rastrigin Funktion ebenfalls die Anforderungen an das Optimierungsvorgehen nicht erfüllte. Analysen von Algorithmen zur lokalen Optimierung ergaben sehr kurze Rechenzeiten und erwartungsgemäß sehr gute Ergebnisse bei Funktionen mit einem Optimum.

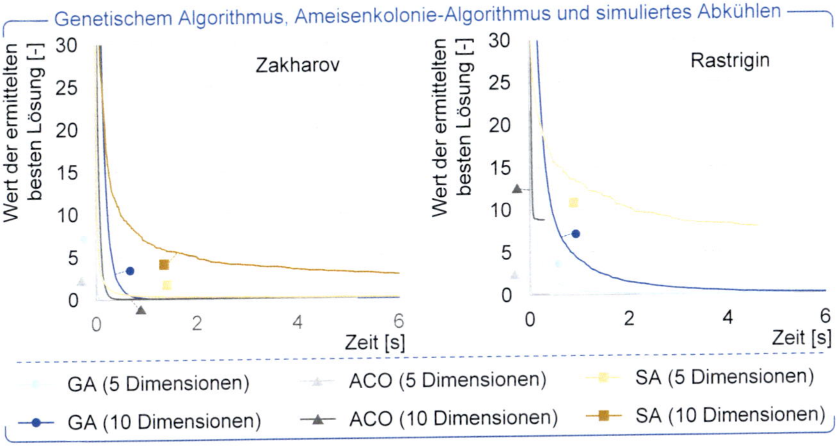

Abbildung 6-41: Vergleich verschiedener Metaheuristiken bzgl. der Erreichung des Optimums

Comparison between Different Metaheuristics Regarding the Finding of the Optimum

Als ***Zwischenergebnis*** ist festzuhalten, dass sich der Genetische Algorithmus dem Bereich, in welchem das globale Optimum liegt, schnell annähert. Ebenso ermöglicht der Algorithmus die Identifikation des Optimums, wobei die Geschwindigkeit (Betrag der Steigung), mit welcher sich der GA dem Optimum annähert, zunehmend geringer wird, vgl. Abbildung 6-40. Somit erfüllt der Genetische Algorithmus alle Anforderungen an das Optimierungsvorgehen und findet daher innerhalb der Methodik zur Auslegung wirtschaftlich-technologisch optimierter Fertigungsprozessfolgen Anwendung.

Exkurs: Hyperheuristiken

Wie zuvor erläutert, weist der GA im Vergleich zu lokalen Suchverfahren Schwächen bzgl. der Geschwindigkeit zur Ermittlung des exakten Optimums auf. Daher wird in diesem Exkurs die Möglichkeit erläutert, die Stärken mehrerer Algorithmen (bspw. GA und BA) zu kombinieren. Hierfür können sog. ***Hyperheuristiken*** eingesetzt werden, die eine übergeordnete Strategie zur Steuerung der einzelnen Algorithmen darstellen [DRAK20]. Hyperheuristiken werden so implementiert, dass sie Informationen zum aktuell ermittelten Optimum sowie des Verlaufes bewerten und auf verschiedene Algorithmen zugreifen bzw. diese anpassen können. Dabei sind die Steuerungsmöglichkeiten vielfältig und umfassen u. a. die Auswahl geeigneter Metaheuristiken oder die kontinuierliche Anpassung von Metaheuristiken (bspw. Änderung der Mutationsrate oder Schrittweite bei einem GA entsprechend des Optimierungsverlaufs) [BURK03]. Im Rahmen der vorliegenden Arbeit wurden unterschiedliche Algorithmen durch eine implementierte Hyperheuristik (HH) verknüpft, um das grundsätzliche Potenzial zu untersuchen. Für die Implementierung[f] in MATLAB, wurde die PARALLEL COMPUTING TOOLBOX genutzt, welche die gleichzeitige Durchführung verschiedener Metaheuristiken ermöglicht. An dieser Stelle sei darauf hingewiesen, dass die Entwicklung neuer Optimierungsalgorithmen oder die Untersuchung verschiedener Hyperheuristiken und deren Spezifika keine Bestandteile der vorliegenden Arbeit sind. Aufgabe der implementierten Hyperheuristik ist es, Informationen zwischen den Algorithmen auszutauschen. Hierfür wird die aktuelle beste Lösung eines Algorithmus nach jeder Iteration an die Hyperheuristik übergeben, die das aktuelle Gesamtoptimum ermittelt. Dieses wird an die einzelnen Metaheuristiken übergeben, die diese Information in die Auswahl der nächsten zu untersuchenden Prozessparameterkombinationen integrieren. Innerhalb der Hyperheuristik wurden ein GA, ein ACO und ein BA kombiniert. Die Darstellung der Interaktionen zwischen der Hyperheuristik und den Metaheuristiken ist in Abbildung 10-3 im Anhang enthalten.

Ausgewählte Ergebnisse des Vergleichs der Hyperheuristik mit Metaheuristiken sind in Abbildung 6-42 dargestellt. Auch bei der Hyperheuristik wurden zur statistischen Absicherung jeweils 50 Wiederholungen durchgeführt, wobei in der Abbildung zur besseren Verdeutlichung der HH ein Durchgang dargestellt wird. Insgesamt zeigen die Untersuchungen, dass die Hyperheuristik bei geringen Dimensionen langsamer und bei hohen Dimensionen vergleichbar schnell oder schneller als der Genetische Algorithmus das Optimum annähert. Die Analyse des Optimierungsverlaufes der HH zeigt, dass die aktuell besten Lösungen teilweise im Wechsel zwischen dem GA und dem BA (insbesondere bei der Rastrigin Funktion), meist jedoch im überwiegenden Anteil durch den GA ermittelt wurden. Durch den Wechsel des Algorithmus, welcher die aktuell beste Lösung ermittelt hat, entsteht ein stufenartiger Verlauf, vgl. Abbildung 6-42.

---

[f] Die softwaretechnische Umsetzung in MATLAB erfolgte durch EIKE REUTER im Rahmen seiner studentischen Anstellung sowie seiner Masterarbeit.

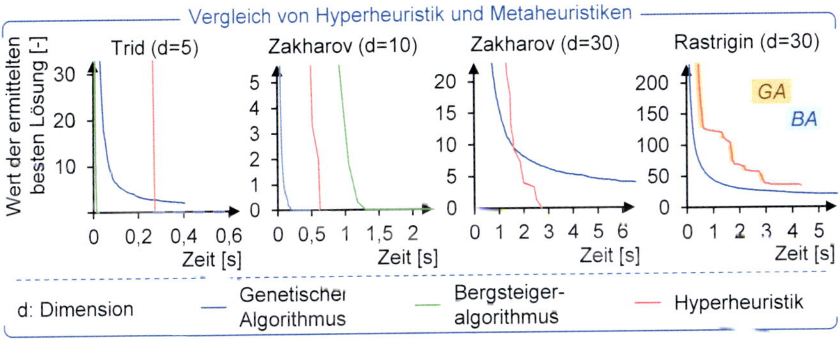

Abbildung 6-42: Vergleich der Hyperheuristik mit den Metaheuristiken

Comparison between Hyper Heuristic and Meta Heuristics

Im dargestellten Beispiel führte der GA zu mehreren großen Verbesserungen und der BA zu vielen kleinen Verbesserungen in dem vom GA identifizierten Bereich. Dies verdeutlicht, dass eine von Beginn an gleichzeitige Durchführung beider Algorithmen nicht zielführend ist und der BA erst angewandt werden sollte, sobald die Verbesserungen durch den GA signifikant geringer werden. An dieser Stelle sei darauf hingewiesen, dass in Abbildung 6-42 jeweils ein Durchlauf der Hyperheuristik dargestellt ist und die Graphen der Metaheuristiken die Durchschnitte von 50 Durchläufen bilden. Insgesamt bieten Hyperheuristiken das Potenzial zur Verbesserung einzelner Algorithmen. Entsprechend der formalen Anforderungen an die Methodik (insbesondere geringer Anwendungsaufwand und Nutzungsfreundlichkeit) werden die teilweise sehr komplexen Hyperheuristiken in der entwickelten Methodik nicht berücksichtigt.

Vorgehen zur Ermittlung der wirtschaftlich-technologisch optimierten Prozessparameterkombination

Auf Basis der durchgeführten Untersuchungen zu alternativen Optimierungsansätzen wurde ein Vorgehen zur Ermittlung der wirtschaftlich-technologisch optimierten Prozessparameterkombination für Fertigungsprozessfolgen abgeleitet. Der Ablauf dieses aus vier Schritten bestehenden Vorgehens ist in Abbildung 6-43 dargestellt. In ***Schritt 1*** verknüpfen Anwendende die Bewertung der Wirtschaftlichkeit von Fertigungsprozessfolgen (Modul 2, vgl. Abschnitt 6.2) mit der Prognose von Bauteileigenschaften (Modul 1, vgl. Abschnitt 6.1). Hierfür wird die Funktion zur Bewertung der Wirtschaftlichkeit als zu maximierende Zielfunktion des Optimierungsalgorithmus eingesetzt. Existieren weitere Zielgrößen, wird ein Zielsystem inklusiver der übergreifenden Zielfunktion entwickelt. Als Optimierungsalgorithmus wird der Genetische Algorithmus empfohlen, da dieser in ausreichend kurzer Zeit das globale Optimum annähert und dabei auch für komplexe Funktionen und Zusammenhänge geeignet ist. Grundsätzlich ist auch die Anwendung einer Hyperheuristik möglich. Außerdem verknüpfen Anwendende die prozessübergreifenden Modelle zur Prognose der finalen Bauteileigenschaften mit dem Optimierungsalgorithmus, sodass die Erfüllung der geforderten

Bauteileigenschaften als notwendige Randbedingung berücksichtigt wird (technologische Optimierung). Bzgl. der Prognose können Anwendende hierbei sowohl den Erwartungswert als auch den um ein Sicherheitsaufmaß erweiterten Erwartungswert angeben. Dabei werden nur solche Prozessparameterkombinationen positiv bewertet, bei denen der Erwartungswert oder der um ein Sicherheitsaufmaß erhöhte Erwartungswert die geforderten Bauteileigenschaften erfüllt. Weitere Erläuterungen hierzu folgen in Abschnitt 6.3.2. Werden Bauteileigenschaften nicht erfüllt, wird die entsprechende Prozessparameterkombination so schlecht bewertet, dass sie mit geringer Wahrscheinlichkeit ein weiteres Mal berücksichtigt wird.

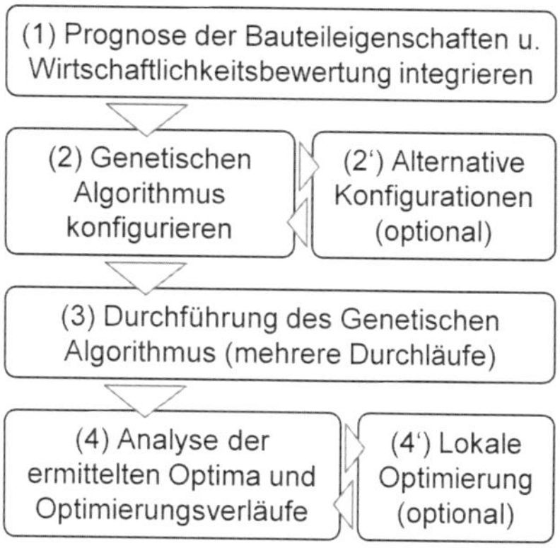

Abbildung 6-43: Vorgehen zur Ermittlung der wirtschaftlich-technologisch optimierten Prozessparameterkombinationen

Procedure for the Determination of Economically and Technologically Optimized Process Parameter Combinations

Im Rahmen der Konfiguration des genetischen Algorithmus in ***Schritt 2*** legen Anwendende die Auflösung für die einzelnen Prozessparameter auf Grundlage der Parameterbereiche fest. Die Auflösung gibt den Detailgrad der auswählbaren Parameter an. Hierzu ergaben die Analysen, dass zu geringe Auflösungen die Wahrscheinlichkeit zur Ermittlung des exakten Optimums verringern. Demnach muss die Auflösung insbesondere bei großen Parameterbereichen ausreichend hoch sein, um die Abhängigkeiten zwischen den einzelnen Prozessen (bspw. die Abbildung von Engpässen) abzubilden. Da der GA das Optimum in kurzer Zeit annähert und die Auflösung beim GA für die vorliegende Anwendung keinen signifikanten Einfluss auf die Rechendauer aufweist, wird eine Auflösung empfohlen, welche den Bereich eines Parameters in mindestens 15 Schritte unterteilt. Bei sehr breiten Parameterbereichen (bspw. der Werkzeuggeschwindigkeit im Fallbeispiel Abschnitt 6.2.3 zwischen 400 und 900 mm/min) werden höherer Auflösungen empfohlen. Ein Indikator für eine passende Auflösung ist der Detailgrad, mit welchem die einzelnen Prozessparameter grundsätzlich angegeben werden. Des Weiteren legen Anwendende auf Basis der Anzahl an Prozessparametern (vgl. Anzahl der Dimensionen oben) die Populationsgröße und Anzahl an Iterationen fest. Bei mehr als zehn Parametern wird eine Populationsgröße von 250 empfohlen (100 bei zehn oder weniger Parametern). Aufgrund der für den Anwendungsfall insgesamt kurzen Rechenzeiten werden mindestens 500 Iterationen (bei vielen Parametern z. B. mehr als 20) empfohlen. Wie die Untersuchungen zur Entwicklung des Optimierungsvorgehens ergaben, streuen die Ergebnisse der Optimierung aufgrund der angewandten Zufallszahlen. Bspw. streut das Optimum beim folgenden Fallbeispiel (vgl. Abschnitt 6.3.3) um ca. 5 %. Daher ist es zielführend, mehrere Durchläufe eines Algorithmus hintereinander durchzuführen, um zufällige Fehlbewertungen zu vermeiden. Die durchgeführten Untersuchungen zeigen, dass mit 25 Durchläufen das Optimum ausreichend angenähert wird. Aufgrund der kurzen Rechenzeiten sind mehr Durchgänge möglich. In diesem Zusammenhang ist es möglich, alternative Konfigurationen des Algorithmus für die Durchläufe zu wählen (***Schritt 2'***). Dies erhöht insbesondere für Anwendende mit wenig Erfahrung bei der Konfiguration von Algorithmen die Sicherheit zur Annäherung an das Optimum.

In ***Schritt 3*** erfolgt die Durchführung der Optimierung. Hier wenden Anwendende den GA entsprechend der definierten Konfiguration und Anzahl der Durchläufe an. Output des Schrittes sind die Verläufe der einzelnen Durchgänge (vgl. Abbildung 6-39) und das erzielte Optimum sowie die entsprechenden Prozessparameterkombinationen. Die Analyse der Ergebnisse durch die Anwendenden erfolgt in ***Schritt 4***. Hierbei analysieren Anwendende die Optimierungsverläufe dahingehend, ob in den letzten, durchgeführten Iterationen signifikante Verbesserungen erzielt wurden. Für die Definition einer signifikanten Verbesserung legen Anwendende einen Grenzwert fest, der die prozentuale Verbesserung (bspw. 2 %) in den letzten 10 % an Iterationen beschreibt. Ist die reale Verbesserung höher als der Grenzwert, wurde die Anzahl der Iterationen zu gering gewählt. Des Weiteren analysieren Anwendende die Verteilung der einzelnen Optima. Liegt eine hohe Verteilung vor und wurde die aktuell beste Lösung nur einmal erreicht, sollten weitere Durchgänge durchgeführt werden. Optional können Anwendende eine lokale Optimierung ausgehend vom ermittelten aktuell besten Wert mit erhöhter Auflösung vornehmen, um das exakte Optimum zu ermitteln (Schritt 4').

6.3.2 Bewertung von Restunsicherheiten

Evaluation of Residual Uncertainties

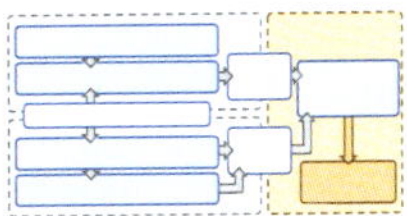

Das Ergebnis des vorgestellten Optimierungsvorgehens ist eine ermittelte Prozessparameterkombination, für welche die höchste Wirtschaftlichkeit unter Berücksichtigung der Anforderungen an das Bauteil erreicht wird. Bei der Berechnung wird davon ausgegangen, dass die Wirtschaftlichkeit der Prozessparameterkombinationen exakt ermittelt werden kann und dass die hergestellten Bauteileigenschaften dem Erwartungswert der Prognose oder dem um ein Sicherheitsaufmaß erhöhten Erwartungswert entsprechen. Um ergänzend dazu die inhaltliche Anforderung 7 an die Methodik bzgl. der Bewertung von Restunsicherheiten zu berücksichtigen, wird im Folgenden die Entwicklung einer Methode zur Bewertung vorliegender Restunsicherheiten auf die Auslegung der Fertigungsprozessfolge vorgestellt.

Methode zur Bewertung der Unsicherheiten bzgl. der Prozessfolgenauslegung

Wie in Abschnitt 6.1.1 erläutert, ermöglichen die durch Anwendende generierten, prozessübergreifenden Modelle die Prognose von finalen Bauteileigenschaften. Mittels der in Abschnitt 6.1.2 vorgestellten Methode zur Bewertung von Unsicherheiten entlang von Prozessfolgen, können Anwendende die RMSE, welche das Maß für die Unsicherheit der Prognose bilden, für die prognostizierten Bauteileigenschaften ermitteln.

Dabei resultieren die RMSE aus Modellunsicherheiten sowie Prozessstreuungen, wobei für eine genaue Unterscheidung Wiederholversuche erforderlich sind. Neben dieser Unsicherheit bzgl. der Prognose von Bauteileigenschaften kann die Bewertung der Wirtschaftlichkeit einer Prozessparameterkombination ebenfalls unsicher sein, vgl. Abschnitt 6.2.2. Ein Beispiel hierfür sind unsichere Informationen bzgl. der Standzeit eines Werkzeugs in Abhängigkeit von alternativen Prozessparametern.

Zur Bewertung der Restunsicherheiten durch Anwendende bedarf es daher eines Modells, welches die wirtschaftlichen und technologischen Unsicherheiten kombiniert und in ein Verhältnis zur Wirtschaftlichkeit der Prozessfolge setzt. Das hierfür im Rahmen dieser Arbeit entwickelte ***Bewertungsmodell*** ist in Abbildung 6-44 dargestellt. Dieses gibt auf der Abszisse die Wirtschaftlichkeit von Prozessparameterkombinationen entsprechend unterschiedlicher Szenarien (vgl. Wirtschaftlichkeitsbewertung unter Unsicherheit in Abschnitt 6.2.2) an. Das Maß zur sicheren Erfüllung der geforderten Bauteileigenschaften auf Basis des aktuellen Informationsstandes wird auf der Ordinate abgebildet. Wie diese Sicherheit ermittelt werden kann, ist in den nachfolgenden Erläuterungen zur Methode für die Anwendung des Modells enthalten. Somit beschreibt ein Punkt innerhalb des Bewertungsmodells die wirtschaftlich optimierte Prozessparameterkombination, mittels der die entsprechende Sicherheit im definierten Szenario eingehalten wird. Dabei ist es möglich, dass einzelne Punkte (bspw. die unteren beiden Punkte von Szenario 2) dieselbe Prozessparameterkombination beschreiben. In diesem Fall wird der Punkt mit der geringeren Sicherheit aus der weiteren Betrachtung ausgeschlossen, um den Anwendungsaufwand zu verringern und zweckbezogene Lösungen zu bieten. Durch das Beschreibungsmodell erhalten Anwendende einen Überblick über alle potenziell optimierten Prozessparameterkombinationen. Dabei ist das nachfolgende Ziel, die Sicherheit wirtschaftlich vorteilhafter Prozessparameterkombinationen zu verbessern oder Kombinationen auszuschließen, um die wirtschaftlichste Alternative, die eine ausreichende Sicherheit bietet, zu identifizieren.

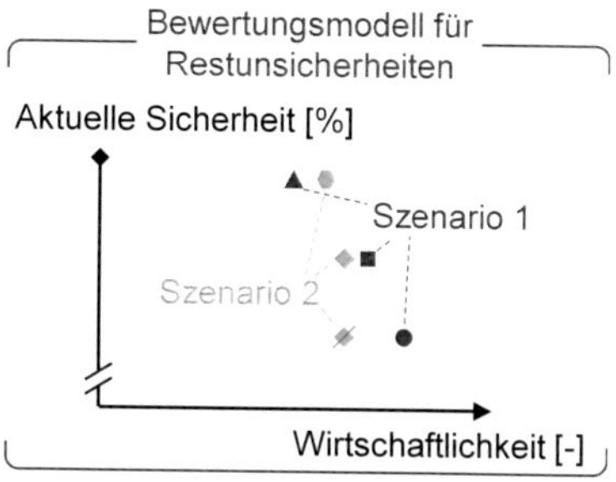

Abbildung 6-44: Modell zur Bewertung von Restunsicherheiten und Szenarien bzgl. der Auslegung von Fertigungsprozessfolgen

Model for the Evaluation of Residual Uncertainties and Scenarios Regarding the Design of Manufacturing Process Sequences

Die ***Methode*** zur Anwendung des o. g. Bewertungsmodells besteht aus vier Schritten. In ***Schritt 1*** definieren Anwendende entsprechend der Erläuterungen aus Abschnitt 6.2.2 Szenarien, die bei der Bewertung der Wirtschaftlichkeit zu berücksichtigen sind. In ***Schritt 2*** wenden Anwendende das in Abschnitt 6.3.1 beschriebene Optimierungsvorgehen für die verschiedenen Szenarien an, um für jedes Szenario mindestens eine wirtschaftlich optimierte Prozessparameterkombination zu ermitteln.

Im Optimierungsvorgehen wird angenommen, dass die erzeugten Bauteileigenschaften dem Erwartungswert der Prognose oder dem um ein Sicherheitsaufmaß erweiterten Erwartungswert entsprechen. Durch die entwickelte Methode zur Bewertung der Unsicherheiten entlang von Fertigungsprozessfolgen wird Anwendenden ermöglicht, neben dem Erwartungswert auch den RMSE einer prognostizierten Bauteileigenschaft zu ermitteln und damit auf die Standardabweichung zu schließen, vgl. Abschnitt 6.2.2. Somit können Anwendende mittels der Schnittmenge der zulässigen Ausprägungen einer Bauteileigenschaft und der prognostizierten Verteilung dieser Eigenschaft die Wahrscheinlichkeit ermitteln, mit welcher die Anforderungen an die Bauteileigenschaft erfüllt werden. In Abbildung 6-45 ist diese Ermittlung anhand der Sigma-Regeln (einfache, zweifache und dreifache Standardabweichung) darstellt, welche die Wahrscheinlichkeiten erklären, mit denen die Ausprägungen der Bauteileigenschaften innerhalb der Standardabweichungen liegen (50 % für die Ausprägungen links vom Erwartungswert und 34,2 % für die Ausprägungen innerhalb der ersten Standardabweichung). Dabei ist zu unterstreichen, dass die gezeigte Verteilung aus Prozessstreuung und Modellunsicherheiten inkl. der Unsicherheitsfortpflanzung resultiert, sodass auch bei Sicherheiten kleiner 100 % die Bauteileigenschaft sicher erzeugt werden kann, wenn Unsicherheiten aus Modellunsicherheiten resultieren (Trade-off zwischen formaler Richtigkeit und Zweckbezogenheit).

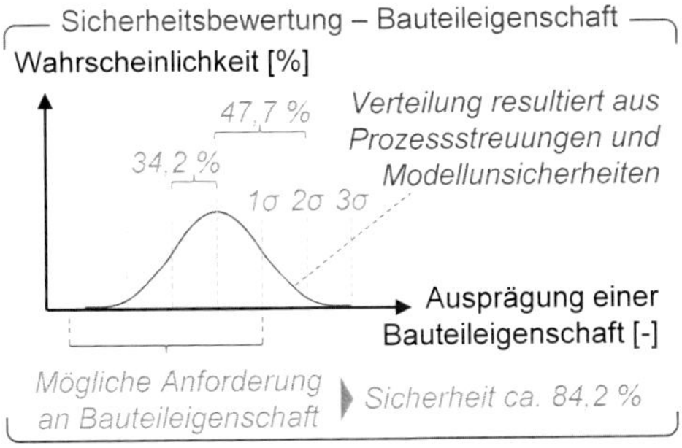

Abbildung 6-45: Bewertung der Sicherheit zur Erfüllung von Bauteileigenschaften

Evaluation of the Safety to Fulfill Component Characteristics

In ***Schritt 3*** der Methode zur Anwendung des Modells zur Bewertung der Restunsicherheiten bzgl. der Auslegung von Fertigungsprozessen, wiederholen Anwendende das Optimierungsvorgehen aus Abschnitt 6.3.1 mit alternativen Randbedingungen bzgl. der geforderten Sicherheit an Bauteileigenschaften. Ein Beispiel für eine Randbedingung ist, dass eine Bauteileigenschaft mit x-prozentiger Wahrscheinlichkeit erfüllt wird. Ist die Wahrscheinlichkeit für eine Parameterkombination geringer, wird diese Kombination entweder mit Strafkosten versehen oder als gesamt ungeeignet bewertet. Ergebnis hiervon ist das in Abbildung 6-44 gezeigte Modell, welches die ermittelte, wirtschaftlichste Prozessparameterkombination eines gewählten Szenarios sowie der geforderten Sicherheit zur Erfüllung einer Bauteileigenschaft darstellt. Diesbezüglich führt die softwaretechnische Implementierung zur Verringerung des Anwendungsaufwandes sowie der Nutzungsfreundlichkeit entsprechend der formalen Anforderungen. Im Anschluss an diese Ermittlung prüfen Anwendende, ob einzelne Szenarien aus der weiteren Betrachtung ausgeschlossen werden können. Grund für einen solchen Ausschluss ist der in Abschnitt 6.2.3 gezeigte Fall, dass die Unsicherheit bzgl. einer Größe zur Bewertung der Unsicherheit bzw. ein Szenario keinen Einfluss auf die optimierte Prozessparameterkombination aufweist, vgl. Abbildung 6-34.

Da das entwickelte Bewertungsmodell generisch auf verschiedene Fertigungsprozessfolgen anwendbar ist, erfolgt in ***Schritt 4*** eine anwendungsfallspezifische Bewertung. Hierbei vergleichen die Anwendenden einerseits, ob und falls ja in welchem Maße sich die optimierten Prozessparameterkombinationen zwischen den verschiedenen Szenarien unterscheiden. Dabei wird gleichzeitig die Wirtschaftlichkeit der einzelnen Szenarien verglichen. Andererseits prüfen Anwendende die Auswirkungen alternativer, aktueller Sicherheiten in Bezug auf die optimierte Prozessparameterkombination sowie die Wirtschaftlichkeit. Liegen hohe Unterschiede (anwendungsfallspezifische Bewertung) zwischen den Szenarien und Sicherheiten bezogen auf die Wirtschaftlichkeit sowie die optimierten Prozessparameterkombinationen vor, ist eine fundierte Entscheidung nicht möglich und bedarf weiterer Informationen bzw. detaillierterer Prognosen. Dem gegenüber geben geringe Unterschiede an, dass mit hoher Wahrscheinlichkeit die ganzheitlich optimierte Prozessparameterkombination ermittelt wurde und weitere umfassende Untersuchungen nicht erforderlich sind. Weiter prüfen Anwendende, ob als optimiert ermittelte Prozessparameterkombinationen solche Parameterausprägungen erhalten, die den Rand des gültigen Parameterbereichs bilden. Wie in Abschnitt 6.1.1 erläutert, liegen für die zum prozessübergreifenden Modell verknüpften Modelle der einzelnen Prozesse Gültigkeitsbereiche bezogen auf die einzelnen Parameter vor, die innerhalb des Optimierungsvorgehens berücksichtigt wurden. Liegt eine optimierte Parameterkombination mindestens bzgl. eines Parameters am Rand des Gültigkeitsbereichs, ist der entsprechende Parameterbereich durch weitere experimentelle Untersuchungen zu vergrößern (sofern technologisch möglich), da ein Optimum außerhalb des Parameterbereichs nicht auszuschließen ist.

Wie oben erläutert, unterstützen das Bewertungsmodell sowie die Methode zur Anwendung des Modells Anwendende bei der Auswahl einer zuvor ermittelten optimierten Prozessparameterkombination, falls Restunsicherheiten vorliegen. Für den Fall, dass Modellverbesserungen notwendig sind, unterstützt die entwickelte Methode bei der Bewertung von Stellhebeln zur Verbesserung der Prognose prozessübergreifender Modelle Anwendende bei der Auswahl weiterer Untersuchungen, vgl. Abschnitt 6.1.2. Die Methode ist ebenso auf das Modell zur Wirtschaftlichkeitsbewertung übertragbar.

6.3.3 Validierung und Zwischenfazit

Validation and Interim Conclusion

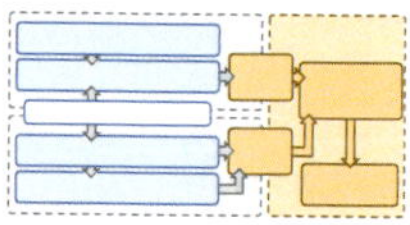

Im Folgenden werden das in Abschnitt 6.3.1 erläuterte Vorgehen und die in Abschnitt 6.3.2 vorgestellte Methode zur Ermittlung und Bewertung der wirtschaftlich optimierten Prozessparameterkombination validiert. Hierfür wird, wie bei den vorherigen Validierungen, die Erfüllung der inhaltlichen und formalen Anforderungen anhand eines Fallbeispiels bewertet. Dabei wird geprüft, ob die Entwicklungen widerspruchslos anwendbar sind und inwiefern die Forschungsfrage 3 beantwortet wurde. Das ***Fallbeispiel*** ist die Fertigungsprozessfolge zur Herstellung von Zahnrädern, welches in Abschnitt 6.2.3 zur Validierung der Entwicklungen zur Bewertung der Wirtschaftlichkeit von Prozessfolgen eingesetzt wurde.

Vorgehen zur Ermittlung der wirtschaftlich optimierten Prozessparameterkombination im Fallbeispiel

Entsprechend ***Schritt 1*** des entwickelten Optimierungsvorgehens zur Ermittlung der wirtschaftlich-technologisch optimierten Prozessparameterkombination wurden die Prognose der Bauteileigenschaften und die Wirtschaftlichkeitsbewertung verknüpft. Hierfür wurden die Formeln zur Ermittlung des Gewinns als Kenngröße für die Wirtschaftlichkeit in MATLAB implementiert und als zu maximierende Zielfunktion definiert. Die prozessübergreifenden Modelle zur Prognose der finalen Bauteileigenschaften wurden so in MATLAB implementiert, dass der zu erzielende Gewinn bzw. die Zielfunktion bei einer Verfehlung der Bauteileigenschaften mit null bewertet wird.

Anschließend folgte die Konfiguration und Durchführung des Genetischen Algorithmus entsprechend der ***Schritte 2 und 3***. Das Ergebnis des GA sowie die Konfiguration sind in Abbildung 6-46 dargestellt. Gewählt wurden eine Population von 100, eine Mutationsrate von 0,1, 100 Iterationen sowie 50 Durchläufe für den GA. Die Skalierung der einzelnen Prozessparameter ist ebenfalls in der Abbildung dargestellt. Die Standmenge des Stempels sowie die Werkstückgeschwindigkeit beim Flachschleifen wurden als ganzzahlig (Skalierung null) definiert. Die Skalierung von eins bzgl. der Prozesszeit beim Gleitschleifen gibt an, dass der Prozessparameter auf eine Nachkommastelle genau festgelegt wird. Bzgl. der Prozessgeschwindigkeit beim Feinschneiden wurde eine binäre Skalierung (ausschließlich 50 oder 100 Hübe pro Minute) gewählt, um bei der Validierung des Vorgehens binäre Parameter zu berücksichtigen. Eine Skalierung von bspw. null wäre hier ebenfalls möglich gewesen. Weiter zeigt die Abbildung den Verlauf der Optimierung für den Durchschnitt aller Durchläufe sowie den Verlauf des Durchlaufes mit dem besten Ergebnis. Dabei weisen die beiden Verläufe einen signifikanten Unterschied hinsichtlich des erreichten Optimums auf, was ebenso durch die berechnete Standardabweichung der Optima von 1.386 € (ca. 3,2 % bezogen auf das durchschnittliche Optimum) bestätigt wird. Dies unterstreicht die in Abschnitt 6.3.1 erläuterte Notwendigkeit zur Durchführung mehrerer Durchläufe eines Algorithmus.

Die Analyse der Ergebnisse entsprechend ***Schritt 4*** des Vorgehens zur Ermittlung der wirtschaftlich-technologisch optimierten Prozessparameterkombination zeigt, dass neben dem Durchlauf mit dem besten Ergebnis sechs weitere der 50 Durchläufe das ermittelte beste Ergebnis mit einer Genauigkeit von 0,1 % annähern (geringe Unterschiede bzgl. der Prozessparameter), sodass 50 Durchläufe ausreichend sind. Des Weiteren wurden jeweils (bezogen auf den Durchschnitt sowie die sieben Durchläufe, welche die besten Ergebnisse erzielten) durch die letzten 20 Iterationen keine signifikanten Verbesserungen erzielt, sodass die Anzahl der Iterationen als ausreichend bewertet wurde. Entsprechend der formalen Anforderungen an die Methodik, wird das Ergebnis somit ausreichend exakt angenähert.

Optimierung der Fertigungsprozessfolge im Fallbeispiel

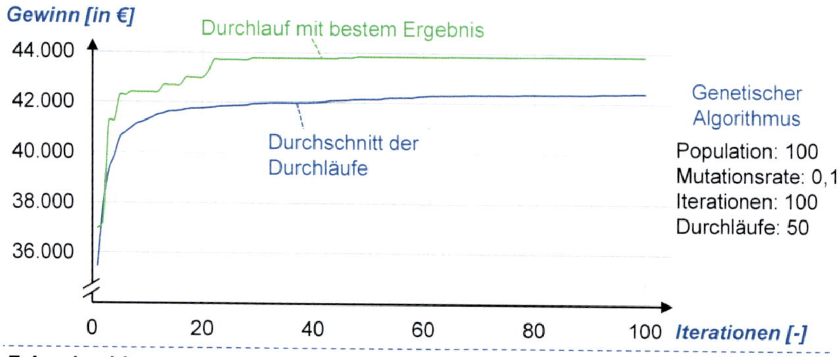

	Skalierung	Optimum
Feinschneiden:		
Standmenge des Stempels [14.000-38.000 Bauteile]	0	25.798
Prozessgeschwindigkeit [50-100 Hübe/min]	Binär	50
Flachschleifen:		
Werkstückgeschwindigkeit [400-900 mm/min]	0	568
Gleitschleifen:		
Prozesszeit [38-48 min]	1	41,9

Abbildung 6-46: Verlauf der Optimierung der Fertigungsprozessfolge im Fallbeispiel

Optimization Progress of the Manufacturing Process Sequence in the Case Study

Die Höhe des Bandmaterials, welche als Prozessparameter in Abschnitt 6.2.3 beschrieben wird, wurde bei der oben gezeigten Optimierung analytisch auf Basis der Prozessparameter beim Feinschneiden sowie einer vorgegebenen Skalierung ermittelt. Wie die Abbildung 6-46 zeigt, liegt der optimierte Gewinn bei ca. 43.850 € und wird durch eine Standmenge des Feinschneidstempels von 25.798 Bauteilen, 50 Hüben pro Minute, einer Werkstückgeschwindigkeit beim Flachschleifen von 568 mm/min sowie 41,9 Minuten Gleitschleifen erreicht.

Untersuchungen mit geringeren Skalierungen der einzelnen Prozessparameter wie bspw. minus drei (Schrittweite von 1.000) bei der Standmenge des Feinschneidstempels, minus zwei (Schrittweite von 100) bei der Werkstückgeschwindigkeit beim Flachschleifen und null bei der Prozesszeit des Gleitschleifens ergaben einen maximal erzielbaren Gewinn von ca. 38.900 €. Durch dieses signifikant schlechtere Ergebnis sowie keine zweckbezogen signifikanten Unterschiede in der Rechendauer wird die in Abschnitt 6.3.1 erläuterte Notwendigkeit einer ausreichenden Skalierung (idealerweise der Detailgrad, mit welchem die Prozessparameter grundsätzlich angegeben werden) unterstrichen. Insgesamt zeigt das Fallbeispiel die Anwendbarkeit des Vorgehens zur Ermittlung der wirtschaftlich optimierten Prozessparameterkombination. Dabei wird der optimierte Gewinn in kurzer Zeit (weniger als 4 Minuten) mit ausreichender Detaillierung ermittelt, sodass die formalen Anforderungen erfüllt sind. Ebenso wird wiederholt unterstrichen, dass eine prozessübergreifende Optimierung mittels softwaretechnischer Unterstützung erforderlich ist, um wirtschaftlich-technologisch optimierte Prozessparameterkombinationen zu ermitteln.

Bewertung von Restunsicherheiten

Innerhalb des Fallbeispiels wurden darüber hinaus die Restunsicherheiten anhand der entwickelten Methode bewertet, vgl. Abschnitt 6.3.2. Hierbei wurden unterschiedliche Sicherheiten bzgl. der Erreichung von geforderten Bauteileigenschaften und zwei Szenarien unterschieden, um beide Optionen (technologische und wirtschaftliche Unsicherheit) abzubilden. Bzgl. der technologischen Unsicherheit wurden die drei Eigenschaften „kein Kanteneinzug“ (bzw. „kein Restkanteneinzug am finalen Bauteil“), „Grat vollständig entfernt“ und „geforderte Rauheit erreicht“ bewertet. Hinsichtlich der wirtschaftlichen Unsicherheit erfolgte eine Unterscheidung von zwei Szenarien, in denen alternative Standzeiten der Schleifscheibe beim Flachschleifen angenommen wurden.

Die Ergebnisse der Bewertung sind in Abbildung 6-47 dargestellt. Darin beziehen sich die Graphen 1, 2 und 3 auf Szenario 1 und Graph 4 auf Szenario 2, welches die reduzierte Standzeit abbildet. Dabei zeigt der Graph, der aus den Punkten 1a-1d besteht, den Zusammenhang zwischen der aktuellen Sicherheit (bzgl. der Erreichung der geforderten Bauteileigenschaften) und der Wirtschaftlichkeit, die durch den Kennwert Gewinn abgebildet wird. Der Punkt 1a gibt die optimierte Prozessparameterkombination an, bei der alle Bauteileigenschaften entsprechend des Erwartungswerts der Prognose erfüllt werden müssen (Randbedingung der Optimierung). Aus dieser Annahme (Erwartungswert muss Anforderungen an Bauteileigenschaften erfüllen) resultiert, dass alle Eigenschaften unter der vorliegenden Unsicherheit zu 50 % den Anforderungen entsprechen, sodass die aktuelle Sicherheit 0,5 beträgt, vgl. Abbildung 6-45. Für den Punkt 1b wurde angenommen, dass nicht der Erwartungswert, sondern der Erwartungswert plus einfache Standardabweichung den Anforderungen an das Bauteil entsprechen muss. Diese Standardabweichung liegt bzgl. des erzeugten Kanteneinzugs bspw. bei 0,03 mm. Durch diese Erweiterung der Randbedingung innerhalb der Optimierung erhöht sich die aktuelle Sicherheit entsprechend der Sigma-Regeln auf 0,84, wobei gleichzeitig der erzielbare Gewinn sinkt. Selbiges zeigen die Punkte 1c und 1d, welche die zwei- sowie dreifache Standardabweichung als Randbedingung der Optimierung berücksichtigen.

Wie Abbildung 6-47 zeigt, sinkt der Gewinn mit zunehmender, aktueller Sicherheit exponentiell. Grund dafür ist, dass die Erhöhung von zwei auf drei Sigma nur vergleichsweise geringe Auswirkungen auf die Sicherheit bzw. die Menge hinzukommender, zulässiger Ausprägungen aufweist, die technologische Randbedingung gleichzeitig um ein Sigma steigt. Die Informationen zu allen Graphen sowie die Prozessparameterkombinationen, die unter den gegebenen Annahmen als optimiert ermittelt wurden, sind in der Tabelle in Abbildung 6-47 enthalten. Zusätzlich wurde für Szenario 1 bewertet, welche Auswirkung die Erhöhung der Sicherheitsanforderungen an einzelne Bauteileigenschaften aufweist. So wurden für die Punkte 2b und 2c innerhalb der Optimierung nur die Anforderungen an die Eigenschaft „Kein Kanteneinzug“ erhöht, während die Anforderungen hinsichtlich der anderen beiden Eigenschaften konstant bei 0,5 blieben. Diese Bewertung der Sicherheit einzelner Bauteileigenschaften ist dabei eine relevante Unterstützung für Anwendende, um in nachfolgenden Schritten innerhalb des Serienanlaufes zu definieren, welche Restunsicherheiten prioritär zu reduzieren sind. So weist die Erhöhung der Sicherheit bzgl. der Eigenschaft „Kein Kanteneinzug“ im Fallbeispiel geringe Auswirkungen auf den erzielbaren Gewinn sowie auf die optimierte Prozessparameterkombination auf. In diesem Fall wäre zielführender, zunächst die Sicherheit bzgl. der Eigenschaften „Grat entfernt“ und „Rauheit erreicht“ zu erhöhen bzw. die RMSE durch weitere experimentelle Untersuchungen zu reduzieren, vgl. Punkte 3b und 3c in der Abbildung.

Unsicherheiten bzgl. der optimierten Prozessparameterkombination

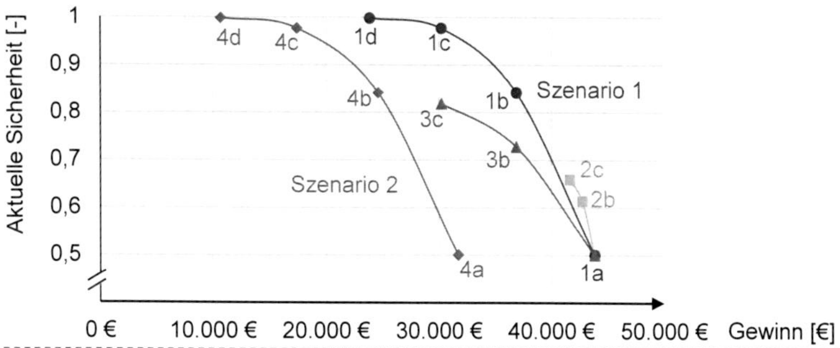

Standzeit Schleifscheibe (Szenario 1) * 0,9 = Standzeit Schleifscheibe (Szenario 2)

	Punkt	Kein Kanteneinzug (Sicherheit)	Grat entfernt (Sicherheit)	Rauheit erreicht (Sicherheit)	Aktuelle Sicherheit	Feinschneiden: Prozessgeschwindigkeit [Hübe/min]	Feinschneiden: Standmenge des Stempels [Bauteile]	Flachschleifen: Werkstückgeschwindigkeit [mm/min]	Gleitschleifen: Prozesszeit [min]	Gewinn [€]
–●–	1a	0,5	0,5	0,5	0,5	50	25.798	568	41,9	43.850
–●–	1b	0,84	0,84	0,84	0,84	50	26.560	530	43.6	36.907
–●–	1c	0,98	0,98	0,98	0,98	50	27.657	497	45,4	30.240
–●–	1d	0,999	0,999	0,999	0,999	50	28.145	469	47,1	23.871
–■–	2b	0,84	0,5	0,5	0,61	50	25.876	565	42,0	42.770
–■–	2c	0,98	0,5	0,5	0,66	50	26.394	562	42,2	41.667
–▲–	3b	0,5	0,84	0,84	0,73	50	26.561	530	43,6	36.907
–▲–	3c	0,5	0,98	0,98	0,82	50	27.649	497	45,4	30.238
–◆–	4a	0,5	0,5	0,5	0,5	50	26.195	581	42,1	31.736
–◆–	4b	0,84	0,84	0,84	0,84	50	27.241	541	43,9	24.621
–◆–	4c	0,98	0,98	0,98	0,98	50	28.413	505	45,8	17.467
–◆–	4d	0,999	0,999	0,999	0,999	50	28.490	474	47,6	10.714

Abbildung 6-47: Bewertung der Restunsicherheiten im Fallbeispiel

Evaluation of the Residual Uncertainties in the Case Study

Des Weiteren wurde, wie in der Abbildung 6-47 dargestellt, ein zweites Szenario untersucht, bei dem die Standzeit der Schleifscheibe um 10 % geringer als in Szenario 1 ist. Wie die Abbildung zeigt, ist der hier erzielbare Gewinn signifikant geringer als in Szenario 1. Der Vergleich der optimierten Prozessparameter der Punkte beider Szenarien bei gleicher aktueller Sicherheit, bspw. für die Punkte 1b und 4b, verdeutlicht, welche Auswirkungen das Vorhandensein von zwei Szenarien auf die optimierten Prozessparameter hat. So liegt die ermittelte optimierte Standmenge des Feinschneidstempels zwischen 26.560 und 27.241 Hüben bei einer aktuellen Sicherheit von ca. 84 %. Bzgl. derselben Punkte liegen die Werkstückgeschwindigkeit beim Flachschleifen zwischen 530 und 541 mm/min und die Gleitschleifdauer zwischen 43,6 und 43,9 Minuten. Dies zeigt, dass die entwickelte Methode zur Bewertung von Restunsicherheiten geeignet ist, welche sowohl aus technologischen Unsicherheiten (unsichere Prognose von Bauteileigenschaften) als auch aus Unsicherheiten bzgl. der Wirtschaftlichkeitsbewertung (alternative Szenarien) resultieren.

Zwischenfazit

Die Ergebnisse des Fallbeispiels stützen die Forschungshypothese und unterstreichen die Notwendigkeit eines geeigneten Optimierungsvorgehens zur Ermittlung wirtschaftlich-technologisch optimierter Fertigungsprozessfolgen, auf welches sich die dritte Forschungsfrage bezieht. Hierfür wurde das entwickelte Optimierungsvorgehen in Abschnitt 6.3.1 vorgestellt. Dieses ermöglicht die Ermittlung einer wirtschaftlich optimierten Prozessparameterkombination unter Berücksichtigung technologischer Randbedingungen, vgl. Anforderung 6 an die Methodik. Ebenso wurde durch das Fallbeispiel die Anwendbarkeit der Methode zur Bewertung von Unsicherheiten bzgl. der Prozessauslegung (vgl. Abschnitt 6.3.2) nachgewiesen, sodass die Anforderung 7 erfüllt ist. Neben der widerspruchslosen Anwendbarkeit der Entwicklungen, zeigt das vorgestellte Fallbeispiel die Berücksichtigung der formalen und inhaltlichen Anforderungen, vgl. Abschnitt 5.3. Weiter wurde die faktische Wahrheit für das Fallbeispiel unter den getroffenen Annahmen gezeigt. Somit wird die dritte Forschungsfrage durch die Erläuterungen in Abschnitt 6.3 beantwortet.

7 Diskussion und Verwertung

Discussion and Utilization

Das vorherige Kapitel umfasst die detaillierte Vorstellung der Entwicklung der Methodik zur Auslegung wirtschaftlich-technologisch optimierter Fertigungsprozessfolgen mittels prozessübergreifender Modellierung. Auf der Basis dieser Entwicklung folgt in Abschnitt 7.1 die Diskussion dahingehend, ob die Forschungshypothese verworfen werden muss und ob das Forschungsziel verfehlt wurde. Der Ausblick für die vorliegende Forschungsarbeit wird in Abschnitt 7.2 vorgestellt, indem wissenschaftliche sowie wirtschaftliche Verwertungsmöglichkeiten der Forschungsergebnisse erläutert werden.

7.1 Kritische Diskussion der entwickelten Methodik

Critical Discussion of the Developed Methodology

Das Ziel der vorliegenden Forschungsarbeit war die Entwicklung einer Methodik, die Anwendende bei der Auslegung von wirtschaftlich-technologisch optimierten Fertigungsprozessfolgen unterstützt. Hierfür galt es zu untersuchen, ob die zugrundeliegende Forschungshypothese falsifiziert wird.

Forschungshypothese: **Die Verknüpfung prozessübergreifender Modelle zur Prognose finaler Bauteileigenschaften mit einem Modell zur Bewertung der Wirtschaftlichkeit von Prozessfolgen sowie mit einem Optimierungsvorgehen ermöglicht die Auslegung wirtschaftlich-technologisch optimierter Fertigungsprozessfolgen.**

Um die Forschungshypothese zu stützen, galt es im Rahmen der Methodikentwicklung drei Forschungsfragen zu beantworten. Bezüglich der Beantwortung von Forschungsfrage 1 wurden ein Vorgehen zur Generierung prozessübergreifender Modelle sowie eine Methode zur Bewertung der Unsicherheiten entlang von Fertigungsprozessfolgen entwickelt. Die Validierung dieser Entwicklungen anhand eines Fallbeispiels ergab, dass die entwickelten Methoden widerspruchslos anwendbar sind. Ebenso wurde gezeigt, dass die formalen Anforderungen sowie inhaltlichen Anforderungen 1, 2 und 3 an die Methodik eingehalten wurden. Somit wurde Forschungsfrage 1 beantwortet und es wird vorläufig als wahr angenommen, dass mittels der o. g. Methoden finale Bauteileigenschaften sowie die Unsicherheiten dieser für alternative Prozessparameterkombinationen prognostiziert werden können.

Für die Beantwortung von Forschungsfrage 2 wurden ein Modell zur Bewertung der Wirtschaftlichkeit von Fertigungsprozessfolgen sowie ein Vorgehen zur Verknüpfung des Bewertungsmodells mit den Prozessparametern der Prozessfolge entwickelt. Zur Validierung wurden das Modell und das Vorgehen auf ein Fallbeispiel angewandt. Das Ergebnis dieser Validierung zeigt die widerspruchslose Anwendbarkeit des Modells und des Vorgehens sowie die Einhaltung der formalen Anforderungen bzgl. der Zielsetzung. Weiter wurde gezeigt, dass die inhaltlichen Anforderungen 4 und 5 an die Methodik erfüllt wurden, sodass Forschungsfrage 2 beantwortet wurde. Somit wird vorläufig als wahr angenommen, dass die Wirtschaftlichkeit von Fertigungsprozessfolgen für verschiedene Prozessparameterkombinationen durch das entwickelte Modell und das entwickelte Vorgehen ermittelt werden kann.

Um Forschungsfrage 3 zu beantworten, wurden ein Vorgehen zur Ermittlung optimierter Prozessparameterkombinationen sowie ein Modell und eine Methode zur Bewertung von Restunsicherheiten bzgl. der ermittelten, optimierten Parameterkombination entwickelt. Zur Validierung wurden die Entwicklungen auf ein Fallbeispiel angewandt. Wie die Validierung ergab, sind die Entwicklungen widerspruchlos anwendbar, entsprechen den formalen Anforderungen und erfüllen die inhaltlichen Anforderungen 6 und 7. Daraus folgt, dass Forschungsfrage 3 beantwortet wurde. Es wird vorläufig als wahr angenommen, dass mittels der Entwicklungen optimierte Prozessparameterkombinationen ermittelt werden können, wenn die Wirtschaftlichkeit sowie die erzeugten Bauteileigenschaften für alternative Parameterkombinationen bewertet werden.

Zusammenfassend wird vorläufig als wahr angenommen, dass mit den o. g. Entwicklungen die Wirtschaftlichkeit von Prozessfolgen in Abhängigkeit von alternativen Prozessparameterkombinationen zu bewerten, finale Bauteileigenschaften inkl. Unsicherheiten für die Prozessparameterkombinationen zu ermitteln und optimierte Prozessparameterkombinationen auf Grundlage der Wirtschaftlichkeitsbewertung sowie Bauteileigenschaftsprognose zu identifizieren sind. Somit wurde ***die zugrundeliegende Forschungshypothese nicht falsifiziert*** und wird als vorläufig wahr angenommen.

7.2 Wissenschaftliche und wirtschaftliche Verwertung

Scientific and Economic Utilization

Im Folgenden werden verschiedene Möglichkeiten erläutert, wie die gewonnenen Forschungsergebnisse zukünftig wissenschaftlich und wirtschaftlich genutzt bzw. verwertet[9] werden können. Für den Bereich der wirtschaftlichen Verwertung geht es maßgeblich um die Darstellung zusätzlicher Arbeitsschritte/Aktivitäten, die erforderlich sind, um die erzielten Ergebnisse nutzenstiftend in produzierenden Unternehmen einzusetzen. Bzgl. der wissenschaftlichen Verwertung werden verschiedene Fragestellungen erläutert, die eine Grundlage für nachfolgende Forschungsarbeiten darstellen.

Wie die Ergebnisse aus den Untersuchungen an den Fallbeispielen zeigen, bietet die prozessübergreifende Optimierung von Fertigungsprozessfolgen hohes wirtschaftliches Potenzial. Dies wird ebenso durch weitere Forschungsarbeiten unterstrichen. Bspw. wurden am LEHRSTUHL FÜR TECHNOLOGIE DER FERTIGUNGSVERFAHREN am WZL DER RWTH AACHEN über 100 Ritzelwellen auf einer digital vernetzten Fertigungsprozessfolge hergestellt. Hierbei wurden verschiedene Prozessparameterkombinationen eingesetzt und umfassende Daten zu den einzelnen Prozessen und Bauteilzwischenzuständen erhoben. Außerdem erfolgte eine Bewertung der Wirtschaftlichkeit und der

[9] Einzelne Aspekte zur wissenschaftlichen und wirtschaftlichen Verwertung der gewonnenen Forschungsergebnisse wurden im CIRP JOURNAL OF MANUFACTURING SCIENCE AND TECHNOLOGY [BECK22] veröffentlicht.

ökologischen Auswirkungen in Abhängigkeit von alterativen Prozessparameterkombinationen. Die Ergebnisse dieser Untersuchungen zeigen, dass Fertigungsprozessfolgen ganzheitlich ausgelegt werden müssen, um prozessübergreifende Abhängigkeiten zu berücksichtigen, wirtschaftliche sowie ökologische Optima zu erreichen und gleichzeitig die Anforderungen an die finalen Bauteileigenschaften zu erfüllen [BECK22].

Hier bietet die im Rahmen dieser Arbeit entwickelte Methodik eine Grundlage und wertvolle Unterstützung, um Anwendende zu dieser prozessübergreifenden Optimierung zu befähigen. Für eine Anwendung der Methodik in produzierenden Unternehmen wird es erforderlich sein, die entwickelten Modelle und Methoden, die in Softwareprototypen implementiert wurden, in eine Software zu überführen. Weiter ist es erforderlich, die aktuellen Forschungsarbeiten zur ***digitalen Vernetzung von Prozessfolgen zu intensivieren***, sodass Unternehmen die für die Methodik notwendigen Daten und Modelle effizient erheben, systematisch speichern und zielführend verarbeiten können.

Diese systematische Speicherung von Daten und Modellen [BECK22] sowie die in Abschnitt 6.1.1 genannten Konzepte zur Datenmonetarisierung oder Monetarisierung von Prozessmodellen [TRAU21] führen zu einer effizienten Anwendung der Methodik, da hierdurch eine breite Informationsbasis zur Generierung der prozessübergreifenden Modelle ermöglicht wird. Um dieses Potenzial bestmöglich auszuschöpfen, ist wissenschaftliche Forschung zur ***Übertragbarkeit von Informationen*** notwendig. Es ist zu erforschen, unter welchen Randbedingungen bzw. mit welchen Einschränkungen einzelne Prozessmodelle auf weitere, ähnliche Anwendungen übertragen werden können oder welche Nachweise für die Anwendbarkeit nötig sind.

Die Ergebnisse der o. g. experimentellen Untersuchungen der digital vernetzten Prozessfolge zur Herstellung von Ritzelwellen wurden 2021 beim AACHENER WERKZEUGMASCHINEN-KOLLOQUIUM vorgestellt und mit Vertretenden produzierender Unternehmen diskutiert. Diese Diskussionen zeigten das hohe Interesse der Unternehmen an Methoden zur prozessübergreifenden Optimierung und unterstrichen den Bedarf zur Unterstützung bei der digitalen Vernetzung. Des Weiteren führten die Vertretenden der Unternehmen aus, dass Ansätze zur prozessübergreifenden Optimierung von Prozessfolgen, die sich im Betrieb befinden und eingeschränkt experimentelle Untersuchungen ermöglichen, ebenfalls von hoher Relevanz sind. Um die im Rahmen dieser Arbeit entwickelte Methodik auf diesen Anwendungsfall (anderer Untersuchungsbereich) anwenden zu können, bedarf es weiterer Forschungsaktivitäten. Hierfür ist zu untersuchen, wie ***prozessübergreifende Modelle generiert werden können, wenn keine ausreichende Datengrundlage*** vorliegt und auch durch experimentelle Untersuchungen zur Datengenerierung nur eingeschränkt möglich sind. Es sind Methoden zu entwickeln, mittels derer der erwartete Nutzen durch eine Prozessanpassung sowie das Risiko aufgrund unzureichender Kenntnis über die Auswirkungen der Anpassung integrativ bewertet werden können. Hierfür bieten die Entwicklungen in dieser Arbeit insbesondere die Methode zur Bewertung von Unsicherheiten in Prozessfolgen, das Modell zur Bewertung der Wirtschaftlichkeit von Prozessfolgen sowie die Methode zur Bewertung von Restunsicherheiten die Grundlage.

Wie die im Rahmen dieser Arbeit gewonnenen Forschungsergebnisse zeigen, ist die systematische Festlegung von Bauteilzwischenzuständen erforderlich, um Prozessfolgen hinsichtlich der Wirtschaftlichkeit zu optimieren. Die Genauigkeit, mit welcher diese Zwischenzustände im Herstellungsprozess erreicht werden müssen, wird durch die Fertigungstoleranzen vorgegeben. Dabei sind enge Toleranzen ein Kostentreiber für die Fertigung von Bauteilen [ZONG15]. Im Rahmen dieser Arbeit wurde gezeigt, dass sich die Einflüsse einzelner Bauteileigenschaften in Zwischenzuständen auf die finalen Bauteileigenschaften signifikant unterscheiden. Es ist daher zu erwarten, dass die Integration eines ***systematischen und prozessübergreifenden Toleranzmanagements*** in die entwickelte Methodik weitere wirtschaftliche Potenziale ermöglicht. Hierfür ist das im Rahmen dieser Arbeit entwickelte Modell zur Bewertung der Wirtschaftlichkeit von Fertigungsprozessfolgen um Kosten für Ausschuss zu erweitern. Außerdem sind die Methode zur Generierung prozessübergreifender Modelle sowie das Optimierungsvorgehen so weiterzuentwickeln, dass Fertigungstoleranzen und ein gezieltes, wirtschaftlich-technologisch optimiertes Toleranzmanagement berücksichtigt werden. Hierfür stellen die Untersuchungen zur Fortpflanzung von Unsicherheiten und Streuungen in Prozessfolgen die Grundlage dar.

Wie die Analyse des Stands der Forschung zeigt, existiert eine Vielzahl an Ansätzen zur Gestaltung von Fertigungssystemen und Fertigungsfolgen. Dabei werden die einzelnen Fertigungsprozesse, wie erläutert, in diesen Ansätzen vielfach als Black-Box betrachtet. Gleichzeitig sind die in diesen Ansätzen schwerpunktmäßig untersuchten Aspekte wie bspw. die Logistik zwischen Fertigungsprozessen oder der Aufbau von Sicherheitsbeständen einzelner Bauteile in Zwischenzuständen (als Puffer im Falle von Maschinenausfällen) kein Bestandteil der vorliegenden Arbeit. Ein Ansatz, um die Gestaltung von Fertigungssystemen zukünftig weiter zu verbessern, ist daher ***die Verknüpfung der entwickelten Methodik mit Ansätzen zur Gestaltung von Fertigungssystemen und Fertigungsfolgen***. Hierdurch würde die Auslegung der einzelnen Fertigungsprozesse bei der Gestaltung von Fertigungssystemen berücksichtigt werden und als weitere Stellgröße bzw. Parameter den Lösungsraum zur Optimierung vergrößern. Für die Umsetzung ist zu erforschen, wie eine Verknüpfung der verschiedenen Ansätze ermöglicht werden kann. Dafür ist zu untersuchen, wie die prozessübergreifenden Modelle zu beschreiben sind, um diese mit den Ansätzen zur Gestaltung von Fertigungssystemen zu verknüpfen.

Die Ausführungen oben zeigen, dass die vorliegende Arbeit wissenschaftlich und wirtschaftlich vielseitig verwertbar ist. Diese Verwertbarkeit wird insbesondere dadurch unterstützt, dass die einzelnen Modelle und Methoden generisch sind, sodass eine gezielte Weiterentwicklung bzw. Integration in weitere Anwendungsbereiche ermöglicht wird. ***Die vorliegende Forschungsarbeit bildet eine allgemeine Grundlage für weitere Untersuchungen zur Optimierung der Wirtschaftlichkeit von Fertigungsprozessfolgen mittels prozessübergreifender Optimierung.***

8 Zusammenfassung

Fertigungsprozesse so zu planen und auszulegen, dass die geforderten Bauteileigenschaften verlässlich und zugleich wirtschaftlich optimiert erzeugt werden, ist wesentlicher Erfolgsfaktor produzierender Unternehmen. Um dies zu erreichen, ist es erforderlich, Fertigungsprozessfolgen ganzheitlich zu optimieren, um technologische sowie wirtschaftliche Abhängigkeiten zu berücksichtigen. Hierfür wurde im Rahmen der vorliegenden Arbeit eine Methodik entwickelt, welche Anwendende bei der Auslegung von wirtschaftlich-technologisch optimierten Fertigungsprozessfolgen unterstützt.

Nach der Einleitung in Kapitel 1 werden in Kapitel 2 die wissenschaftliche Vorgehensweise und der Aufbau der vorliegenden Forschungsarbeit erläutert. Die wissenschaftliche Vorgehensweise basiert auf dem Forschungsprozess nach ULRICH [ULRI76a] sowie dem Verständnis des Kritischen Rationalismus nach ALBERT [ALBE00]. Hierauf aufbauend wird in Kapitel 3 der Untersuchungsbereich der Arbeit definiert. In diesem Zusammenhang werden relevante Grundlagen sowie Begriffe bzgl. der Technologieplanung für die Serienfertigung sowie zur Auslegung von Fertigungsprozessfolgen eingeführt. Entsprechend des zuvor definierten Untersuchungsbereiches folgt in Kapitel 4 die Analyse des Stands der Forschung sowie die Ableitung der wissenschaftlichen Problemstellung. Innerhalb dieses Kapitels werden verschiedene Ansätze zur Gestaltung und Auslegung verketteter sowie einzelner Fertigungsprozesse vorgestellt und hinsichtlich ihrer Eignung bzgl. der Auslegung wirtschaftlich-technologisch optimierter Fertigungsprozessfolgen bewertet. Aufbauend auf dieser Analyse werden in Kapitel 5 die Zielsetzung und zugrundeliegende Forschungsfragen sowie die Konzeption der entwickelten Methodik erläutert.

Die Vorstellung der Methodikentwicklung und der Modelle und Methoden erfolgt in Kapitel 6 basierend auf drei Forschungsfragen. Zur Beantwortung von Forschungsfrage 1 werden in Abschnitt 6.1 die Forschungsaktivitäten zur Entwicklung eines Vorgehens zur Generierung prozessübergreifender Modelle beschrieben. Außerdem wird die Entwicklung einer Methode zu Bewertung von Unsicherheiten entlang der Fertigungsprozessfolge bzgl. prognostizierter Bauteileigenschaften erläutert. Um Forschungsfrage 2 zu beantworten, werden in Abschnitt 6.2 ein entwickeltes Modell zur Bewertung der Wirtschaftlichkeit von Fertigungsprozessfolgen sowie ein Vorgehen zur Verknüpfung des Bewertungsmodells mit Prozessparametern vorgestellt. Für die Beantwortung von Forschungsfrage 3 wird ein Vorgehen zur Ermittlung wirtschaftlich-technologisch optimierter Prozessparameterkombinationen erläutert, vgl. Abschnitt 6.3. Außerdem werden ein entwickeltes Modell und eine Methode zur Bewertung von Restunsicherheiten bzgl. der ermittelten Prozessparameterkombination vorgestellt.

Alle entwickelten Methoden und Modelle wurden anhand von Fallbeispielen validiert, wobei die Ergebnisse der Validierung jeweils in den entsprechenden Abschnitten vorgestellt werden. Abschließend werden in Kapitel 7 die kritische Diskussion der entwickelten Methodik sowie die wissenschaftlichen und wirtschaftlichen Verwertungsmöglichkeiten als Ausblick dieser Forschungsarbeit beschrieben.

Summary

Planning and designing manufacturing processes in such a way that the required component characteristics are manufactured reliably and at the same time in an economically optimized manner is an essential factor for the success of manufacturing companies. To achieve this, it is necessary to optimize manufacturing process sequences holistically in order to take technological and economic dependencies into account. For this purpose, a methodology was developed within the scope of this thesis, which supports practitioners in the design of economically and technologically optimized manufacturing process sequences.

After a short introduction in chapter 1, the scientific procedure and structure of the present research are explained in chapter 2. The scientific procedure is based on the research process according to ULRICH [ULRI76a] and the understanding of critical rationalism according to ALBERT [ALBE00]. Based on this, the investigation area of the thesis is defined in chapter 3. In this context relevant fundamentals as well as definitions concerning the technology planning for the series production as well as for the design of manufacturing process sequences are introduced. According to the previously defined area of investigation, the analysis of the state of research and the derivation of the scientific problem statement follows in chapter 4. Within this chapter, different approaches for the design of linked and single manufacturing processes are presented and evaluated with regard to their suitability for the design of economically and technologically optimized manufacturing process sequences. Based on this analysis, chapter 5 explains the objectives and underlying research questions as well as the conception of the developed methodology.

The presentation of the methodology development as well as the individual models and methods is done in chapter 6 based on three research questions. To answer research question 1, section 6.1 describes the research activities to develop a method to generate cross-process models. In addition, the development of a method to evaluate uncertainties along the process sequence with regard to predicted component characteristics is explained. To answer research question 2, section 6.2 presents a developed model for evaluating the economic efficiency of manufacturing process sequences and a procedure for linking the evaluation model with process parameters. To answer research question 3, a procedure for the determination of economically and technologically optimized process parameter combinations is explained, cf. section 6.3. Furthermore, a developed method and a model for the evaluation of residual uncertainties regarding the determined process parameter combination are presented.

All developed methods and models were validated using case studies, and the results of the validation are presented in each of the corresponding sections. Finally, chapter 7 describes the critical discussion of the developed methodology as well as the scientific and economic utilization possibilities as an outlook of this research work.

9 Literaturverzeichnis

References

[AART05] Aarts, E.; Korst, J.; Michiels, W.: Simulated Annealing. In: Burke, E. K.; Kendall, G. (Hrsg.): Search Methodologies. Boston, MA: Springer US, 2005, S. 187–210

[ABDU21] AbdulGani, A. F.; Al Ahmad, M.: Autoregressive parametric modeling combined ANOVA approach for label free-based cancerous and normal cells discrimination. In: Heliyon. 7. Jg., 2021, 5, e07027

[AGAR17] Agarwal, S.; Khare, S. K.; Pandey, V. P.; Patel, M.: An Analytical Chip Thickness Model for Performance Assessment in Silicon Carbide Grinding. In: Procedia Manufacturing. 10. Jg., 2017, S. 298–306

[ALBE00] Albert, H.: Kritischer Rationalismus. Vier Kapitel zur Kritik illusionären Denkens. (Reihe: Uni-Taschenbücher, Bd. 2138) Tübingen: Mohr Siebeck, 2000

[APLE06] Apley, D. W.; Liu, J.; Chen, W.: Understanding the Effects of Model Uncertainty in Robust Design With Computer Experiments. In: Journal of Mechanical Design. 128. Jg., 2006, 4, S. 945–958

[ARRA98] Arras, K. O.: An Introduction To Error Propagation: Derivation, Meaning and Examples. Technical Report, 1998

[BATU18] Baturynska, I.; Semeniuta, O.; Martinsen, K.: Optimization of Process Parameters for Powder Bed Fusion Additive Manufacturing by Combination of Machine Learning and Finite Element Method: A Conceptual Framework. In: Procedia CIRP. 67. Jg., 2018, S. 227–232

[BECK21] Beckers, A.; Stauder, L.; Grünebaum, T.; Barth, S.; Bergs, T.: Design of economically-optimized manufacturing process sequences using cross-process models. In: CIRP Journal of Manufacturing Science and Technology. 33. Jg., 2021, S. 15–29

[BECK22] Beckers, A.; Hommen, T.; Becker, M.; Kornely, M. J.K.; Reuter, E.; Grünert, G.; Ortjohann, L.; Jacob, J.; Niemietz, P.; Barth, S.; Bergs, T.: Digitalized manufacturing process sequences – foundations and analysis of the economic and ecological potential. In: CIRP Journal of Manufacturing Science and Technology. 39. Jg., 2022, S. 387–400

[BERA16] Bera, S.; Mukherjee, I.: A multistage and multiple response optimization approach for serial manufacturing system. In: European Journal of Operational Research. 248. Jg., 2016, 2, S. 444–452

[BERG20a] Bergs, T.; Niemietz, P.; Kaufmann, T.; Trauth, D.: Punch-to-Punch Variations in Stamping Proceses. In: SAMI 2020. IEEE 18th World Symposium on Applied Machine Intelligence and Informatics: proceedings: January 23-25, 2020, Herl'any, Slovakia. Piscataway, NJ: IEEE, 2020, S. 213–218

[BERG20b] Bergs, T. Internet of Production - Turning Data into Value, 2020

[BERG20c] Bergs, T.; Grünebaum, T.; Rey, J.; Barth, S.; Goldmanns, M.: A methodology for the ecological and economic assessment of manufacturing process sequences. In: Procedia CIRP. 90. Jg., 2020, S. 488–493

[BERG20d] Bergs, T.; Müller, U.; Vits, F.; Barth, S.: Grinding wheel wear and material removal mechanisms during grinding of polycrystalline diamond. In: Procedia CIRP. 93. Jg., 2020, S. 1520–1525

[BERG20e] Bergs, T.; Hermann, L.; Rey, J.; Barth, S.: Methodology for the identification of alternative manufacturing changes for safety–critical components. In: Production Engineering. 14. Jg., 2020, 3, S. 297–307

[BERG21] Bergs, T.; Apelt, S.; Beckers, A.; Barth, S.: Agile ramp-up production as an advantage of highly iterative product development. In: Manufacturing Letters. 27. Jg., 2021, S. 4–7

[BERG22a] Bergs, T.; Apelt, S.; Becker, M.; Beckers, A.; Barth, S.: Identification of residual development efforts in agile ramp-up production. In: Konrad von Leipzig, Natasha Sacks, Michelle Mc Clelland (Hrsg.): Smart, Sustainable Manufacturing in an Ever Changing World. Proceedings. [S.l.]: Springer International PU, 2022

[BERG22b] Bergs, T.; Beckers, A.; Apelt, S.; Hommen, T.; Barth, S.: Cross-Process Modeling of Manufacturing Process Sequences with Consideration of Model Uncertainties. In: Konrad von Leipzig, Natasha Sacks, Michelle Mc Clelland (Hrsg.): Smart, Sustainable Manufacturing in an Ever Changing World. Proceedings. [S.l.]: Springer International PU, 2022

[BIER13] Biermann, D.; Gausemeier, J.; Hess, S.; Petersen, M.; Wagner, T.: Planning and optimisation of manufacturing process chains for functionally graded components part 1: methodological foundations. In: Production Engineering. 7. Jg., 2013, 6, S. 657–664

[BIND96] Binder, V. A.; Kantowsky, J.: Technologiepotentiale. Neuausrichtung der Gestaltungsfelder des Strategischen Technologiemanagements. Wiesbaden, s.l.: Deutscher Universitätsverlag, 1996

[BRAN08] Brandes, A.: Positionierung technologischer Schnittstellen. Beitrag zur ganzheitlichen Auslegung fertigungstechnischer Prozessketten Zugl.: Hannover, Univ., Diss., 2008. (Reihe: Berichte aus dem IFW, Bd. 2008,6) Garbsen: PZH Produktionstechn. Zentrum

[BREC11] Brecher, C.; Klocke, F.; Lohse, W.; Cabral, G. F.; Rasim, M.; Triebs, J.; Minouferkr, M.; Bäumler, S.; Bergs, T.; Herfs, W.; Glasmacher, L.; Wegner, H.: Integrative Simulation von Werkzeugmaschine und Fertigungstechnologie. In: Brecher, C. (Hrsg.): Integrative Produktionstechnik für Hochlohnländer. (Reihe: VDI-Buch). Berlin, Heidelberg: Springer Berlin Heidelberg, 2011, S. 400–450

[BROC80] Brockhaus, F. A.: Der große Brockhaus. STAD - VEI. (Bd. 11). 18 Wiesbaden: Brockhaus, 1980

[BUCH14] Buchholz, S.: Bewertung des Substitutionsrisikos von Fertigungssystemen. Diss. RWTH Aachen, 2014

[BURK03] Burke, E.; Kendall, G.; Newall, J.; Hart, E.; Ross, P.; Schulenburg, S.: Hyper-Heuristics: An Emerging Direction in Modern Search Technology. In: Glover, F.; Kochenberger, G. A. (Hrsg.): Handbook of Metaheuristics. (Reihe: International Series in Operations Research & Management Science). Boston: Kluwer Academic Publishers, 2003, S. 457–474

[CHAK19] Chakraborti, A.; Nagarajan, H. P.N.; Panicker, S.; Mokhtarian, H.; Coatanéa, E.; Koskinen, K. T.: A Dimension Reduction Method for Efficient Optimization of Manufacturing Performance. In: Procedia Manufacturing. 38. Jg., 2019, S. 556–563

[CHIU17] Chiu, H.-W.; Lee, C.-H.: Prediction of machining accuracy and surface quality for CNC machine tools using data driven approach. In: Advances in Engineering Software. 114. Jg., 2017, S. 246–257

[CLAU14] Clausmeyer, T.; Güner, A.; Tekkaya, A. E.; Levkovitch, V.; Svendsen, B.: Modeling and finite element simulation of loading-path-dependent hardening in sheet metals during forming. In: International Journal of Plasticity. 63. Jg., 2014, S. 64–93

[D'AD13] D'Addona, D. M.; Teti, R.: Genetic Algorithm-based Optimization of Cutting Parameters in Turning Processes. In: Procedia CIRP. 7. Jg., 2013, S. 323–328

[DENK05] Denkena, B.; Liedtke, C.; Brandes, A.: Planung fertigungstechnischer Prozessketten. In: VDI (Hrsg.): wt Werkstattstechnik. (Reihe95, 11/12), 2005, S. 866–871

[DENK06] Denkena, B.; Rudzio, H.; Brandes, A.: Methodology for Dimensioning Technological Interfaces of Manufacturing Process Chains. In: CIRP Annals. 55. Jg., 2006, 1, S. 497–500

[DENK07] Denkena, B.; Brandes, A.; Henning, H.; Rabinovitch, A.: Multilevel process dimensioning regarding contrary target values. In: Zupančič, B.; Karba, R.; Blažič, S. (Hrsg.): Proceedings of the 6th EUROSIM Congress on Modelling and Simulation, EUROSIM 2007. 9 - 13 September, 2007, Ljubljana, Slovenia. Ljubljana

[DENK08] Denkena, B.; Henning, H.: Dimensioning Technological Interfaces and Process Parameters in Manufacturing Process Chains. : Proceedings of the 6th CIRP International Conference on ICME, 23-25 July 2008, Naples, Italy, S. 55-60, 2008

[DENK10] Denkena, B.; Henning, H.; Henjes, J.: Model-Based Dimensioning of Multistage Processes Regarding Multiple Criteria. In: Kacprzyk, J.; Huang, G. Q.; Mak, K. L.; Maropoulos, P. G. (Hrsg.): Proceedings of the 6th CIRP-Sponsored International Conference on Digital Enterprise Technology. (Reihe: Advances in Intelligent and Soft Computing). Berlin, Heidelberg: Springer Berlin Heidelberg, 2010, S. 1043–1056

[DENK11a] Denkena, B.; Tönshoff, H. K.: Spanen. Berlin, Heidelberg: Springer Berlin Heidelberg, 2011

[DENK11b] Denkena, B.; Henjes, J.; Henning, H.: Simulation-based dimensioning of manufacturing process chains. In: CIRP Journal of Manufacturing Science and Technology. 4. Jg., 2011, 1, S. 9–14

[DENK12] Denkena, B.; Behrens, B.-A.; Charlin, F.; Dannenberg, M.: Integrative process chain optimization using a Genetic Algorithm. In: Production Engineering. 6. Jg., 2012, 1, S. 29–37

[DIN03] DIN Deutsches Institut für Normung: DIN 8580:2003-09 (2003). Fertigungsverfahren.

[DING94] Ding, H.: Initial order quantities in multistage serial production systems. In: International Journal of Production Economics. 35. Jg., 1994, 1-3, S. 277–284

[DRAK20] Drake, J. H.; Kheiri, A.; Özcan, E.; Burke, E. K.: Recent advances in selection hyper-heuristics. In: European Journal of Operational Research. 285. Jg., 2020, 2, S. 405–428

[EZUG20] Ezugwu, A. E.; Adeleke, O. J.; Akinyelu, A. A.; Viriri, S.: A conceptual comparison of several metaheuristic algorithms on continuous optimisation problems. In: Neural Computing and Applications. 32. Jg., 2020, 10, S. 6207–6251

[FALL00] Fallböhmer, M.: Generierung alternativer Technologieketten in frühen Phasen der Produktentwicklung. Diss. RWTH Aachen, 2000

[FAN18] Fan, K.; Zhai, Y.; Li, X.; Wang, M.: Review and classification of hybrid shop scheduling. In: Production Engineering. 12. Jg., 2018, 5, S. 597–609

[FAUS20] Fausto, F.; Reyna-Orta, A.; Cuevas, E.; Andrade, Á. G.; Perez-Cisneros, M.: From ants to whales: metaheuristics for all tastes. In: Artificial Intelligence Review. 53. Jg., 2020, 1, S. 753–810

[FLAC12] Flach, P.: Machine learning. The art and science of algorithms that make sense of data. Cambridge: Cambridge Univ. Press, 2012

[FLAG13] Flage, R.; Baraldi, P.; Zio, E.; Aven, T.: Probability and possibility-based representations of uncertainty in fault tree analysis. In: Risk analysis: an official publication of the Society for Risk Analysis. 33. Jg., 2013, 1, S. 121–133

[FRAM14] Framinan, J. M.; Leisten, R.; Ruiz García, R.: Manufacturing Scheduling Systems. London: Springer London, 2014

[FRIT18] Fritz, A. H.: Umformen. In: Fritz, A. H. (Hrsg.): Fertigungstechnik. (Reihe: Springer-Lehrbuch). Berlin, Heidelberg: Springer Berlin Heidelberg, 2018, S. 133–223

[FROH21] Frohn-Sörensen, P.; Hochstrate, W.; Schiller, M.; Schneider, D.; Engel, B.: Analytic process model for flexible manufacturing of cylindrical or conical sheet metal profiles in an incremental sequence. In: Procedia CIRP. 99. Jg., 2021, S. 254–259

[GADE21] Gadenne, V.: Hans Albert und der Kritische Rationalismus. Festschrift Zum 100. Geburtstag Von Hans Albert. (Reihe: Schriftenreihe der Karl Popper Foundation Ser, Bd. v.10) Frankfurt a.M.: Peter Lang GmbH Internationaler Verlag der Wissenschaften, 2021

[GERP13] Gerpott, T. J.: Strategisches Technologie—und Innovationsmanagement. 2., überarbeitete und erweiterte Auflage Stuttgart Germany: Schäffer-Poeschel Verlag, 2013

[GODI18] Godichaud, M.; Amodeo, L.: Economic order quantity for multistage disassembly systems. In: International Journal of Production Economics. 199. Jg., 2018, S. 16–25

[GOEP18] Goepel, K. D.: Implementation of an Online Software Tool for the Analytic Hierarchy Process (AHP-OS). In: International Journal of the Analytic Hierarchy Process. 10. Jg., 2018, 3

[GRÜN19a] Grünebaum, T.; Müller, U.; Rey, J.; Barth, S.; Bergs, T.: Life cycle oriented technology chain optimization: a methodology to identify the influences of tool manufacturing on environmental impacts caused in the tool's use phase. In: Production Engineering. 13. Jg., 2019, 5, S. 567–577

[GRÜN19b] Grünebaum, T.; Hermann, L.; Trauth, D.; Bergs, T.: Towards sustainable production: a methodology to assess influences between life cycle phases in tool manufacturing. In: Procedia CIRP. 80. Jg., 2019, S. 376–381

[GRÜN22] Grünebaum, T.: Gestaltung von Technologieketten und Prozessfolgen nach lebensphasenübergreifend ökologisch-ökonomischen Kriterien. Diss. RWTH Aachen: Apprimus Wissenschaftsverlag, 2022

[HEJA13] Hejazi, T. H.; Seyyed-Esfahani, M.; Mahootchi, M.: Quality chain design and optimization by multiple response surface methodology. In: The International Journal of Advanced Manufacturing Technology. 68. Jg., 2013, 1-4, S. 881–893

[HEJA15] Hejazi, T. H.; Seyyed-Esfahani, M.; Mahootchi, M.: Optimization of Degree of Conformance in Multiresponse-Multistage Systems with a Simulation-based Metaheuristic. In: Quality and Reliability Engineering International. 31. Jg., 2015, 4, S. 645–658

[HENN12] Henning, H.: Modellbasierte Prozess-Adaption in der Feinplanung fertigungstechnischer Prozessketten. Diss. Uni. Hannover, 2012

[HERM20] Hermann, L.; Rey, J.; Barth, S.; Bergs, T.: Systematic generation of manufacturing changes for safety-critical components. In: Journal of Manufacturing Systems. 56. Jg., 2020, S. 270–280

[HERM22] Hermann, L.: Cost-efficient design of economic adaptations for manufacturing process sequences of safety-critical components. Diss. RWTH Aachen: Apprimus Wissenschaftsverlag, 2022

[HITZ10] Hitz, R.; Manopulo, N.; Hora, P.; Barlat, F.; Moon, Y. H.; Lee, M. G. Simulation and Knowledge Based Process Planning Through the Use of Metamodels. Pohang (Republic of Korea), 13–17 June 2010: AIP, 2010, S. 888–895

[HITZ12] Hitz, R. Metamodellbasierte Methodenplanung von Umform- und Feinschneideprozessen. Unter Mitarbeit von Pavel Hora und Konrad Wegener, 2012

[HSIA08] Hsiao, Y.-C.: Optimal single-cycle policies for the one-warehouse multi-retailer inventory/distribution system. In: International Journal of Production Economics. 114. Jg., 2008, 1, S. 219–229

[HSIA10] Hsiao, Y.-C.; Lin, Y.; Huang, Y.-K.: Optimal multi-stage logistic and inventory policies with production bottleneck in a serial supply chain. In: International Journal of Production Economics. 124. Jg., 2010, 2, S. 408–413

[HUSS19] Hussain, K.; Mohd Salleh, M. N.; Cheng, S.; Shi, Y.: Metaheuristic research: a comprehensive survey. In: Artificial Intelligence Review. 52. Jg., 2019, 4, S. 2191–2233

[JAEG21] Jaeger, E.; Ravisankar, B.; Wirtz, A.; Meißner, M.; Rehtanz, C.; Biermann, D.; Wiederkehr, P.: Simulation-based analysis of the energy demand within an additive subtractive process chain. In: Procedia CIRP. 99. Jg., 2021, S. 352–357

[JAMI13] Jamil, M.; Yang, X. S.: A literature survey of benchmark functions for global optimisation problems. In: International Journal of Mathematical Modelling and Numerical Optimisation. 4. Jg., 2013, 2, S. 150

[JARO15] Jarosz, P.; Kusiak, J.; Małecki, S.; Oprocha, P.; Sztangret, Ł.; Wilkus, M.: A Methodology for Optimization in Multistage Industrial Processes. A Pilot Study. In: Mathematical Problems in Engineering. 2015. Jg., 2015, 1, S. 1–10

[JENK07] Jenke, K.: Konzept zur Lösung technischer Qualitätsprobleme in der Produktion durch Anwendung der Theorie des erfinderischen Problemlösens (TRIZ). Zugl.: Kaiserslautern, Techn. Univ., Diss., 2006. (Reihe: Produktionstechnische Berichte aus dem FBK, Bd. 01/2007). Als Ms. gedr Kaiserslautern: Techn. Univ. Lehrstuhl für Fertigungstechnik und Betriebsorganisation, 2007

[JODL19] Jodlbauer, H.; Strasser, S.: Capacity-driven production planning. In: Computers in Industry. 113. Jg., 2019, S. 103126

[JURE07] Jurecka, F.: Robust design optimization based on metamodeling techniques. Zugl.: München, Techn. Univ., Diss., 2007. (Reihe: Schriftenreihe des Lehrstuhls für Statik TU München, Bd. 8) Aachen: Shaker, 2007

[KANG16] Kang, H. S.; Lee, J. Y.; Choi, S.; Kim, H.; Park, J. H.; Son, J. Y.; Kim, B. H.; Noh, S. D.: Smart manufacturing: Past research, present findings, and future directions. In: International Journal of Precision Engineering and Manufacturing-Green Technology. 3. Jg., 2016, 1, S. 111–128

[KLIR06] Klir, G. J.: Uncertainty and information. Foundations of generalized information theory. Hoboken, N.J: Wiley-Interscience, 2006

[KLOC00] Klocke, F.; Fallböhmer, M.; Kopner, A.; Trommer, G.: Methods and tools supporting modular process design. In: Robotics and Computer-Integrated Manufacturing. 16. Jg., 2000, 6, S. 411–423

[KLOC05] Klocke, F.; Brinksmeier, E.; Weinert, K.: Capability Profile of Hard Cutting and Grinding Processes. In: CIRP Annals. 54. Jg., 2005, 2, S. 22–45

[KLOC14] Klocke, F.; Buchholz, S.; Stauder, J.: Technology chain optimization: a systematic approach considering the manufacturing history. In: Production Engineering. 8. Jg., 2014, 5, S. 669–678

[KLOC17a] Klocke, F.; Mattfeld, P.; Stauder, J.; Müller, J.; Grünebaum, T.: Robust technology chain design. Considering undesired interactions within the technology chain. In: Production Engineering. 11. Jg., 2017, 4-5, S. 575–585

[KLOC17b] Klocke, F.: Fertigungsverfahren 4. Berlin, Heidelberg: Springer Berlin Heidelberg, 2017

[KLOC18a] Klocke, F.; Müller, J.; Mattfeld, P.; Kukulies, J.; Schmitt, R. H.: Integrative Technology and Inspection Planning—A Case Study in Medical Industry. In: Journal of Manufacturing Science and Engineering. 140. Jg., 2018, 5, S. 24

[KLOC18b] Klocke, F.: Fertigungsverfahren 1. Berlin, Heidelberg: Springer Berlin Heidelberg, 2018

[KNOC05] Knoche, K.: Generisches Modell zur Beschreibung von Fertigungstechnologien. Zugl.: Aachen, Techn. Hochsch., Diss., 2004. (Reihe: Berichte aus der Produktionstechnik, Bd. 2005,5) Aachen: Shaker, 2005

[KOSF19] Kosfeld, R.; Eckey, H.-F.; Türck, M.: Wahrscheinlichkeitsrechnung und Induktive Statistik. Grundlagen - Methoden - Beispiele. (Reihe: Springer eBook Collection). 3. Auflage Wiesbaden: Springer Gabler, 2019

[KRUS95] Kruse, R.: Fuzzy-Systeme. (Reihe: XLeitfäden der Informatik Ser). 2nd ed. Wiesbaden: Springer Vieweg. in Springer Fachmedien Wiesbaden GmbH, 1995

[KUHL11] Kuhlang, P.; Edtmayr, T.; Sihn, W.: Methodical approach to increase productivity and reduce lead time in assembly and production-logistic processes. In: CIRP Journal of Manufacturing Science and Technology. 4. Jg., 2011, 1, S. 24–32

[LACH19] Lachenmaier, M.; Ohlert, M.; Trauth, D.; Bergs, T. Analysis of the Acceleration Transfer in the Unguided Vibratory Finishing Process. Proceedings of the ASME 14th International Manufacturing Science and Engineering Conference - 2019. Presented at ASME 14th International Manufacturing Science and Engineering Conference, June 10-14, 2019, Erie, Pennsylvania, USA. Erie, Pennsylvania, USA, 6/10/2019 - 6/14/2019. New York, N.Y.: the American Society of Mechanical Engineers, 2019.

[LACH20] Lachenmaier, M.: Beschleunigungsbasierte Prozessauslegung des ungeführten Vibrationsgleitschleifprozesses. Aachen: Apprimus Verlag, 2020

[LEE18] Lee, D.-H.; Yang, J.-K.: Multiresponse Optimization of Multistage Manufacturing Process Using a Patient Rule Induction Method. In: Gervasi, O.; Murgante, B.; Misra, S.; Stankova, E.; Torre, C. M.; Rocha, A. M. A.C.; Taniar, D.; Apduhan, B. O.; Tarantino, E.; Ryu, Y. (Hrsg.): Computational Science and Its Applications - ICCSA 2018. 18th International Conference, Melbourne, VIC, Australia, July 2-5, 2018, Proceedings, Part I. (Reihe: Lecture Notes in Computer Science, Reihe10960). Cham: Springer International Publishing, 2018, S. 598–610

[LIND07] Lindemann, U.: Methodische Entwicklung technischer Produkte. Methoden flexibel und situationsgerecht anwenden. (Reihe: VDI-Buch). 2., bearb. Aufl. 2007 Berlin, Heidelberg: Springer Berlin Heidelberg, 2007

[LIOU13] Liou, C.-D.; Hsieh, Y.-C.; Chen, Y.-Y.: A new encoding scheme-based hybrid algorithm for minimising two-machine flow-shop group scheduling problem. In: International Journal of Systems Science. 44. Jg., 2013, 1, S. 77–93

[LIOU15] Liou, C.-D.; Hsieh, Y.-C.: A hybrid algorithm for the multi-stage flow shop group scheduling with sequence-dependent setup and transportation times. In: International Journal of Production Economics. 170. Jg., 2015, S. 258–267

[LIU16] Liu, C.-H.: Discrete lot-sizing and scheduling problems considering renewable energy and CO2 emissions. In: Production Engineering. 10. Jg., 2016, 6, S. 607–614

[LIU19] Liu, Y.-C.; Chang, Y.-J.; Liu, S.-L.; Chen, S.-P. Data-driven prognostics of remaining useful life for milling machine cutting tools. 2019 IEEE International Conference on Prognostics and Health Management (ICPHM). San Francisco, CA, USA, 6/17/2019 - 6/20/2019. Piscataway, NJ: IEEE, 2019, S. 1–5

[LIU22] Liu, L.; Zhang, X.; Wan, X.; Zhou, S.; Gao, Z.: Digital twin-driven surface roughness prediction and process parameter adaptive optimization. In: Advanced Engineering Informatics. 51. Jg., 2022, S. 101470

[MEIS19] Meissner, H.; Aurich, J. C.: Implications of Cyber-Physical Production Systems on Integrated Process Planning and Scheduling. In: Procedia Manufacturing. 28. Jg., 2019, S. 167–173

[MIGN18] Mignolet, M. P.; Brake, M. R. W.; Segalman, D. J.: A Primer for Uncertainty Modeling in Jointed Structures. In: Brake, M. R.W. (Hrsg.): The Mechanics of Jointed Structures. Recent Research and Open Challenges for Developing Predictive Models for Structural Dynamics. (Reihe: Springer eBook Collection Engineering). Cham: Springer, 2018, S. 585–592

[MIRJ19] Mirjalili, S.: Evolutionary algorithms and neural networks. Theory and applications. (Reihe: Studies in computational intelligence, Bd. volume 780) Cham: Springer, 2019

[MITT12] Mittag, H.-J.: Statistik. Berlin, Heidelberg: Springer Berlin Heidelberg, 2012

[MUKH08] Mukherjee, I.; Ray, P. K.: Optimal process design of two-stage multiple responses grinding processes using desirability functions and metaheuristic technique. In: Applied Soft Computing. 8. Jg., 2008, 1, S. 402–421

[MÜLL07] Müller, S.: Methodik für die entwicklungs- und planungsbegleitende Generierung und Bewertung von Produktionsalternativen. Diss TU München., 2007

[MÜLL18] Müller, J.: Integrative Gestaltung von Fertigungsprozess- und Prüffolgen für sicherheitskritische Bauteile. Diss. RWTH Aachen. Aachen: Apprimus Wissenschaftsverlag, 2018

[MYER16] Myers, R. H.; Anderson-Cook, C.; Montgomery, D. C.: Response surface methodology. Process and product optimization using designed experiments. (Reihe: Wiley series in probability and statistics). Fourth Edition Hoboken, New Jersey: John Wiley & Sons, 2016

[NEEM81] Neemann, U.: Zur Unterscheidung von logischer und faktischer Wahrheit. In: Diemer, A.; Geldsetzer, L.; König, G. (Hrsg.): Zeitschrift für allgemeine Wissenschaftstheorie. Vol 12, No. 1. Wiesbaden: Franz Steiner Verlag GmbH, 1981, S. 75–97

[NIEM20] Niemietz, P.; Pennekamp, J.; Kunze, I.; Trauth, D.; Wehrle, K.; Bergs, T.: Stamping Process Modelling in an Internet of Production. In: Procedia Manufacturing. 49. Jg., 2020, S. 61–68

[NIEM21] Niemietz, P.; Unterberg, M.; Trauth, D.; Bergs, T.: Autoencoder based Wear Assessment in Sheet Metal Forming. In: IOP Conference Series: Materials Science and Engineering. 1157. Jg., 2021, 1, S. 12082

[NOCE99] Nocedal, J.; Wright, S. J.: Numerical Optimization. (Reihe: Springer Series In Operations Research and Financial Engineering) New York: Springer Verlag, 1999

[PAPA15] Papageorgiou, M.; Leibold, M.; Buss, M.: Optimierung. Berlin, Heidelberg: Springer Berlin Heidelberg, 2015

[PAPA22] Papananias, M.; McLeay, T. E.; Mahfouf, M.; Kadirkamanathan, V.: A Bayesian information fusion approach for end product quality estimation using machine learning and on-machine probing. In: Journal of Manufacturing Processes. 76. Jg., 2022, S. 475–485

[PARE12] Parejo, J. A.; Ruiz-Cortés, A.; Lozano, S.; Fernandez, P.: Metaheuristic optimization frameworks: a survey and benchmarking. In: Soft Computing. 16. Jg., 2012, 3, S. 527–561

[PATE18] Patel, K.; Kalaichelvi, V.; Karthikeyan, R.; Bhattathiri, S.: Modelling, Simulation and Control of Incremental Sheet Metal Forming Process using CNC Machine Tool. In: Procedia Manufacturing. 26. Jg., 2018, S. 95–106

[PATZ82] Patzak, G.: Systemtechnik - Planung komplexer innovativer Systeme. Grundlagen, Methoden, Techniken. Berlin, Heidelberg: Springer Berlin Heidelberg, 1982

[PENN19] Pennekamp, J.; Glebke, R.; Henze, M.; Meisen, T.; Quix, C.; Hai, R.; Gleim, L.; Niemietz, P.; Rudack, M.; Knape, S.; Epple, A.; Trauth, D.; Vroomen, U.; Bergs, T.; Brecher, C.; Buhrig-Polaczek, A.; Jarke, M.; Wehrle, K. Towards an Infrastructure Enabling the Internet of Production. 2019 IEEE International Conference on Industrial Cyber Physical Systems (ICPS). Taipei, Taiwan, 5/6/2019 - 5/9/2019: IEEE, 5/6/2019 - 5/9/2019, S. 31–37

[PFRO18] Pfrommer, J.; Zimmerling, C.; Liu, J.; Kärger, L.; Henning, F.; Beyerer, J.: Optimisation of manufacturing process parameters using deep neural networks as surrogate models. In: Procedia CIRP. 72. Jg., 2018, S. 426–431

[QU16] Qu, S.; Wang, J.; Govil, S.; Leckie, J. O.: Optimized Adaptive Scheduling of a Manufacturing Process System with Multi-skill Workforce and Multiple Machine Types: An Ontology-based, Multi-agent Reinforcement Learning Approach. In: Procedia CIRP. 57. Jg., 2016, S. 55–60

[REIN11] Reinhart, G.; Schindler, S.; Krebs, P.: Strategic Evaluation of Manufacturing Technologies. In: Hesselbach, J.; Herrmann, C. (Hrsg.): Glocalized Solutions for

Sustainability in Manufacturing. Proceedings of the 18th CIRP International Conference on Life Cycle Engineering, Technische Universität Braunschweig, Braunschweig, Germany, May 2nd - 4th, 2011. . Berlin, Heidelberg: Springer Berlin Heidelberg, 2011, S. 179–184

[REIN12] Reinhart, G.; Schindler, S.: Strategic Evaluation of Technology Chains for Producing Companies. In: ElMaraghy, H. A. (Hrsg.): Enabling Manufacturing Competitiveness and Economic Sustainability. Proceedings of the 4th International Conference on Changeable, Agile, Reconfigurable and Virtual production (CARV2011), Montreal, Canada, 2-5 October 2011. Berlin, Heidelberg: Springer-Verlag Berlin Heidelberg, 2012, S. 391–396

[REY19] Rey, J.; Grünebaum, T.; Trauth, D.; Bergs, T.: Highly Iterative Planning of Manufacturing Technologies: Evaluation of Manufacturing Technology Capabilities Considering Information Uncertainties. In: Proceedings of the ASME 14th 2019.

[REY19] Rey, J.; Apelt, S.; Trauth, D.; Mattfeld, P.; Bergs, T.; Klocke, F.: Highly iterative technology planning: processing of information uncertainties in the planning of manufacturing technologies. In: Production Engineering. 13. Jg., 2019, 3-4, S. 361–371

[REY20] Rey, J.: Methodik zur hochiterativen Gestaltung von Fertigungsprozessfolgen. Diss. RWTH Aachen: Apprimus Verlag, 2020

[RIMS17] Rimscha, M. von: Algorithmen kompakt und verständlich. Wiesbaden: Springer Fachmedien Wiesbaden, 2017

[RODE13] Roderburg, A.: Methodik zur Entwicklung von hybriden Fertigungstechnologien. Diss. RWTH Aachen., 2013

[ROPO09] Ropohl, G.: Allgemeine Technologie: eine Systemtheorie der Technik. s.l.: KIT Scientific Publishing, 2009

[RUMS16] Rumsey, D.: Wahrscheinlichkeitsrechnung für Dummies. (Reihe: Für Dummies Ser). 3. Auflage Weinheim: Wiley, 2016

[RUSS16] Russell, S. J.; Norvig, P.: Artificial intelligence. A modern approach. (Reihe: Always learning). Third edition, Global edition Boston, Columbus, Indianapolis: Pearson, 2016

[RYBE15] Ryberg, A.-B.; Bäckryd, R. D.; Nilsson, L.: A metamodel-based multidisciplinary design optimization process for automotive structures. In: Engineering With Computers. 31. Jg., 2015, 4, S. 711–728

[SAAT90] Saaty, T.: How to make a decision: The Analytic Hierarchy Process. (Bd. 48; S. 9-26), 1990

[SCHI14] Schindler, S.: Strategische Planung von Technologieketten für die Produktion. Diss. TU München., 2014

[SCHM15] Schmidt, J.: Integrierte Arbeitsplanung und Fertigungssteuerung auf Basis von Zustandsinformationen. Diss. Uni Hannover., 2015

[SCHN20] Schneider, M.: Datenanalyse für Naturwissenschaftler, Mediziner und Ingenieure. 1. Aufl. 2020 Berlin, Heidelberg: Springer Berlin Heidelberg, 2020

[SCHÖ20] Schönsleben, P.: Integrales Logistikmanagement. Operations und Supply Chain Management innerhalb des Unternehmens und unternehmensübergreifend. 8. Auflage Berlin: Springer Vieweg, 2020

[SCHR17] Schröder, D.; Buss, M.: Stochastische Optimierungsverfahren. In: Schröder, D.; Buss, M. (Hrsg.): Intelligente Verfahren. Berlin, Heidelberg: Springer Berlin Heidelberg, 2017, S. 377–398

[SCHR99] Schraft, R. D.; Eversheim, W.; Tönshoff, H. K.; Milberg, J.; Reinhart, G.: Planung von Produktionssystemen. In: Eversheim, W.; Schuh, G. (Hrsg.): Produktion und Management 3. Gestaltung von Produktionssystemen. (Reihe: Hütte). Berlin, Heidelberg: Springer, 1999, 10.36-10.72

[SCHU11a] Schuh, G.; Klappert, S.; Schubert, J.; Nollau, S.: Grundlagen zum Technologiemanagement. In: Schuh, G. (Hrsg.): Technologiemanagement. Handbuch Produktion und Management 2. (Reihe: VDI-Buch) 2., vollst. neu bearb. und erw. Aufl. Berlin, Heidelberg: Springer-Verlag Berlin Heidelberg, 2011, S. 33–54

[SCHU11b] Schuh, G.; Klappert, S.; Moll, S.: Ordnungsrahmen Technologiemanagement. In: Schuh, G. (Hrsg.): Technologiemanagement. Handbuch Produktion und Management 2. (Reihe: VDI-Buch) 2., vollst. neu bearb. und erw. Aufl. Berlin, Heidelberg: Springer-Verlag Berlin Heidelberg, 2011, S. 11–31

[SCHU14] Schuh, G.; Schmidt C.: Grundlagen des Produktionsmanagements. In: Schuh, G.; Schmidt, C. (Hrsg.): Produktionsmanagement. Handbuch Produktion und Management 5. (Reihe: VDI-Buch) 2. Aufl. Berlin: Springer Vieweg, 2014, S. 1–62

[SHAF76] Shafer, G.: A mathematical theory of evidence. Princeton, N.J: Princeton University Press, 1976

[SIEB17] Siebertz, K.; van Bebber, D.; Hochkirchen, T.: Statistische Versuchsplanung. Design of Experiments (DoE). (Reihe: VDI-Buch). 2. Auflage Berlin, Heidelberg: Springer Vieweg, 2017

[SIEG16] Siegel, A. F.: Multiple Regression. In: Practical Business Statistics: Elsevier, 2016, S. 355–418

[SÖRE15] Sörensen, K.: Metaheuristics-the metaphor exposed. In: International Transactions in Operational Research. 22. Jg., 2015, 1, S. 3–18

[STAU17] Stauder, J. M. J.: Anlauforientierte Gestaltung von Fertigungssystemen. 1st ed. Diss. RWTH Aachen: Apprimus Wissenschaftsverlag, 2017

[STAV20] Stavropoulos, P.; Bikas, H.; Avram, O.; Valente, A.; Chryssolouris, G.: Hybrid subtractive–additive manufacturing processes for high value-added metal components. In: The International Journal of Advanced Manufacturing Technology. 111. Jg., 2020, 3-4, S. 645–655

[STRA16] Strahringer, S.: Modelle und Metamodellierung. In: Benker, T. (Hrsg.): Geschäftsprozessorientierte Systementwicklung. Von der Unternehmensarchitektur zum IT-System. Wiesbaden: Springer Fachmedien Wiesbaden, 2016, S. 11–23

[STRA98] Strahringer, S.: Ein sprachbasierter Metamodellbegriff und seine Verallgemeinerung durch das Konzept des Metaisierungsprinzips. In: Pohl, K.; Schürr, A.; Vossen, G. (Hrsg.): CEUR Workshop Proceedings zur Modellierung, 98, CEUR-WS/Vol-9., 1998

[STRI18] Strick, H. K.: Einführung in die Beurteilende Statistik. Wiesbaden: Springer Fachmedien Wiesbaden, 2018

[STRY21] Stryczek, R.; Wyrobek, K.: Heuristic techniques for modelling machine spinning processes. In: Journal of Intelligent Manufacturing. 32. Jg., 2021, 4, S. 1189–1206

[SUBR19] Subramaniyan, M.; Skoogh, A.; Sheikh Muhammad, A.; Bokrantz, J.; Turanoğlu Bekar, E.: A prognostic algorithm to prescribe improvement measures on throughput bottlenecks. In: Journal of Manufacturing Systems. 53. Jg., 2019, S. 271–281

[SULL15] Sullivan, T. J.: Introduction to Uncertainty Quantification. (Reihe: SpringerLink Bücher, Bd. 63) Cham: Springer, 2015

[SURI01] Suri, R.; Otto, K.: Manufacturing System Robustness Through Integrated Modeling. In: Journal of Mechanical Design. 123. Jg., 2001, 4, S. 630–636

[TAO18a] Tao, F.; Qi, Q.; Liu, A.; Kusiak, A.: Data-driven smart manufacturing. In: Journal of Manufacturing Systems. 48. Jg., 2018, S. 157–169

[TAO18b] Tao, F.; Cheng, J.; Qi, Q.; Zhang, M.; Zhang, H.; Sui, F.: Digital twin-driven product design, manufacturing and service with big data. In: The International Journal of Advanced Manufacturing Technology. 94. Jg., 2018, 9-12, S. 3563–3576

[TASS17] Tassler, T.; Israel, M.; Goede, M.-F.; Dilger, K.; Dröder, K.: Verbesserung der Vorhersagegenauigkeit von Metamodellen. In: Forschung im Ingenieurwesen. 81. Jg., 2017, 4, S. 373–382

[THOM11] Thombansen, U.; Auerbach, T.; Schüttler, J.; Beckers, M.; Buchholz, G.; Eppelt, G.; Gloy, Y.-S.; Fritz, P.; Kratz, S.; Lose, J.; Molitor, T.; Reßmann, A.; Schenuit, H.; Willms, K. J.; Gries, T.; Michaeli, W.; Petring, D.; Poprawe, R.; Reisgen, U.; Schmitt, R. H.; Schulz, W.; Veselovac, D.; Klocke, F.: Der Weg zu selbstoptimierenden Fertigungstechnologien. In: Brecher, C. (Hrsg.): Integrative Produktionstechnik für Hochlohnländer. (Reihe: VDI-Buch). Berlin, Heidelberg: Springer Berlin Heidelberg, 2011, S. 849–909

[THOM20] Thommen, J.-P.; Achleitner, A.-K.; Gilbert, D. U.; Hachmeister, D.; Jarchow, S.; Kaiser, G.: Allgemeine Betriebswirtschaftslehre. Umfassende Einführung aus managementorientierter Sicht. (Reihe: Springer Lehrbuch). 9., vollständig überarbeitete Auflage Wiesbaden: Springer Gabler, 2020

[TÖNS02a] Tönshoff, H. K.; Friemuth, T.; Becker, J. C.: Process Monitoring in Grinding. In: CIRP Annals. 51. Jg., 2002, 2, S. 551–571

[TÖNS02b] Tönshoff, H. K.; Denkena, B.; Friemuth, T.; Zwick, M.; Brandes, A.: Technological Interfaces of Industrial Process Chains. In: Annals of the German Academic Society for Production Engineering (WGP) Production Engineering, Vol. IX (2002) Ausgabe 2, S. 43-46, 2002

[TRAU21] Trauth, D.: Monetarisierung von Daten am Beispiel von Fertigungsmaschinen. In: Trauth, D.; Bergs, T.; Prinz, W. (Hrsg.): Monetarisierung von technischen Daten. Innovationen aus Industrie und Forschung. 1. Aufl. 2021. Berlin, Heidelberg: Springer Berlin Heidelberg, 2021, S. 1–16

[TROM01] Trommer, G.: Methodik zur konstruktionsbegleitenden Generierung und Bewertung alternativer Fertigungsfolgen. Diss. RWTH Aachen., 2001

[TSCH98] Tschirky, H.; Koruna, S.: Technologie-Management. Idee und Praxis. (Reihe: Technology, innovation and management) Zürich: Orell Füssli Verl. Industrielle Organisation, 1998

[ULRI76a] Ulrich, P.; Hill, W.: Wissenschaftstheoretische Grundlagen der Betriebswirtschaftslehre (Teil II). In: Dichtl, E.; Issing, O. (Hrsg.): WiSt Wirtschaftswissenschaftliches Studium: Zeitschrift für Ausbildung und Hochschulkontakt. 5. Jahrgang, Heft 8. München: Beck, 1976, S. 345–350

[ULRI76b] Ulrich, P.; Hill, W.: Wissenschaftstheoretische Grundlagen der Betriebswirtschaftslehre (Teil I). In: Dichtl, E.; Issing, O. (Hrsg.): WiSt Wirtschaftswissenschaftliches Studium: Zeitschrift für Studium und Forschung. 5. Jahrgang, Heft 7. München: Beck, 1976, S. 304–309

[VDI18] VDI (2018). Simulation von Logistik-, Materialfluss- und Produktionssystemen.

[VDI19] VDI (2019). Entwicklung technischer Produkte und Systeme.

[WEBE21] Weber, J.: Wirtschaftlichkeit. URL: https://wirtschaftslexikon.gabler.de/definition/wirtschaftlichkeit-47252 [Stand: 03.06.2021]

[WEI20] Wei, W.; Yuan, J.; Liu, A.: Manufacturing data-driven process adaptive design method. In: Procedia CIRP. 91. Jg., 2020, S. 728–734

[WEST06] Westkämper, E.; Decker, M.: Einführung in die Organisation der Produktion. (Reihe: Springer-Lehrbuch) Berlin, Heidelberg: Springer-Verlag Berlin Heidelberg, 2006

[WILL08] Willms, H.: Methodisches System zur Auslegung von kostenoptimalen und prozessstabilen Fertigungsverkettungen. Diss. RWTH Aachen, 2008

[WUES12] Wuest, T.; Klein, D.; Seifert, M.; Thoben, K.-D.: Method to describe interdependencies of state characteristics related to distortion. In: Materialwissenschaft und Werkstofftechnik. 43. Jg., 2012, 1-2, S. 186–191

[WUES14] Wuest, T.: Approach to identify product and process state drivers in manufacturing systems using supervised learning. Diss. Uni. Bremen, 2014

[YIN18] Yin, X.; He, Z.; Niu, Z.; Li, Z.: A hybrid intelligent optimization approach to improving quality for serial multistage and multi-response coal preparation production systems. In: Journal of Manufacturing Systems. 47. Jg., 2018, S. 199–216

[YU16] Yu, C.; Dong, S.; Yang, Z.; Sun, J.; Wang, G.: Optimization of multi-stage production operations based on genetic algorithm. 17. Jg., 2016, 18.1-18.8

[ZAHN95] Zahn, E.: Grundlagen und Zweck des Technologiemanagements. In: Zahn, E. (Hrsg.): Handbuch Technologiemanagement. Stuttgart: Schäffer-Poeschel, 1995, S. 2–32

[ZANG14] Zangemeister, C.: Nutzwertanalyse in der Systemtechnik. Eine Methodik zur multidimensionalen Bewertung und Auswahl von Projektalternativen. 5. Auflage 2014 (erweitert) Winnemark: Zangemeister & Partner, 2014

[ZHAN14] Zhang, R.; Chiang, W.-C.; Wu, C.: Investigating the impact of operational variables on manufacturing cost by simulation optimization. In: International Journal of Production Economics. 147. Jg., 2014, S. 634–646

[ZHAO10] Zhao, P.; Zhou, H.; Li, Y.; Li, D.: Process parameters optimization of injection molding using a fast strip analysis as a surrogate model. In: The International Journal of Advanced Manufacturing Technology. 49. Jg., 2010, 9-12, S. 949–959

[ZHOU20] Zhou, L.; Zhang, L.; Horn, B. K.P.: Deep reinforcement learning-based dynamic scheduling in smart manufacturing. In: Procedia CIRP. 93. Jg., 2020, S. 383–388

[ZIMM18] Zimmerling, C.; Pfrommer, J.; Liu, J.; Beyerer, J.; Henning, F.; Kärger, L. Application and Evaluation of Meta-Model Assisted Optimisation Strategies for Gripper-Assisted Fabric Draping in Composite Manufacturing, 2018

[ZONG15] Zong, Y.; Mao, J.: Tolerance Optimization Design Based on the Manufacturing-costs of Assembly Quality. In: Procedia CIRP. 27. Jg., 2015, S. 324–329

[ZÖNN19] Zönnchen, S.: Die frühzeitige Bewertung und Gestaltung fertigungstechnischer Prozessketten im Rahmen der Entwicklung neuartiger Werkstoffe. Diss TU Chemnitz., 2019

10 Anhang

Appendix

Datensatz und Regressionen

x-Wert	y-Wert	z-Wert
1,0	1,5	0,8
1,2	1,6	1,2
1,3	1,3	1,0
1,5	1,9	1,2
1,8	1,1	0,4
2,0	2	1,2
2,1	2,1	1,3
2,2	1,7	1,3
2,3	1,8	1,4
2,5	2,1	1,3
2,6	2,4	1,8
2,7	2,2	1,7
2,9	1,8	1,6
3,0	1,9	1,0
3,1	2,4	1,4
3,2	2,6	2,0
3,5	2,3	1,7
3,6	2,6	1,8
3,8	2,9	1,8
4,0	2,1	1,5
4,2	2,8	2,1
4,5	3,1	2,1
4,6	2,7	1,9
4,8	3,2	2,3
5,0	2,6	1,4

	x-Wert	y-Wert	z-Wert
Mittelwert	2,94	2,19	1,49
Standardabweichung	1,15	0,54	0,44
Varianz	1,32	0,29	0,19

Regression 1 (x-y):
$y = 0{,}3963 * x + 1{,}0245$
$R^2 = 0{,}7222$
$RMSE = 0{,}2821$

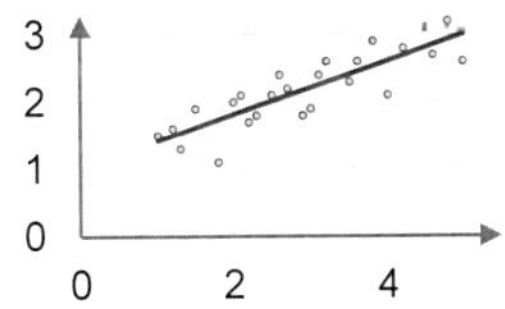

Regression 2 (y-z):
$y = 0{,}7279 * x - 0{,}10464$
$R^2 = 0{,}8$
$RMSE = 0{,}1949$

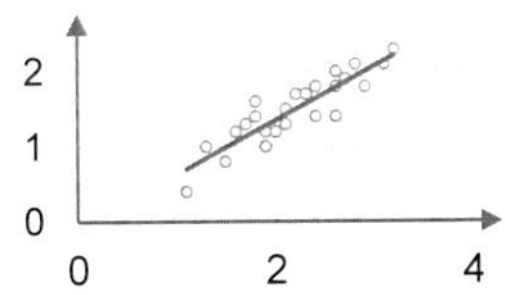

Regression 3 (x-z):
$y = 0{,}2813 * x + 0{,}6621$
$R^2 = 0{,}5494$
$RMSE = 0{,}2925$

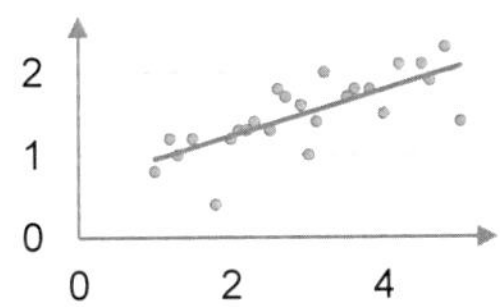

Abbildung 10-1: Beispieldatensatz für die Untersuchungen in Abschnitt 6.1.2

Example Data Set for the Analyses in Section 6.1.2

Angaben zur Fertigungsprozessfolge

Größen bzgl. der gesamten Fertigungsprozessfolge				
Bezugszeitraum	1	a		
Bauteilpreis	1,6	€		
Rohmaterialpreis	900	€/t		
Stundenlohn	45	€/h		
Energiepreis	18,44	ct/kWh		
Jahreslaufleistung aller Maschinen	2000	h/a		
Zinsen	3	%		
Höhe des finalen Bauteils	6	mm		
Durchmesser des finalen Bauteils	60	mm		
Jährliche Raummiete	150	€/m		
	Fein-schneiden	**Flach-schleifen**	**Geleit-schleifen**	
Anschaffungspreis	1,5	0,2	0,12	Mio. €
Verkaufspreis	0	0	0	€
Bedienverhältnis	0,5	0,5	0,33	-
Abschreibungsdauer	10	10	10	a
Fläche	30	16	3	m²
Jährlicher Instandhaltungsfaktor	2	2	2	%
Nennleistung	80	60	15	kW
Durchschnittliche Leistung	60	60	60	%
Anzahl Fertigungsmittel	1 (0,1)	1	1	Maschine
Bauteile je Prozess	1	10	120	Bauteile
Werkstückwechselzeit	-	75	1.800	s
Rüstzeit	2	2	4	h
Werkzeugwechselzeit	5	1	1	h
Werkzeugwechselzeit (Matrize)	8	-	-	h
Kosten für Werkzeuge (+ Nachsetzen)	15.000	350	120	€
Anzahl Nachsetzen Stempel	8	-	-	-
Anzahl Nachsetzen Matrize	2	-	-	-
Coilwechselzeit	0,5	-	-	h
Materialausnutzung	60	-	-	%

Abbildung 10-2: Angaben zu den Fertigungsmitteln der Prozessfolge sowie weitere Größen (Fallbeispiel in den Abschnitten 6.2.3 und 6.3.3)

Information on the Machines of the Process Sequence as well as Other Values (Case Study in Sections 6.2.3 and 6.3.3)

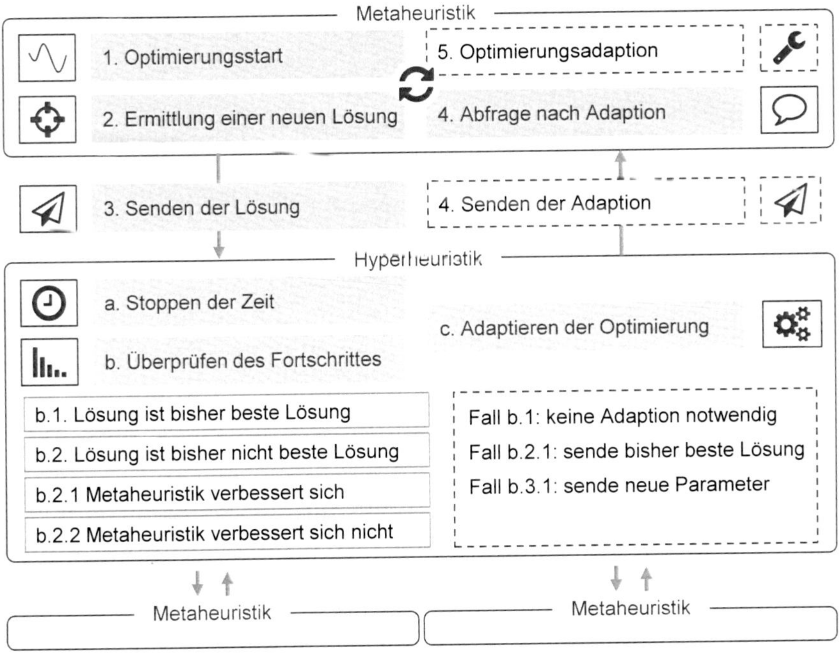

Abbildung 10-3: Interaktionen zwischen der Hyperheuristik und Metaheuristiken

Interactions Between Hyper Heuristics and Meta Heuristics

Lebenslauf

Curriculum Vitae

Persönliche Daten	**Alexander Beckers**
	geb. am 04.11.1992 in Viersen
	deutsche Staatsangehörigkeit
	verheiratet
Berufstätigkeit	**Lehrstuhl für Technologie der Fertigungsverfahren am Werkzeugmaschinenlabor WZL der RWTH Aachen**
11/2017 – 03/2023	Wissenschaftlicher Mitarbeiter in der Forschungsgruppe Technologiemanagement in der Fertigung
03/2020 – 03/2022	Leiter der Forschungsgruppe Technologiemanagement in der Fertigung
Studentische Anstellungen an der RWTH Aachen University	
11/2016 – 10/2017	Werkzeugmaschinenlabor WZL
10/2014 – 08/2015	Institut für Strukturmechanik und Leichtbau
04/2014 – 08/2014	Lehrstuhl für Operations Research
Hochschulstudium	**RWTH Aachen University**
04/2016 – 10/2017	Masterstudium Wirtschaftsingenieurwesen Fachrichtung Maschinenbau, Vertiefungsbereich Produktionstechnik
10/2012 – 03/2016	Bachelorstudium Wirtschaftsingenieurwesen Fachrichtung Maschinenbau, Berufsfeld Kunststofftechnik
Schulausbildung	**Bischöfliche Marienschule Mönchengladbach (BMS)**
08/2003 – 06/2012	Allgemeine Hochschulreife

Aachen, März 2023 | Alexander Beckers

In der Reihe **Ergebnisse aus der Produktionstechnik** zuletzt erschienen:

Beckers, Alexander:
Auslegung wirtschaftlich-technologisch optimierter Fertigungsprozessfolgen mittels prozessübergreifender Modellierung
ISBN: 978-3-98555-154-5
Erscheinungsdatum: 18.04.2023

Nicksch, Christoph:
Konfiguration verteilter Large-Scale Metrology Systeme in rekonfigurierbaren Montageumgebungen
ISBN: 978-3-98555-152-1
Erscheinungsdatum: 20.03.2023

Gipperich, Marius:
Untersuchung eines Zweistrahlprozesses als Ansatz zur Prozessstabilitätserhöhung des drahtbasierten Laserauftragschweißens
ISBN: 978-3-98555-151-4
Erscheinungsdatum: 15.03.2023

Ahmad, Mubarik:
Anregungsgerechte Auslegung und Tolerierung schnelllaufender Getriebe unter Berücksichtigung kurz- und langwelliger Verzahnungsabweichungen
ISBN: 978-3-98555-130-9
Erscheinungsdatum: 06.03.2023

Motschke, Tobias:
Analyse und Modellierung der Dämpfungseigenschaften von Spindellagern
ISBN: 978-3-98555-148-4
Erscheinungsdatum: 06.03.2023

Priwisch, Martin:
Kontaktfreie Bahnlaufregelung zur Herstellung funktionaler Mehrlagensysteme in einem kontinuierlichen Laminierprozess
ISBN: 978-3-98555-139-2
Erscheinungsdatum: 27.02.2023

Frye, Maik:
Recommending Data Preprocessing Pipelines for Machine Learning Applications in Production
ISBN: 978-3-98555-147-7
Erscheinungsdatum: 15.02.2023

Cremer, Sven:
Controlling der Migration in Produktionsnetzwerken
ISBN: 978-3-98555-145-3
Erscheinungsdatum: 09.02.2023

Schmidhuber, Matthias:
Sozio-technische Problemlösungsfähigkeit von PPS-Systemen
ISBN: 978-3-98555- 143-9
Erscheinungsdatum: 07.02.2023

Ohlert, Marius:
Contact between Abrasive Media and Workpiece in Robot-guided Centrifugal Finishing
ISBN: 978-3-98555- 144-6
Erscheinungsdatum: 07.02.2023

Edition Wissenschaft
Apprimus

Schwarberg, Thomas:

Bestimmung der Logik von Innovationsideen für technische Systeme

ISBN: 978-3-98555- 142-2
Erscheinungsdatum: 07.02.2023

Nienheysen, Philipp:

Werkstattgerechte Schadensanalyse in CFK-Strukturbauteilen mit optisch georteter Ultraschallmesstechnik

ISBN: 978-3-98555-136-1
Erscheinungsdatum: 30.01.2023

Behrens, Jan:

Selbstkalibrierung von 5-Achs-Bearbeitungszentren mit Dreh-/Schwenktisch

ISBN: 978-3-98555-124-8
Erscheinungsdatum: 24.01.2023

Bickendorf, Philipp:

Tribologische und geometrische Auslegung von additiv hergestellten Werkzeug-einsätzen zur Feinblech-umformung

ISBN: 978-3-98555-133-0
Erscheinungsdatum: 24.01.2023

Helbig, Jens:

Typisierung und Auswahl von Referenzstrategien für den Werkzeugeinkauf

ISBN: 978-3-98555-122-4
Erscheinungsdatum: 19.12.2022

Graberg, Tim:

Operationalisierung von digitalen Schatten im Werkzeugbau

ISBN: 978-3-98555-141-5
Erscheinungsdatum: 06.02.2023

Müller, Tobias:

Modellbildung mittels Symbolischer Regression zur Messunsicherheits-bestimmung komplexer Messprozesse

ISBN: 978-3-98555-146-0
Erscheinungsdatum: 30.01.2023

Kreß, Julian Maximilian:

Erbringung hybrider Leistungsangebote in Wertschöpfungsnetzwerken

ISBN: 978-3-98555-128-6
Erscheinungsdatum: 24.01.2023

Vierschilling, Sebastian Patrick:

Automatisierung der Standortauswahl in der Fabrikplanung

ISBN: 978-3-98555-134-7
Erscheinungsdatum: 09.01.2023

Wenning, Marius:

Kontextabhängige Anomaliedetektion zur visuellen Hinderniserkennung für automatisierte PKW im End-of-Line-Bereich

ISBN: 978-3-98555-121-7
Erscheinungsdatum: 19.12.2022

Edition Wissenschaft
Apprimus

FSC
www.fsc.org
MIX
Papier | Fördert gute Waldnutzung
FSC® C083411

Zeitfracht Medien GmbH
Ferdinand-Jühlke-Straße 7
99095 Erfurt, Deutschland
produktsicherheit@kolibri360.de